U0223554

本书系第二批“云岭学者”培养项目“中国西南边疆发展环境监测及综合治理研究”（项目编号：201512018）阶段性科研成果；云南大学服务云南行动计划“生态文明建设的云南模式研究”（项目编号：KS161005）阶段性科研成果。

云南省生态文明排头兵建设事件编年

（第三辑）

周琼　杜香玉◎编著

科学出版社
北　京

内 容 简 介

本书按照历史发展进程对云南生态文明建设进行分类、整理、考证，将生态文明建设分为理论篇、政策篇、实践篇、路径篇。主要包含 2018 年的生态规划、生态城乡及示范区、生态文明体制改革、生态监测、生态治理与修复、生态文明宣传与教育、生态文明交流与合作、生态经济、生态法治等方面的内容。

本书可供历史学、地理学、生态学等相关专业的师生阅读和参考。

图书在版编目（CIP）数据

云南省生态文明排头兵建设事件编年. 第三辑 / 周琼，杜香玉编著. —北京：科学出版社，2018.12

（生态文明建设的云南模式研究丛书 / 杨林主编）

ISBN 978-7-03-060285-5

Ⅰ. ①云… Ⅱ. ①周… ②杜… Ⅲ. ①生态环境建设-概况-云南 Ⅳ. ①X321.274

中国版本图书馆 CIP 数据核字（2018）第 296886 号

责任编辑：任晓刚 / 责任校对：韩 杨
责任印制：张 伟 / 封面设计：楠竹文化

科 学 出 版 社 出版
北京东黄城根北街 16 号
邮政编码：100717
http://www.sciencep.com

北京中石油彩色印刷有限责任公司 印刷
科学出版社发行 各地新华书店经销

*

2018 年 12 月第 一 版 开本：787×1092 1/16
2018 年 12 月第一次印刷 印张：17 1/2
字数：340 000

定价：98.00 元

凡　例

本书按照历史学方法，以编年体为主，按时间顺序，为反映事物的完整性，个别情况适当上延。云南争当生态文明建设排头兵事件散见于各种新闻报道之中，本书在搜集相关资料的基础上进行整理、分类、考证，忠实于原基本数据、政治观点，不做改动。因项目组团队是历史学出身，对于文稿的编排、整理均以历史学方法进行修订、考证，不同于以往环境保护年鉴、环境保护志。本书中所涉及阿拉伯数字、度量衡标准单位的使用均按照国家统一规定，各项数据也以权威部门公布为准。

本书是继《云南省生态文明排头兵建设事件编年（第一辑）》《云南省生态文明排头兵建设事件编年（第二辑）》之后的第三辑，延续前两辑章节体例的编排，但因2018年相关生态文明建设的相关通知文件、规划条例、实施方案、管理办法有关内容已分布在各章节之中，为避免重复，不再单独作附录进行梳理。全书将云南争当生态文明建设排头兵事件分为理论篇、政策篇、实践篇、路径篇，其中政策篇、实践篇、路径篇主要由杜香玉进行资料搜集，并在周琼教授的指导下进行整理、分类、考证。政策篇包含生态规划建设、生态城乡及示范区创建、生态文明体制改革建设三章内容，实践篇包含生态监测建设、生态治理与修复、生态文明宣传与教育建设、生态文明交流与合作四章内容，路径篇包含生态经济建设、生态法治建设两章内容。本书主要是对2018年1—12月云南在争当生态文明建设排头兵过程中从理论、政策、实践、路径四个层面所制定的一系列举措，以争当生态文明建设排头兵为战略定位，重点围绕云南“生态美、环境美、山水美、城市美、乡村美”的目标，按照“最高标准、最严制度、最硬执法、最实举措、最佳环境”的要求，通过完善生态环境治理体系、健全生态监管体系、建立生态保护经济体系、改革生态文明制度体系建设、保障生态环境保护法治建设，建设美丽中国最美丽省份。

丛书总序

生态文明是人类与地球、与环境相携共进过程中的新型文明形态（被称为绿色文明），是人与自然相依相存、彼此制约历程中，人类更深切地理解了自然对人类未来生存、发展的重要地位及价值的人文理念，由人类主动自觉关注生态环境并力图建构的新型关系的存在状态，是人类文明发展史上的高级阶段。

2007 年，党的十七大报告第一次明确提出建设生态文明的历史任务，把“生态文明”这个当时还是新概念的词语写入党的政治报告中，标志着国家在认识发展与环境的关系问题上有了重大转变。2012 年，党的十八大报告正式把生态文明建设纳入国家战略，首次把“美丽中国”作为生态文明建设的宏伟目标，生态文明成为中国特色社会主义“五位一体”建设的有机组成部分。党的十八大审议通过的《中国共产党章程（修正案）》，明确将“中国共产党领导人民建设社会主义生态文明”写入党章，作为全党社会经济建设的行动纲领；十八届三中全会提出了要加快建立系统完整的生态文明制度体系的目标；十八届四中全会则要求用严格的法律制度保护生态环境。2015 年 3 月 24 日，中共中央政治局审议通过了《关于加快推进生态文明建设的意见》，指出生态文明建设事关中华民族的永续发展，是建设美丽中国的必然要求。要把培育生态文化作为重要支撑，着力破解制约生态文明建设的体制机制障碍。

经过多年的理论摸索与实践，中国各地生态文明建设的成效日渐显著。探索的过程是中国生态文明观念逐渐完善的历程，也是国家发展理念不断转型并得到逐步落实的过程。2017 年 10 月，党的十九大报告明确指出：“生态文明建设成效显著。大力度推进生态文明建设，全党全国贯彻绿色发展理念的自觉性和主动性显著增强，忽视生态环境保护的状况明显改变。”[①]生态文明建设要与经济建设协调发展的理论思考，在高校及科研院所也遍地开花，产出了大批优秀成果；随之而来的是生态文明思想及观念日渐普及，生态文明建设与经济同步发展的理念已经成为社会共识，学术研究为现实服务的功能逐渐提高。

随着中国经济发展进入新常态，生态文明建设也随之进入了新的起点。新的文明建设时代，必然呼吁新的建设思路，并需要研究及决策者不断启迪新的建设路径。而用新的视野、新的理念去把握不断来临的新机遇，采用全新的思路去更新、深化固有的发展认知，用全民性的新实践推动中国社会的全新发展，为开创社会主义生态文明建设新时代贡献智慧。与此同时，随着全社会生态观念及意识的转变，生态文明制度体系也在加快形成，主体功能区制度逐步健全，国家公园体制试点积极推进，生态红线逐渐划定并进入实施阶段，生态安全屏障建设逐渐展开；以环境审计、环境影响评价、环境公民诉讼及政府生态绩效评估制度等为主要内容的生态问责制度体系及其理念日渐深入人心，成为全社会关注及共同期待的大事；各地贯彻绿色发展理念的自觉性和主动性日渐增强，全面节约资源有效推进，能源资源的消耗强度也在大幅下降，形成了推进公共机构节能的良好氛围；重大生态保护和修复工程的进展也较为顺利，森林覆盖率得到持续性提高；生态环境治理的强度也明显加强，环境状况得到了极大改善。但即便如此，中国面临的环境问题及生态危机依旧存在，很多地区的生态问题有愈演愈烈的态势，中央持续强调大力推进生态文明建设的决策及相关措施，适应了中国及全球环境治理的大方向及大趋势，这不仅解决了内部发展与环境保护、环境改善的问题，而且要使中国成为全球生态文明建设的重要参与者、贡献者、引领者。

2015 年 1 月 19—21 日，习近平总书记考察云南并发表了重要讲话，“希望云南主动服务和融入国家发展战略，闯出一条跨越式发展的路子来，努力成为民族团结进步示范区、生态文明建设排头兵、面向南亚东南亚辐射中心，谱写好中国梦的云南篇章”[②]。“三个定位”从国家战略高度描绘了云南美好的发展蓝图，明确了云南发展的新目标和新方向。特别是生态文明排头兵建设目标的提出，更是要求云南把生态环境保护放在更加突出的位置，成为云南新的历史起点上的奋斗目标，揭示了生态环境发展及生态文明建设对云南可持续发展的极端重要性，成为中国面向南亚、东南亚“一带一路”建设中最现实、最迫切的任务。云南作为中国西南重要的生态安全屏障区，是中国面向南亚、东南亚的前沿地带，云南生态文明制度建设及具体形象，直接影响到“一带一路”建设中绿色发展的构想及任务的推进。因此，云南高度重视生态文明建设，将其

① 习近平：《决胜全面建成小康社会　夺取新时代中国特色社会主义伟大胜利——在中国共产党第十九次全国代表大会上的报告》，北京：人民出版社，2017 年，第 5 页。

② 《习近平在云南考察时强调　谱写好中国梦的云南篇章》，《人民日报》（海外版）2015 年 1 月 22 日，第 1 版。

视为云南发展的生命线，秉持“创新、协调、绿色、开放、共享”的五大发展理念，正以“等不起”的紧迫感、“慢不得”的危机感、“坐不住”的责任感抓好云南生态文明建设。

云南生态文明建设及研究的战略任务，是高校及科研机构主动服务和融入国家和地方发展战略的重要机遇。云南大学是具有区域、边疆、民族特色的综合性大学，社会科学、人文科学与自然科学并势发展，有能力推进人才培养并服务国家战略，为生态文明建设及研究提供了良好的环境及氛围。2015年2月，云南大学党委书记杨林教授响应云南建设生态文明排头兵的号召，提出云南大学要“主动融入国家战略，积极服务云南现实发展”等教学及科研目标，“云南大学服务云南行动计划”系列项目如期启动，西南环境史研究所申报的“生态文明建设的云南模式研究”获得立项，推动了云南大学人文社会科学研究团队的转型，增强了学术研究团队服务现实的责任感、使命感。

众所周知，云南素有植物王国、动物王国、物种基因库等美誉，拥有复杂丰富的生态系统，生物多样性特点极为突出，是探究人与环境可持续发展的最佳区域，也是生态文明建设实践路径及学术研究的最好基地。在国内外资源环境形势日益严峻的背景下，云南可持续发展面临严峻挑战，生态文明建设也孕育着重大机遇，加快转变发展方式，把保护好生态环境作为云南各族人民的生存之基和发展之本，积极探索资源节约型、环境友好型的现代文明发展道路，不仅是云南可持续发展的迫切需要，也是维系西南生态安全和保障国家整体生态安全大局的需要，还是云南贯彻落实科学发展观和习近平总书记系列讲话的必然选择，对全国生态文明建设也将发挥先行示范作用。

作为展示“美丽中国”及“中国生态形象”的重要窗口、西南生态安全屏障和生物多样性宝库的重要地区，云南承担着维护区域、国家乃至国际生态安全的战略任务。为走出一条生态文明建设排头兵的路子，2009 年以来，云南制定并发布《七彩云南生态文明建设规划纲要（2009—2020 年）》《中共云南省委　云南省人民政府关于争当全国生态文明建设排头兵的决定》《云南省生态保护与建设规划（2014—2020 年）》《云南省生态文明先行示范区建设实施方案》《云南省主体功能区规划》《云南省生态功能区划》《云南省国民经济和社会发展第十三个五年规划纲要》等系列重要文件，在云南省环境保护厅成立了生态文明建设处，全面负责全省生态文明建设的相关工作。通过多年的努力和奋斗，云南围绕成为生态文明建设排头兵的总目标，竭尽全力完成培育生态意识、发展生态经济、保障生态安全、建设生态社会、完善生态制度五大任务，九大高原湖泊及重点流域水污染防治、生物多样性保护、节能减排、生物产业发展、生态旅游开发、生态创建、环境保护基础设施建设、生态意识提升、民族生态文化保护、生态文明保障体系十大工程建设取得了显著成效。

但值得注意的是，云南很多地区的生态环境比较脆弱敏感。云南历史上生态环境变迁的诸多案例已经昭示，人为过度开发、集中开发的地区，生态恶化的速度及环境灾害的强度都无一例外地呈现出正向增进的态势。如金沙江河谷、澜沧江河谷、怒江河谷、大盈江河谷、南汀江河谷、李仙江（把边江）河谷、博爱江河谷、南盘江河谷、金水河河谷等区域，在明清时期都还是森林茂密、物种丰富、瘴气丛生的原始生态风景区，但随着移民的进入及增多，内地汉文化的耕作方式、生态思想及行为模式日渐深入，尤其明清以降玉米、马铃薯等高寒农作物在山区及丘陵地区的大量种植，导致山地森林植被的大量破坏，也使高原山地原生生态系统迅速衰退，演变成日益典型的干热河谷区，生态系统日趋脆弱。此外，人为破坏加速了河谷植被演化及干热河谷的发育进程，导致生态环境恶化的程度日渐强烈，水土流失、旱灾、泥石流、塌方、下陷、水灾、低温冷冻、地震等数不胜数的环境灾害，使云南省环境保护、生态恢复等工作迫在眉睫。

因此，“像保护眼睛一样保护生态环境，像对待生命一样对待生态环境，在生态环境保护上一定要算大账、算长远账、算整体账、算综合账，不能因小失大、顾此失彼、寅吃卯粮、急功近利”①等理念及思想，应该在更为广泛的层面传播，使之更快地成为社会公众理念，成为全社会的公共生态意识，并得到切实的贯彻落实，能够下行到具体环节中去实施、推广。

虽然云南省在“十三五”期间围绕国家创新驱动发展和“三个定位”战略，制定了牢固树立五大发展理念、主动服务和融入林业发展的战略目标，确立了着力实施林木育种、森林资源高效培育、林药和林下资源培育、森林经营、湿地保护与修复、生物多样性保护、生态修复与保护、森林有害生物防控、森林生态功能评价、林产品加工“十大林业科技创新工程”，为争当全国生态文明建设排头兵提供了良好的政策导向，也为把绿色发展转化为新的综合国力和国际竞争新优势提供了保障。但是，要实现目标、要向社会公众做出政府诚信的榜样，各部门的努力及协作、全社会的关注与投入、个人的行动及坚持，都是至关重要的因素。当然，学术的思考及研究、学术团队的实践调研及咨询报告、理论探索，不仅是所有行动的基础，也是政策推进及校订完善的基础，更应该走在前行者、引领者的位置，给社会、政府、团体、个人提供自己的思考及研究的初步成果。因此，“生态文明建设的云南模式研究”丛书，逐渐在团队四年来的努力中成型。

以云南为试点，通过对云南省生态文明建设相关资料的搜集、整理，以及对生态文明建设现状的跟踪调查、口述访谈等，对当下生态文明理论及方法的研究探讨，参与全国性、国际性生态文明研究的高端学术研讨等系列工作，通过与各生态文明建设部门、各生态文明研究团队的合作及交流，举办生态文明国际会议与高水平专家研讨会，探究

① 《习近平在云南考察时强调　谱写好中国梦的云南篇章》，《人民日报》（海外版）2015年1月22日，第1版。

云南生态文明建设的路径及模式，总结、提炼云南省生态文明建设的理论与经验，更好地为生态文明排头兵建设服务。

随着“生态文明建设的云南模式研究”项目的不断开展，“云南大学服务云南行动计划”的其他项目也在逐步实施和推进，生态文明研究团队也逐渐熟悉了中央与地方关于生态文明建设的法规、政策、规划、考核评价标准及体系，逐步清晰项目研究的重点及核心所在，取得了部分阶段性成果。希望这些基础性的工作及研究能对国家生态文明建设的顺利推进和“一带一路”倡议实施中南亚、东南亚生态文明建设思想及制度措施的培育、实践起到积极的资鉴作用。同时，我们也期待更多、更优秀的研究成果不断涌现，殷切希望有更多的学者加入生态文明建设与研究的队伍中来，能够真正发挥学术研究服务国家战略、服务地方社会建设的作用，实现经世致用的理想及目标。

杨 林

2017 年 11 月

前　言

生态文明是新时代中国特色社会主义建设的一场绿色变革，生态文明建设关乎国家前途命运、亿万人民福祉、中华民族永续发展。

云南地处我国西南边疆民族地区，区位条件独特、自然资源丰富、气候类型多样、地形地貌复杂，蕴藏着巨大发展潜力，在我国甚至国际生态文明建设中发挥着重要作用，自生态文明建设作为国家重要战略布局以来，云南省生态文明建设在不断摸索之中取得了一定成绩，为争当生态文明排头兵奠定了坚实基础。党的十八大以来，云南省在国家的大力支持和自身的积极努力下，通过加强生态环境保护，加大改革创新力度，经济发展与环境保护协同共进，生态环境质量不断提升，西南生态安全屏障更加巩固。然而，云南生态文明建设仍存在发展不平衡不充分、保护力度不够等诸多问题，面临着保护和发展的双重任务和压力，如何充分发挥自身特色和优势，促进生产、生活方式的绿色转型，实现技术创新，协调好生态保护、经济发展及社会稳定之间的关系，持续推进云南生态文明建设是当前亟待解决的问题。

2018 年，云南省人民政府省长阮成发在《政府工作报告》中提到的“三张牌”（绿色能源、绿色食品、健康生活目的地）紧扣云南实际，彰显了云南地域特色，成为此次会议的最大亮点。2018 年 7 月，在全国生态环境保护大会上，习近平生态文明思想的提出成为大会的最大亮点和最重要的理论成果，是引领生态文明排头兵实践的新思想、新理念、新战略。2018 年 7 月 23 日，云南省生态环境保护大会提出，要深入学习贯彻习近平生态文明思想和全国生态环境保护大会精神，紧扣“努力成为全国生态文明建设排头兵，建设中国最美丽省份”的战略定位，在制度建设、生态建设、环境保护、绿色发展方面做出示范，将云南建设成为生态美、环境美、山水美、城市美、乡村美的中国最美丽省份，为美丽中国建设提供云南模式，为建设新时代美丽中国做出更大贡献，谱写美丽中国云南篇章。

本书作为云南生态文明建设史料纪实型的资料汇编类著作，较为全面的搜集了2018年云南省生态文明排头兵建设的相关事件，并在此基础上进行整理、分类、考证。由于篇幅关系，本书未能对全部资料进行整理及收录，仅仅提取了整个事件的主要信息，尤其在生态文明政策篇中对2018年政策、法律法规的编排只是呈现关键信息，详细的文件内容项目组团队另有专门的《生态文明政策及文件汇编》进行全面收录。本书主要面向国内外从事生态文明相关工作的决策者、研究者、践行者，期望对长期开展生态文明建设工作的各级政府工作人员、企事业单位工作人员、环保组织、普通民众有一定的参考价值。

目　　录

第二编　云南省生态文明排头兵建设政策篇

第三编　云南省生态文明排头兵建设实践篇

第四编　云南省生态文明排头兵建设路径篇

第一编

云南省生态文明排头兵建设理论篇①

① 周琼：《探索中国最美丽省份建设的路径》，《社会主义论坛》2018年第9期。

第一章　探索中国最美丽省份建设的路径

2018年7月，中共云南省委、云南省人民政府提出“把云南建设成为中国最美丽省份”的目标。建设最美丽云南，不仅是统筹推进“五位一体”总体布局和协调推进“四个全面”战略布局的重要内容，也是西南生态屏障、生态安全建设的基础，具有重大战略意义。

第一节　把云南建设成为中国最美丽省份的基础

云南省具有建设成为中国最美丽省份的最好的自然及人文基础。从自然条件看，云南省拥有良好的生态环境和自然禀赋，地处低纬高原，地理位置特殊，地形地貌复杂，河川湖泊纵横，气候类型丰富多样，尤其是东南、西南季风性湿润气候带来的充沛降雨，物种多样性特点显著，是全球最著名的“植物王国”“动物王国”“有色金属王国”“药材宝库”“香料博物馆”，为动植物种类的保存及自然生态系统的恢复提供了保障，物种基因库独一无二的优势，也为最美丽自然生态景观的恢复及建设奠定了自然基础，更为环境的恢复治理及独特性发展提供了资源基础。

云南省地质现象复杂多样，成矿条件优越，水能资源的开发前景广阔，光能、热能、风能的利用前景较为可观，旅游资源得天独厚，森林和草场资源丰富，是名副其实的资源宝地，具有多资源区共同发展、绿色动力推动前行的独到优势。毫无疑问，绿色已经成为云南省发展最大的底色及靓色，因此，中国最美丽省份建设中最重要的内容，就是需要树立绿色财富观念，制定相关措施，在经济发展中坚持生态优先、绿色发展之路。在各民族地区的经济社会发展中，只要坚持保护优先原则，严格控制重点区域环境风险项目，完善考核评价制度，加快各地产业的绿色转型升级，推动传统产业改造升级，培育环境友好型产业，发展壮大节能环保产业，积极推进能源、土地、矿产等资源全面节约和循环利用，积极引导、建立公众的绿色生活模式，就有希望将云南建设成既具自然特色美又具经济发展模式美的区域。

从人文条件看，云南各民族具有独特的生态环境保护的民间习惯规则及文化传统，具有保护自然的责任感，具有多种生态环境及多样性生态、绿色资源的独特条件。云南各民族长期以来和谐互助，与自然和谐共处共发展，各民族之间团结共进，积极支持及拥护生态文明建设，具有建设中国最美丽省份的群众基础，拥有民族文化的人文美特色。

云南各级党政部门一直推行生态文明建设的宣传普及工作，各高校及科研机构积极进行生态文明排头兵建设路径及模式的研究，全省逐渐形成了宏观与微观建设同时推进的态势，具有“把云南建设成为中国最美丽省份”的全民行动的基础，云南省环境保护厅率先在全国建立生态文明体制改革专项小组办公室，为云南省绿色发展及其制度建设做出了积极有益的探索，在生态文明制度建设中发挥着重要作用。

云南省委、云南省人民政府多次召开会议，制定了多项制度及具体措施，推进美丽云南建设进程。云南省委、云南省人民政府提出了按照“ 最高标准、最严制度、最硬执法、最实举措、最佳环境”的要求，全力推进生态文明建设和生态环境保护，为建设美丽中国做出贡献。同时，围绕云南环境问题及生态文明建设中必须要解决的核心问题，提出了切实解决环境问题、坚决打好污染防治攻坚战的战略任务，并把该任务按照不同领域及部门，分解为四项任务：一是打赢蓝天保卫战，加强工业企业大气污染、汽车尾气排放等污染综合治理。二是打好碧水保卫战，加强九大高原湖泊保护治理、水源地保护、城市黑臭水体治理、省级工业园区污水集中处理设施建设。三是打好净土保卫战，强化土壤污染治理，加快推进垃圾分类处置。四是打好农业农村污染治理攻坚战，加强农村垃圾和污水治理，从严防治畜禽水产养殖污染。与此同时，云南省委、云南省人民政府提出了加强生态保护修复、加快生态环境监测网络建设，尤其是加强草地、湿地保护和修复，探索建立多元化生态保护补偿机制的发展策略，并在各州市逐渐贯彻实施。政府自上而下的主导性、引领性作用的发挥，以及各项政策措施的积极推行，为云南进行中国最美丽省份建设奠定了坚实的基础。

云南所具有的自然美及人文美的基础条件，能够充分保障“把云南建设成为中国最美丽省份”这个新时代命题的顺利完成。

第二节　把云南建设成为中国最美丽省份的路径

要把云南建设成中国最美丽省份，需要以明确的目标、原则及指导思想为引领，也要有系统的政策法规为保障，还要充分调动、运用云南的自然及人文生态优势。

一、树立尊重自然顺应自然的理念

要尊重云南省的自然属性，发挥云南省的自然资源优势，尤其是要充分重视云南省拥有的自然禀赋——生态环境自我恢复的天然潜力及优势，在恢复中减少人为干预及外来物种的引入，尤其是要杜绝那些以经济效益为前提、破坏本土生态系统并导致外来入侵物种引入的行为，让自然回复其原本的生存及演替规律，让包括人在内的物种在同一个生态系统中共生共进。与此同时，应该注重生态系统的本土性特点，在必须进行人为干预才能恢复的地区，尤其是一些既有经济价值、又有生态价值的地区，不得不进行人为种植养殖才能恢复生态的情况下，应当以本土生态物种的种植及养殖为主。加强群众科学生态观教育，规范保护生态行为，杜绝盲目“放生”和“引种”，严防外来物种对生态系统带来新的破坏。只有恢复适应本土并能促进本地气候、土壤、水域生态环境的生态基础，充分发挥各地生态功能的应有价值，才能打造出具有云南本土特点及亮点的中国最美丽省份。

二、注重云南本土性、地方性生态文化的发掘及弘扬

在云南省生态环境治理体系的完善中，尤其应制定发挥人文优势的策略与实施措施，抢救性地发掘那些散存于民间、正在全球化趋势下逐渐消散的纯天然、具有浓郁乡土气息和民族特色，最适合生态系统恢复及良性发展的元素。这些元素不仅包括各民族生态环境保护的乡规民约及习惯法，也包括在本土生态环境基础上产生的生态保护及发展理念、生态恢复意识及行为措施，还包括本土生态物种的培植恢复措施、制度及方法。在科技理论的支撑下，尽可能恢复建立最原生、最适合人与自然共生性发展的“美丽”发展模式。推进制度及法律体系的共同建设。在制度体系的建设中，尤其要注重生态文明制度体系的构建，这是中国最美丽省份建设的保障及支撑。只有确立了系统、完

善、有力的制度及政策，公众期许的中国最美丽省份建设才能顺利推进。例如，不仅要在金沙江流域，还要在跨境河流流域区、湖泊及湿地实行生态保护红线、环境质量底线、资源利用上线和环境准入负面清单制度，才能让“美丽”“生态”“绿色”等建设的行动顺利推进。

三、正确理解及确定“最美丽”的内涵及目标要求

“美丽”是一个涵盖城乡生态及经济社会建设的核心词语，不仅包括生态城市、文明城市的建设，也包括农村的生态、绿色建设。应该杜绝把“美丽”的内涵及行动变成完成表面工作的刷白墙、种速生树以产生速生绿的形式化行动。只有坚决推进农业农村污染治理，强化农村垃圾和污水治理，防治畜禽水产养殖污染，加强农村尤其是土壤及水源的生态保护及修复，加强山地生态及草地、湿地的保护和修复，探索建立多元化生态保护补偿机制，加快城乡生态环境监测网络建设，才能让“美丽”在云南这个山多田少的省份放射出靓丽炫目的光彩。

对于中国最美丽省份的建设，云南省需要注重与周边省区的合作，保持生态文明建设目标的一致性，也要注意与周边国家生态环境良性的共进式发展。云南与周边省区及周边国家有相似的自然、地理、气候及生态基础，只有建设步调协调一致，强化共抓生态文明建设的协同性，才能在各自的生态文明建设中完成建设任务。

第二章　云南省绿色发展新理念确立初探[①]

党的十八大以来，生态文明建设在理论和实践上取得了突破性进展，由此带来的社会发展理念及方式的转化，切实地改变着中国社会、生态、环境保护及人文思想的面貌。2017 年 10 月，党的十九大报告肯定了生态文明建设的成绩，明确提出“建设生态文明是中华民族永续发展的千年大计”[②]。尤其在绿色发展中明确提出了“加快建立绿色生产和消费的法律制度和政策导向，建立健全绿色低碳循环发展的经济体系。构建市场导向的绿色技术创新体系，发展绿色金融，壮大节能环保产业、清洁生产产业、清洁能源产业。推进能源生产和消费革命，构建清洁低碳、安全高效的能源体系。推进资源全面节约和循环利用，实施国家节水行动，降低能耗、物耗，实现生产系统和生活系统循环链接。倡导简约适度、绿色低碳的生活方式，反对奢侈浪费和不合理消费，开展创建节约型机关、绿色家庭、绿色学校、绿色社区和绿色出行等行动”[③]。进一步全面深入地诠释了绿色发展的内涵，使绿色发展的理念及内涵更为丰富、更贴近中国生态文明建设的实际需要。

云南省在“生态文明排头兵建设”的目标下，全面践行习近平总书记提出的“走向生态文明新时代，建设美丽中国，是实现中华民族伟大复兴的中国梦的重要内容”[④]的精神，2015 年 1 月，习近平总书记洱海考察讲话后，提出的一系列新思想、新观点、新

---

① 周琼：《云南省绿色发展新理念确立初探》，《昆明学院学报》2018 年第 2 期。

② 习近平：《决胜全面建成小康社会　夺取新时代中国特色社会主义伟大胜利——在中国共产党第十九次全国代表大会上的报告》，北京：人民出版社，2017 年，第 23 页。

③ 习近平：《决胜全面建成小康社会　夺取新时代中国特色社会主义伟大胜利——在中国共产党第十九次全国代表大会上的报告》，北京：人民出版社，2017 年，第 50—51 页。

④ 中共中央文献研究室编：《习近平关于社会主义生态文明建设论述摘编》，北京：中央文献出版社，2017 年，第 20 页。

要求，成为云南省绿色发展的号角及生态文明建设的目标。此后，云南省委、云南省人民政府明确以绿色发展新理念为宗旨，坚持把保护好生态环境、发挥好生态优势作为各项政策的基础，以生态文明建设力促转型升级为创新驱动力，积极发展绿色产业、生态经济，努力实现绿色崛起。在全省范围内逐渐确立、普及“绿水青山就是金山银山”的新理念，以“良好生态环境是最公平的公共产品，是最普惠的民生福祉”[①]为行动纲领，把绿色发展的理念、原则、目标深刻融入和贯彻到“五位一体”建设的各方面及全过程，并作为执政智慧和责任担当意识来宣传、推行，让绿色发展意识植根于群众心中，培养全社会的生态操守、提倡生态道德，致力于建设独特的云南民族生态文化环境。本章从当代生态文明建设史的视角，对云南省绿色发展新理念的内容及其建立过程进行梳理及探讨，以期裨益于生态文明排头兵的具体建设。

第一节　云南“绿色发展新理念”的形成

2015年1月20日上午，习近平总书记考察云南洱海边的大理市湾桥镇古生村时说：“经济要发展，但不能以破坏生态环境为代价，生态环境保护是一个长期任务，要久久为功。”[②]此外，他再次强调：“要把生态环境保护放在更加突出位置……在生态环境保护上一定要算大账、算长远账、算整体账、算综合账，不能因小失大、顾此失彼、寅吃卯粮、急功近利。”[③]云南在一系列政策的推行中，首先确立了生态环境保护“算大账、长远账、整体账、综合账”的理念。

生态环境保护的“四盘账”理念具有深远的内涵。“大账”就是要将建设生态文明排头兵看作关系人民福祉、关乎民族未来的长远大计。“长远账”就是让循环经济减量化、再利用、资源化的原则，贯穿于生产、流通、消费过程的每个环节之中。“整体账”就是要看到节能减排，发展绿色经济、低碳经济和环境保护产业，经济上也是可取和可行的。“综合账”就是将能否保护好生态环境，看作一个政党是否真正代表群众利益、站在时代发展前列、保持先进性的试金石，要将经济账、政治账、民生账综合起来一起算。正确理解“四盘账”之间的关系就是算好眼前经济账的同时要算好大账、长远账，政府要算好与算准整体账和综合账，建立反映市场供求和资源稀缺程度、体现生态

---

① 中共中央文献研究室编：《习近平关于社会主义生态文明建设论述摘编》，北京：中央文献出版社，2017年，第4页。
② 中共中央文献研究室编：《习近平关于社会主义生态文明建设论述摘编》，北京：中央文献出版社，2017年，第26页。
③ 《习近平在云南考察工作时强调　坚决打好扶贫开发攻坚战　加快民族地区经济社会发展》，《人民日报》2015年1月22日，第1版。

价值和代际补偿的资源有偿使用制度和生态补偿制度，把生态环境保护这“四盘账”做细做实[①]。因此，算好生态环境保护的大账、长远账、整体账和综合账，就成为云南省生态文明建设及树立“绿色发展新理念”的首要任务。

一、“绿色发展新理念”的宣传及推行

云南省在深入学习贯彻习近平总书记考察云南重要讲话精神的基础上，通过制定各种措施、规划，发布各种政策及制度，切实增强云南省生态环境保护的紧迫感、责任感和使命感，逐步贯彻、实施“绿色发展新理念”。2015 年，云南省各部门在学习、领会和贯彻习近平总书记讲话精神的基础上，采取各类环境保护措施，以保持好云南的绿水青山、蓝天白云为基础目标，使云南的山更青、水更绿、天更蓝、空气更清新，坚持生态立省、环境优先的原则，探讨保护云南生物多样性宝库和西南生态安全屏障，以及为子孙后代留下可持续发展的“绿色银行”的制度及具体措施，使“绿色发展新理念”成为云南省各级党政部门重要的宣传思想及工作目标。

第一，正确解释并宣传“绿色发展新理念”。首先，通过中央宣讲团与云南省干部群众的交流，解释并宣传“绿色发展新理念”。2015 年 11 月 12 日，中央宣讲团与云南省干部群众座谈交流，指出云南走绿色发展之路“大有可为”，云南省各族群众对国家绿色发展的思想及理念更为理解，云南省委、云南省人民政府逐步制定了结合自身实际，保护、利用好“绿色”优势，实现绿色发展[②]等新思想、新理念。其次，通过政策制定及党政部门召开各种政治学习的方式，宣传“既要金山银山，也要绿水青山”的思想及理念。2015 年，中国共产党云南省第九届委员会第十二次全体会议审议并通过了《中共云南省委关于制定国民经济和社会发展第十三个五年规划的建议》，诠释了云南省“绿色发展”的内涵，提出云南省必须坚持绿色发展、节约优先、保护优先，坚持绿水青山就是金山银山的理念；阐释了云南省树立绿色理念就是坚持自然生态，营造绿色山川，发展绿色经济，建设绿色城镇，倡导绿色生活，打造绿色窗口的观念。再次，通过云南省内各部门、媒体的报道，解释、宣传“绿色发展新理念”。云南省各类媒体、各部门以不同形式宣传、普及云南省委、云南省人民政府“绿色发展新理念”，如推行严格环境保护制度，形成政府、企业、公众共治的环境治理体系等绿色思想，准确解释重要生态区域为核心的“三屏两带一区多点”生态安全屏障[③]等符合云南省绿色发展特

---

① 李志青：《“绿色化”：算好生态文明建设“政治账”》，《决策探索》2015 年第 4 期，第 34 页。

② 瞿姝宁、左超：《中央宣讲团与云南省干部群众座谈交流：树立新理念 实现新发展》，http://wenming.cn/specials/zxdj/zwssw/xj/201511/t20151113_2961554.shtml（2015-11-13）。

③ 张彤、顾彬：《中共云南省委九届十二次全会在昆举行 李纪恒作重要讲话》，http://cpc.people.com.cn/n/2015/1211/c117005-27917292.html（2015-12-11）。

点的新思想及新理念。最后，云南省高校、科研机构召开学术研讨会，研究、宣传新理念的内涵。

第二，完善“绿色发展新理念”。通过贯彻习近平总书记考察云南重要讲话精神，确立创新、协调、绿色、开放、共享发展理念，逐步完善具有云南特色的绿色发展道路。2016年1月24日，云南省第十二届人民代表大会第四次会议发布了《云南省国民经济和社会发展第十三个五年规划纲要（草案）》，进一步明确地提出了云南省绿色发展的新目标，尊重、顺应、保护自然，推进绿色、循环、低碳发展，保持和扩大云南省的生态优势等，进一步完善了云南省绿色发展的新理念；从三个方面落实绿色发展，即推进云南资源的节约循环高效利用、加强生态治理修复、加强生态安全屏障建设等思想。

第三，推行“生态集体主义”价值理念。云南省主要是把生态文明的意识、制度和行为作为绿色创建的重要规范，以推广政府生态政绩观、企业绿色生产观、公民生态文明道德观为主要宣传内容，在贯彻和推行十八届五中全会提出的“创新、协调、绿色、开放、共享”的“生态集体主义”思想精髓和价值要求的目标下，在政府及民间多种生态环境保护活动及政策宣传栏目中，积极推行人类“命运共同体”或“利益共同体”等“生态集体主义”思想，将绿色、共享作为“生态集体”发展的价值追求，普及遵循经济社会发展的普遍规律和自然规律，处理好人与自然关系的价值理念。

二、树立生态环境保护算大账、长远账的新理念

云南省在生态文明建设中，积极推行生态责任等理念，引导社会成员践行从我做起、从现在做起、从点点滴滴做起的责任担当和求真务实。认真实施生态保护“算大账”“长远账”的新思想①。主要通过在广大党员干部中推行绿色发展等思想理念，使生态环境保护算大账、长远账的新理念逐渐普及、深入民心。

第一，推行“生态惠民”的新理念。在生态文明建设实践中，云南省始终坚持优生态、惠民生的发展路子，推行“生态惠民”新理念。始终把“生态立市”和以人为本统一起来，坚持把深化生态功能区调整、山区农民异地转移、集体林权制度“三大改革创新”作为首要前提；提倡和推行包容性绿色旅游扶贫的新理念，体现益贫式特点，实现增长、减贫、生态“三赢”路径②，在各领域普及生态环境保护算大账、长远账的新理念。云南省委、云南省人民政府通过制定各项生态考评的制度、措施，积极推行“生态

① 张玉胜：《污染治理需作“长远计”》，《西部大开发》2015年第6期，第14—15页。

② 沈涛、朱勇生、吴建国：《基于包容性绿色发展视域的云南边疆民族地区旅游扶贫转向研究》，《云南民族大学学报》（哲学社会科学版）2016年第5期。

惠民”的新理念。如普洱市积极推行坚持五大发展理念，突出绿色导向，用绿色发展理念引领发展行动，使干部绿色政绩看得见、摸得着、测得准，在资源容量和环境承载力的范围内最大限度实现经济社会的可持续发展。

第二，宣传普及“保护中开发，开发中保护”的发展理念。云南省确定了生态立省和环境优先的战略以来，坚持以最小的资源消耗实现最大的经济社会效益，在生态文明建设各部门消除“先发展再治理”的错误环境保护理念，逐层推行“在保护中开发，在开发中保护”的绿色发展新理念，最大限度地实现人与自然的和谐共处。政府本着科学规划、统筹兼顾、趋利避害、合理开发、保护优先、防治结合的原则，努力创建环境和谐的生态开发模式，起到了积极的社会效果。尤其是在昆明母亲湖——滇池的保护及治理过程中，绿色发展及绿色行动成为各类环境保护组织的宣传口号及行动目标，越来越多的人关注甚至是投入污染监督及排污监督等环境保护活动中，滇池水质治理更是成为昆明市新闻媒体及市民所关注的核心、焦点问题，形成了“人人参与环保、民众监督治理”的良好局面，绿色发展新理念由此顺利普及和推进。如云南省环境保护厅通过系列环境监管的政策、制度及措施，开展环境监察工作，用实际行动推行“保护中开发，开发中保护”的发展理念。云南澜沧江乌弄龙水电站、云南澜沧江里底水电站、云南迪庆藏族自治州维德二级公路沿江段改建工程也是推行该理念的典型案例。

第三，推广“不欠子孙债、不推自身责”的新理念。首先，云南省委、云南省人民政府确立并在各级部门贯彻生态保护优先的思想，推行新的生态建设理念。其次，环境保护部门发掘各类环保人士及组织对绿色发展核心理念的认同，扩大在群众中普及与推广的范围，尤其与宣传部门积极配合，以群众喜闻乐见的方式，利用微信、QQ 等网络媒体，普及“不欠子孙债、不推自身责”的理念，使云南生态文明排头兵建设的新理念更容易为民众接受。再次，环境保护部门制定各类政策措施，推广绿色发展新理念，如云南省环境保护厅将《中华人民共和国环境保护法》作为全省环境法制宣传工作重点，开展专题研讨及《云南省环境保护条例》立法调研，利用六五环境日等开展面向社会的法制宣传活动，推行环境保护的新理念。最后，环境保护部门还支持“云南蓝”等环境保护公益行动，形成了政府主导、市场推进、社会参与的多元化投资机制，在民众中建立了生态担当思想及理念。

三、树立生态环境保护算整体账、综合账的新绿色理念

云南省委、云南省人民政府通过制定政策措施，积极推行“生态环境保护算整体账、综合账”的新理念，增强各部门对云南省生态全局观、生态及资源综合调度及生态系统运筹等观念的认知及理解，深化绿色发展的民间普及度。

第一，确立“绿色财富”的新理念。云南省积极推行“绿色财富”新理念，积极宣传保护生态就是保护生产力、发展生态就是发展生产力、绿色生态就是宝贵财富的科学理念。在生态文明建设、环境保护的各种政策及具体措施中，云南省委、云南省人民政府积极把良好生态环境作为云南发展的独特优势和核心竞争力，积极探索有云南特色的“绿色发展”新路径，大力推进“美丽云南”建设，实现中央对云南发展的新定位、新要求[①]。

云南省人民政府出台了《云南省人民政府关于加快林业产业发展的意见》《云南省人民政府办公厅关于加快木本油料产业发展的实施意见》《云南省人民政府关于加快林下经济发展的意见》等一系列政策措施，既保护森林生态，又促进农民增收，真正实现“百姓富、生态美”，并在云南省各县的攻坚扶贫工作中，针对各县各乡的自然及民族、文化传统的实际情况，制定了一些绿色经济发展的具体措施，使“绿色财富”新理念得到了普及和推广。并以新理念为基础，云南积极探索建立绿色发展试验示范区，形成西南生态安全屏障建设对绿色发展的牵引机制，提升实现云南经济社会可持续发展与保护环境的整体能力；发掘、保护和弘扬优秀民族传统生态文化，提高全社会的绿色意识，推动绿色理念入脑入心，在全社会形成良好的绿色发展的氛围与环境。

第二，构建云南“绿色银行”的新理念。首先，该理念是通过制定各种政策及法规来完成的。2015 年 3 月，中国共产党云南省第九届委员会第十次全体会议审议通过了《中共云南省委关于深入贯彻落实习近平总书记考察云南重要讲话精神闯出跨越式发展路子的决定》，提出了以习近平总书记考察云南重要讲话精神为指引，在更高起点上谋划和推动云南跨越式发展的新思想，明确提出把保护好生态环境作为生存之基、发展之本，牢固树立“绿水青山就是金山银山”的理念，坚持绿色、循环、低碳发展，在生产力布局、城镇化发展、重大项目建设中充分考虑自然条件和资源环境承载能力，为子孙后代留下可持续发展的“绿色银行”。

其次，云南省财政厅出台了《云南省林业贷款贴息资金管理实施细则》，云南省林业厅出台《云南省观赏苗木抵押登记管理办法（试行）》等政策，这些政策充分调动林业经营主体的积极性和主动性，盘活森林资源资产，实现森林资源从资产向资本再到资金的转变。让绿色山林成为全省林农名副其实的“绿色银行”的理念变成现实。

在各种政策措施中，云南逐步构建起的“绿色银行”新理念主要包含两项内容：一是完善绿色财政、税收政策，建立健全绿色税收体系，指引生产者和消费者的经济行为，完善绿色税收政策，促进绿色生产和绿色消费，践行绿色发展。二是

---

① 刘慧娴：《争当生态文明建设排头兵——访云南省财政厅厅长陈秋生》，《中国财政》2013年第16期，第16—19页。

大力推行绿色金融政策。通过绿色信贷支持项目财政贴息、设立绿色发展基金等措施支持绿色发展，实现云南绿色金融创新。此理念在云南普遍推行，如曲靖市实施繁茂山林变身“绿色银行”，增绿与增收同步推进①；临沧市全面推进“生态立市、绿色崛起”战略②。

第三，确立了“生态优先、绿色发展”的新政策、新目标。云南省通过制定政策、法规的方式，制定了坚持走生态优先、绿色发展道路的目标。最为突出的是自从党的十八大以来，云南省委、云南省人民政府按照“五位一体”战略布局要求，坚持把生态文明建设摆在突出位置，实施“生态立省、环境优先”战略，出台《中共云南省委　云南省人民政府关于争当全国生态文明建设排头兵的决定》、《关于努力成为生态文明建设排头兵的实施意见》和《关于贯彻落实生态文明体制改革总体方案的实施意见》等文件，深入推进生态文明建设，使生态优先理念逐步得到推广，并不断完善绿色发展新理念，制定了林业产业、生态扶贫等精准扶贫的重要举措，在省内农业各级部门中逐步打造云南高原特色现代农业，确定各地区的特色绿色农产品，通过这些产品的试验种植，具体推动云南绿色发展新理念的落地实施。

“十三五”期间，生态文明建设排头兵战略定位进一步明确，在各项政策及法规中逐步确立下来，如2016年11月，云南省委、云南省人民政府印发了《云南省生态文明建设排头兵规划（2016—2020年）》，带动了全省“生态优先、绿色发展”新理念、新目标的确立，努力建设天更蓝、地更绿、水更净、空气更清新的美丽云南，成为各级环境保护部门的基本目标。

第四，推行“产业绿色转型发展”的新理念。产业绿色转型发展理念的确立，是通过《云南省生态文明建设排头兵规划（2016—2020年）》的制定与发布、实施来实现的，成为云南积极推行产业绿色转型发展理念的基础。在规划推行的过程中，各级政府部门认真贯彻落实“中国制造2025”云南行动计划，积极构建循环型产业体系，推动生产方式绿色化、生产过程清洁化，大幅提高经济绿色化程度，使产业绿色转型发展理念及计划逐渐深入民心，得到民众的认可和支持。同时，云南还制定了推动环境质量全面改善的具体任务目标，统筹污染治理、总量减排和环境风险管控，逐步构建起环境安全防控体系，并在政策推行中逐步强化环境风险防范，提高涉重、涉危污染物风险防范能力。通过各级政府的一些具体政策支持，“产业绿色转型发展”新理念的普及面也日益广泛。

---

① 谭雅竹：《城镇添绿农民增收》，《云南日报》2017年3月29日，第10版。

② 李春林、谢进：《让农民住在“绿色银行”》，《云南日报》2015年2月27日，第9版。

第二节　“保护生态环境就是保护生产力”理念的推广

云南省通过制定各类政策法规，逐步树立“保护生态环境就是保护生产力”[①]的绿色发展理念，根据各地的具体情况，大力发展绿色经济、循环经济和低碳技术，在民众中推广“生态环境也是生产力”的理念，把保护和改善生态环境作为云南各地生态文明建设的重点，在工业、农业、林业等领域推行绿色环保的产业，在生态文明建设中谱写时代新篇章。

一、普及“绿水青山就是金山银山”理论的新理念

2015年4月，中共中央、国务院出台《中共中央　国务院关于加快推进生态文明建设的意见》，把“坚持绿水青山就是金山银山”这一重要理念正式写入中央文件，成为推进生态文明建设的指导思想。云南坚守上述重要理念，以绿色减贫、坚守发展和生态两条底线为践行该理念的基本原则。2016年6月16日，云南省环境保护厅发布了云南省人民政府重视并推广“绿水青山就是金山银山”理论教育学习的要求，指示各部门切实承担起发展和保护的双重责任，坚持用绿色发展理念引领生态文明建设；加强污染治理和生态修复，把保护好生态环境作为生存之基、发展之本；推进资源节约和循环高效利用，树立绿色生产和生活观念，确保资源节约型和环境友好型社会建设取得重大进展；加强生态安全屏障建设，保护好云南独特的生态系统和生物多样性，推动环境保护机构监测监察执法垂直管理[②]。此外，云南省各级党政部门提供各类培训学习，充分利用各种媒体的宣传报道，把“绿水青山就是金山银山”理念推行到生态文明建设的各领域。主要通过以下路径来推广新理念：

第一，推广“绿色边疆”新理念。云南省推广、普及“绿色边疆”新理念，主要是通过各种活动及政策、措施，普及、宣传加强西南边疆生态安全和生物安全建设、保证边疆生态系统稳定协调、捍卫国家边疆生态安全和形象等绿色边疆建设新理念。尤其是在边疆地区加大宣传、普及力度，通过各级环境保护及生态文明建设部门的具体建设工作、学术研究团队的项目研究，积极发掘边疆各族群众长期养成的生态意识

① 中共中央文献研究室编：《习近平关于社会主义生态文明建设论述摘编》，北京：中央文献出版社，2017年，第20页。

② 陈晓波、李绍明：《陈豪调研环保工作时强调守住发展和生态两条底线 让绿色发展理念厚植七彩云南》，《云南日报》2016年6月17日，第3版。

和良好习俗，与生态文明、绿色发展理念更好地融合起来，形成云南特有的“绿色边疆”新理念。

云南提倡保护水源水质、空气质量和土壤健康等，推广新的生活目标，通过开展绿色边疆建设活动来强化云南省生态文明建设的新理念。如临沧市等地的边防部队及党政部门在“青山绿水、和谐边疆”义务植树活动中，积极宣传建设以先进生态文化、绿色生产生活方式和良好生态环境为基本内涵的新思想。

云南省强调绿色发展与美丽边疆同步建设的理念，强调以绿色、低碳、循环为主要原则、以生态文明建设为基本内容，追求人与自然和谐共处的价值取向，推行先进生态文化、绿色生产生活方式和良好生态环境的理念，以维护国家重要的生态安全屏障和保障西南边疆可持续发展为目标，最终实现天更蓝、地更绿、水更清，人民更健康、更幸福的绿色社会发展。通过这些理念的宣传、普及民族优良生态理念的挖掘，形成了发展绿色、循环、低碳经济的社会共识，引导民众普遍形成了“蓝天白云”“青山绿水”就是边疆“长远发展的最大本钱”的思想理念。这些工作使十九大报告中“完成生态保护红线、永久基本农田、城镇开发边界三条控制线划定工作。开展国土绿化行动，推进荒漠化、石漠化、水土流失综合治理，强化湿地保护和恢复，加强地质灾害防治”①等理念在云南的推广实施有了基础。

第二，普及“绿色消费”新理念。树立“绿色消费”理念、推广绿色生活方式是云南推行“绿水青山就是金山银山”理念的另一重要措施。云南省各级政府倡导企业注重生产绿色产品、鼓励人民消费绿色产品、自觉选择绿色产品的理念，并通过宣传、制定政策等方式，在全社会推广“绿色”标准、绿色消费、“绿色办公”的思想理念，形成人人参与、全民行动的绿色消费的社会风气。

第三，推广“绿色生产”“绿色生活”新理念。树立、践行“绿色生产”“绿色生活”理念是云南省推行“绿水青山就是金山银山”理念的又一重要措施。在经济生产、项目开发中积极推动生产发展方式和生活方式绿色化，淘汰高污染、高耗能的落后产能，在云南省绝大部分地区资源紧缺、河流污染、湖泊萎缩、生态脆弱的背景下，积极宣传、普及在全社会培育和发展新材料和节能环保等绿色产业的理念，以加快促进云南省社会资本投向绿色环保产业和服务业的转化，加大全省经济发展的绿色化程度。

同时，云南省委、云南省人民政府积极宣传、普及云南省特有的花卉苗木、林下经济、森林旅游等绿色经济增长点，普及生产空间集约高效、绿色交通和绿色能源等新理念，初步实现了绿色化生产。如云南利用丰富的动植物资源，已经在各地州县发展了林药、林菌、林菜、林禽、林下产品及其加工、林下休闲旅游等林下经济发展模

---

① 习近平：《决胜全面建成小康社会　夺取新时代中国特色社会主义伟大胜利——在中国共产党第十九次全国代表大会上的报告》，北京：人民出版社，2017年，第52页。

式，取得了较好的社会及经济效益。这种以绿色经济、绿色生活特色见长的模式，得到了各族群众的普遍认可。目前，云南省约有森林蔬菜（野菜）六百余种，如臭菜（羽叶金合欢）、刺五加、甜菜、香椿、树头菜、金雀花、苦刺花、棠梨花、大白杜鹃花、松杉尖、青刺尖等已经成为餐桌上比较受欢迎的绿色生态食品，林下养殖的野猪、梅花鹿、山鸡、豪猪等在超市及餐馆成为比较受欢迎的绿色消费品，松茸、牛肝菌、块菌、奶浆菌、羊肚菌、香菇、木耳、竹荪、猴头菌、青头菌、鸡枞菌、鸡油菌、干巴菌等成为具有云南特色的绿色生态食品①，这种绿色生产和消费切实地存在于民间、存在于普通民众身边的现象，使“绿色生产”“绿色生活”的理念成为云南最普通的生活状态。同时，云南还积极推广使用新能源汽车，引导城乡居民选择公共交通、非机动车交通工具出行，促使云南逐步实现交通运输的绿色化，这些均与绿色生产新理念的推行有密切关系。

二、推广“保护生态环境就是保护生产力”新理念

云南省委、云南省人民政府通过各种政策及措施，积极贯彻“要正确处理好经济发展同生态环境保护的关系，牢固树立保护生态环境就是保护生产力、改善生态环境就是发展生产力的理念”②。

首先，宣传、推广“生态底线”新理念。“生态底线”新理念是云南省贯彻“良好生态环境是最公平的公共产品，是最普惠的民生福祉”③的具体表现，也是云南省生态文明排头兵建设中的重要指导思想。云南省彻底摒弃以牺牲生态环境为代价换取经济增长的陈旧理念，在处理生产发展和生态环境的关系上，严格坚守“生态底线”的新理念。这些理念的推广，有利于云南省“完善天然林保护制度，扩大退耕还林还草。严格保护耕地，扩大轮作休耕试点，健全耕地草原森林河流湖泊休养生息制度，建立市场化、多元化生态补偿机制。”④使云南生态文明建设中最迫切需要的生态保护理念及措施，有了更为基础和具体的目标。

其次，弘扬“民族生态文化价值”理念。云南省一直注重发掘优秀民族生态文化资源，为了进一步确立“保护生态环境就是保护生产力”的新理念，在文化、教育等领域采取各项宣传及推广措施，逐步发掘各少数民族尊重、顺应、保护自然的理念，并通过不同的宣传方式普及、弘扬云南各少数民族长期与自然相依相存中形成的优秀

① 王学花、杨红艳：《云南省林下经济现状分析及发展对策》，《林业调查规划》2012年第6期。
② 中共中央文献研究室编：《习近平关于社会主义生态文明建设论述摘编》，北京：中央文献出版社，第20页。
③ 中共中央文献研究室编：《习近平关于社会主义生态文明建设论述摘编》，北京：中央文献出版社，第4页。
④ 习近平：《决胜全面建成小康社会　夺取新时代中国特色社会主义伟大胜利——在中国共产党第十九次全国代表大会上的报告》，北京：人民出版社，2017年，第52页。

传统生态文化，鼓励公众积极参与，实现生活方式绿色化，使云南汉族群众对少数民族的生态理念从陌生、淡然发展到逐步熟悉、认同、接受。

云南重视民族生态文化观念的价值是丰富生态文明建设内涵的重要举措，尤其是注重保护尊重和敬畏自然的民族传统行为文化，发掘运用各民族生态农作技术，支持和推广民族优良环保理念和行为规范，是最切合农村实际的措施。如在各种宣传、弘扬各民族关于保护生态环境的习惯法和乡规民约的措施中，表现了政府对民族传统生态文化、对妨碍或危害生态环境发展的行为予以规范的认可态度，对促进云南省普及生态环境可持续发展等新理念起到了积极作用，对进一步发掘云南民族对自然资源的适度开发与有序利用的观念起到了促进作用。

经过宣传及各种相关措施的实施，云南逐渐确立了以弘扬"民族生态文化价值"作为生态文明建设基本指导思想的理念，并在各项相关政策和法规中以不同角度及层面加以体现，尤其是在科研项目及民族文化传承过程建设中贯彻实施，取得了积极的社会效果。

三、确立生态建设与长远发展结合的新理念

首先，宣传和普及经济发展与环境保护之间是"舟水关系"的理念。环境如水，发展似舟。水能载舟，亦能覆舟。这一"舟水关系"理念，从不同角度诠释、推广经济发展与环境保护之间的辩证统一关系。云南各级党政部门在相关政策及理论宣传中，确立经济发展与环境保护之间的"舟水关系"，宣传生态环境优先发展，让"生态兴则文明兴，生态衰则文明衰"①的理念，成为云南省生态文明排头兵建设的重要理论基础，并在云南省各族人民心中生根发芽，潜移默化地表现在日常生活的点点滴滴之中。

其次，推广"生态问责"新理念。相对于资源和环境问题，生态问题具有持久性、隐秘性的特点，如超采地下水、滥伐森林、毁坏推平草原等行为，都会导致当地的生态系统出现严重破坏。云南省面对各地不同类型的生态危机、发展困境和时代呼唤，积极推广"生态问责"等新绿色发展的理念，积极贯彻和执行2015年8月中共中央办公厅、国务院办公厅印发的《党政领导干部生态环境损害责任追究办法（试行）》。对于出现生态环境损害情形应追究相关地方党委和政府主要领导成员的责任即"党政同责"的原则，追究生态破坏尤其是造成严重生态破坏后果的相关责任人的责任，把严格实行赔偿制度、依法追究刑事责任等作为生态文明建设的新理念积极推广，普及把生态负责及问

---

① 中共中央文献研究室编：《习近平关于社会主义生态文明建设论述摘编》，北京：中央文献出版社，第6页。

责纳入党政领导的责任考核体系的理念。中国共产党云南省第九届委员会第十二次全体会议提出关于绿色发展的部署，提出了较新颖的构建领导干部绿色发展政绩考核指标体系、新常态下的绿色 GDP 核算、自然资源资产离任审计等新理念，宣传、普及生态环境损害责任终身追究制的理念，逐步形成了领导干部自觉践行绿色发展的倒逼机制，普及环境保护问责人人参与、人人监督的理念，使各位基层官员不再奢望“法外开恩”或“法不责众”，而是兢兢业业地以绿色发展、保护环境、提高环境质量为己任。

再次，推行“生态扶贫”“绿色减贫”新理念。云南省大力实施、推广生态扶贫、产业扶贫、政策扶贫为一体的绿色扶贫，实现城镇添绿、农民增收的双赢目标等“生态扶贫”“绿色减贫”新理念。云南省生态文明排头兵建设与扶贫工作完好地结合在一起，广大乡村迎来乡土生态产品复兴的机遇，不仅实现就地脱贫、稳定脱贫、长效脱贫，还立足绿色扶贫、减贫理念，在脱贫攻坚战的生态精准扶贫发展中，注重产业扶贫与生态保护的有效结合，实现减贫经济效益与长远生态保护的双重成效理念；强化扶贫开发工作者的绿色发展理念，加强生态扶贫的理论学习和人才培养，尤其是通过举办国际交流会、研讨会等形式的集体探讨，深刻认识绿色发展理念，保障生态扶贫的高效治理思想及理论的顺利推行，利用生态资源将扶贫开发的功效达到最大化，将绿色发展理念应用于扶贫、减贫工作中，完成从理论到实践的转变，当然，建立生态环境与扶贫进程有机结合的政策综合决策和评估机制，也是云南的努力目标。

最后，在生态新理念的推广普及中，云南面积广大的农村，环境现状依然不容乐观。云南一些农村的基础设施较为落后，没有统一有效的垃圾收集处理系统，农村部分生活垃圾和污水随处倾倒，白色污染较为严重，河流湖泊成为大部分垃圾倾倒的目的地，不仅污染了农村耕地、空气、水源，影响农作物生长环境，粮食、蔬菜等农产品质量也受到威胁。因此，在云南广大农村的生态环境保护及攻坚脱贫工作中，“生态扶贫”“绿色减贫”新理念是急需普及和推广的，对农村地区的宣传及普及力度有待加大，只有“生态扶贫”“绿色减贫”理念被农民接受，具体工作取得成效，云南才能真正走上城镇、农村的绿色共进共赢之路。

第三节　树立“像保护眼睛一样保护生态环境”新理念

为树立“像保护眼睛一样保护生态环境”[①]新理念，云南省主要采取了以下措施。

---

① 中共中央文献研究室编：《习近平关于社会主义生态文明建设论述摘编》，北京：中央文献出版社，2017年，第8页。

一、以政策促动及优化云南环境保护新理念的普及

云南省自觉遵循绿色、循环、低碳发展的原则，推行节约资源、保护环境的空间格局、产业结构、生产生活方式，确立为子孙后代留下天蓝、地绿、水清的生产生活环境的新理念。

首先，树立“云南蓝”的生态建设新理念。云南省积极树立保护大气、水体和土壤资源，实现天蓝、地绿、水清的“云南蓝”生态理念。中国共产党云南省第十次代表大会明确提出“良好的生态环境是云南的靓丽名片和宝贵财富，也是云南实现跨越发展的独特优势和核心竞争力”的理念，使具有云南特色生态环境“云南蓝”理念得到广大民众的认可和接受。2016 年，云南省编制了《云南省土壤污染防治工作方案》，完成了《重金属污染综合防治“十二五”规划》《云南省“十三五”水土保持规划》《云南省水土保持规划（2016—2030 年）》《云南省国家水土保持重点工程规划》《云南省坡耕地水土流失综合治理工程规划》《全省水土保持监测规划》《云南省“十三五”农村环境综合整治工作方案》《云南省水污染防治工作方案》等重要规划，逐步树立了“云南蓝”的生态建设新理念。

其次，树立“创新生态文明制度”新理念。云南省委、云南省人民政府通过制定系列政策、制度来普及、推广“创新生态文明制度”的新理念。根据 2015 年《中共云南省委办公厅、云南省人民政府办公厅关于印发〈云南省全面深化生态文明体制改革总体实施方案〉的通知》的文件精神，各地为全面提升当地生态文明建设的质量和水平，制定了各地的生态文明制度并提出新理念。如昆明市制定了《昆明市全面深化生态文明体制改革总体实施方案》，形成了系统完整的生态文明制度体系，加深了民众对云南省生态文明制度改革的理解。此外，中国共产党云南省第九届委员会第十二次全体会议提出了关于绿色发展的部署，还提出了完善生态环境保护制度的新理念，对推广生态文明制度建设及创新理念发挥了积极作用。

同时，《七彩云南生态文明建设规划纲要（2009—2020 年）》在推广云南省生态文明制度创新的新思想，着力树立“创新生态文明制度”新理念方面发挥了积极作用，对构建生态保护法律法规体系、建立系统完整的制度体系，把生态文明建设纳入法治化、制度化轨道等新理念的宣传普及也起到了促进作用。2016 年底出现“森林云南建设不断加强，生物多样性保护、退耕还林还草、生态修复、水土保持、地质灾害防治有序推进”①等成绩，与上述制度、理念的推进密不可分。这些工作，使党的十九大报告提出的“强化土壤污染管控和修复，加强农业面源污染防治，开展农村人居环境整治行

① 陈豪：《紧密团结在以习近平同志为核心的党中央周围　勇于担当　奋发有为　为云南全面建成小康社会而努力奋斗——在中国共产党云南省第十次代表大会上的报告》，《云南日报》2016 年 12 月 30 日，第 1 版。

动。加强固体废弃物和垃圾处置。提高污染排放标准，强化排污者责任，健全环保信用评价、信息强制性披露、严惩重罚等制度。构建政府为主导、企业为主体、社会组织和公众共同参与的环境治理体系。积极参与全球环境治理，落实减排承诺”[①]等绿色发展新理念得以继续在云南未来的环境保护工作中放射新的光彩。

二、确立云南生态文明排头兵建设新理念

2015年3月，中国共产党云南省第九届委员会第十次全体会议通过了《中共云南省委关于深入贯彻落实习近平总书记考察云南重要讲话精神闯出跨越式发展路子的决定》，强调全省各级党组织和广大党员干部要以习近平总书记的重要讲话精神为指引，确保生态文明建设走在全国前列。

首先，在各级领导干部中明确争当生态文明排头兵的新理念。2015年以来，云南省始终以习近平总书记考察云南重要讲话精神为引领，坚定不移地推进生态文明建设，加大环境保护力度，强化生态文明排头兵建设理念。云南省委、云南省人民政府引导社会各界深入理解云南争当生态文明建设排头兵就是主动服务和融入国家发展战略，在思想上和行动上当好国家生态安全屏障的西南守护者和建设者。提倡大力推进生态文明先行示范区建设，把生态文明建设放在突出位置，融入经济、政治、文化、社会建设各个方面，加强生态环境保护与治理，推进生态环境保护法治化建设。从此以后，争当生态文明排头兵新理念在云南确立并被推广、普及，成为云南生态文明各项实践建设的理论指导及实践的重要基础。

其次，完善“生态建设法治化”新理念并予以推广。云南省树立了推进生态环境保护法治化建设的新理念，不仅需要正确理念的传播和强化，还需要建构必要的制度规范，进而依靠制度规范来发挥导向和规制作用。云南省为推动生态文明法治化建设，提出了抓紧修订完善相关地方性法规、政府规章制度等要求，健全依法决策机制，推广完善生态环境监管体系及生态环境保护责任追究制度和环境损害赔偿制度，严格执行项目审批生态环境保护一票否决制。云南省各级党组织积极动员全社会各界力量，切实提高群众生态环境保护意识，努力走出一条全民参与、共同推进生态文明建设的新路子。

最后，明确推广“生态文明示范村镇发展”新理念。云南省委、云南省人民政府始终高度重视生态文明建设和生态建设示范区创建工作，出台《云南省人民政府关于加强环境保护重点工作的意见》《中共云南省委　云南省人民政府关于争当全国生态文明建设排头兵的决定》《关于努力成为生态文明建设排头兵的实施意见》等一系列重要政策

① 习近平：《决胜全面建成小康社会　夺取新时代中国特色社会主义伟大胜利——在中国共产党第十九次全国代表大会上的报告》，北京：人民出版社，2017年，第51页。

和文件，把加强生态文明建设和环境保护、生态建设示范区创建作为重要思想和理念。其中，坚持严格标准，深入推进生态建设示范区创建工作的“生态文明示范村镇发展”等新理念逐步深入民心。云南省生态文明示范区建设以“发扬成绩，深化创建内涵，巩固创建成果，建立长效机制，积极发挥典型示范作用”为思想和理念，开展“示范乡镇”建设的新理念及实践工作，以促进形成绿色发展方式和绿色生活方式、改善生态环境质量为导向，让“生态文明示范村镇发展”的新理念激发广大农民参与生态文明建设的热情。

三、积极推行“留得住青山绿水，记得住乡愁”的新理念

2015 年，习近平在云南考察工作时强调：“新农村建设一定要走符合农村实际的路子，遵循乡村自身发展规律，充分体现农村特点，注意乡土味道，保留乡村风貌，留得住青山绿水，记得住乡愁。”[①]2015 年、2016 年、2017 年的云南省人民政府的《政府工作报告》都展现了“留得住青山绿水，记得住乡愁”的理念，并成为云南省委、云南省人民政府生态文明建设工作重点任务。

首先，倡导推广“森林云南”新理念。早在 2009 年，云南省委、云南省人民政府就颁布了《中共云南省委 云南省人民政府关于加快林业发展建设森林云南的决定》，明确提出了“建设‘森林云南’是推动生态文明建设”具体体现的思想和理念。党的十八大以来，“森林云南”成为生态文明排头兵建设的重要理念及实践措施之一，云南省一直坚持“森林云南”的原则及新理念：“生态建设产业化、产业发展生态化”，发挥商品林和公益林的主体功能，坚持兴林富民，全民参与，激活林业发展机制，科技兴林，提出了“总量不断增加、质量不断提高、管理不断规范”新理念及新要求。

其次，倡导“自然保护区、森林公园及湿地公园建设”新理念。2012 年以来，云南省着力建立并倡导构建生物多样性保护体系、自然保护区建设工程、森林公园及湿地公园建设、全面提升生物多样性保护水平等生态文明建设新理念。

再次，树立“生态教育和生态公益”新理念。积极开展生态教育，开展生态文明宣传，树立“生态教育和生态公益”新理念，提倡增强公民的节约意识、环境保护意识、生态意识，实现人的全面发展与生态环境保护的和谐统一，在全社会传播和普及生态知识，教育引导全体公民形成绿色价值取向、绿色思维方式、绿色生活方式，使生态教育理念外化为人们的自觉行动；利用一切宣传媒体，积极倡导公众在生活中要自觉崇尚和躬行勤俭节约、绿色低碳、文明健康的生活方式与消费模式，倡导环境友好型消费，推

---

① 中共中央文献研究室编：《习近平关于社会主义生态文明建设论述摘编》，北京：中央文献出版社，2017 年，第 61 页。

广绿色服装、绿色饮食、绿色居住、绿色出行、绿色旅游等“生态公益”的新理念。

最后，确立“美丽乡村建设”新理念。2014年7月，中共云南省委、云南省人民政府出台《关于推进美丽乡村建设的若干意见》以后，云南省通过各种渠道，宣传、普及“美丽乡村建设”的理念，如2014年10月就在临沧市举行了云南省美丽乡村建设暨新农村建设指导员工作推进会，宣传政府在云南美丽乡村建设中的新理念，优化村庄布局，建设特色村寨，改善农村人居环境，实施“千村示范、万村整治工程”，培育和谐文明新风尚，挖掘和传承乡村优秀传统文化，逐渐确立“美丽乡村建设”的新理念。从2015年起，每年推进500个美丽乡村建设，逐渐在各地州县市的中心村、特色村和传统村落建成了一批富有云南特色的美丽乡村，使美丽乡村成为云南生态文明建设的特色生态名片。

此外，云南省通过产业提升、村寨建设、环境整治、脱贫攻坚、公共服务、素质提升、乡村治理“七大行动”，使“美丽乡村建设”理念深入人心；通过将“美丽乡村”建设提升到“生态文明示范区建设”范畴的行动，培育了四千多个生态村镇，“美丽乡村建设”有了具体的实施措施。

小结

生态文明建设被纳入中国政府的奋斗目标，成为当代中国及国际社会新闻媒体关注的焦点，也成为国家及地方建设的核心词语。十余年来，国家及地方制定的生态文明的每项政策、制度及措施，或明显或悄悄但却真切地改变着人们的日常生活及行为准则，浸润、丰富着中国传统生态文化的内涵。这使绿色发展新理念再次成为中国未来社会发展的关键词及社会聚焦点。

云南作为生态文明建设排头兵的实践区域，建设行动理念的树立以及在全社会的推广，就成为生态文明建设中极为重要的措施。2015年1月20日，习近平总书记考察洱海边的大理市湾桥镇古生村是云南省生态文明建设的里程碑事件。习近平总书记说：“经济要发展，但不能以破坏生态环境为代价。生态环境保护是一个长期任务，要久久为功。”[①]这一理念成为云南省生态文明建设的指导目标。同时，习近平总书记在大理村民李德昌家考察时说的话，即“云南有很好的生态环境，一定要珍惜，不能在我们手

① 中共中央文献研究室编：《习近平关于社会主义生态文明建设论述摘编》，北京：中央文献出版社，2017年，第26页。

里受到破坏”[①]等思想，不仅在党政部门被实施，同时也在学术研究领域成为关键词，学术研究中强调少数民族生态经验总结及生态智慧的传承、本土生态习惯及民间生态法制的现代运用等思想，日渐成为云南省生态文明研究及建设的主流思潮。

习近平总书记提出的一系列全新的思想、理念、观点及要求，成为云南省绿色发展和经济转型的目标。算好生态环境保护的大账、长远账、整体账和综合账，也成为云南省生态文明建设和树立绿色发展新理念的首要问题。云南省对生态文明建设及区域特色建设的热情和行动更是高涨，在各种媒体的宣传下，全省对“绿水青山就是金山银山”的理念及其内涵耳熟能详，并成为日常及政治生活中口语化的表述词语，由此带来的发展方式的转化，切实地改变着云南省的生态理念与生态建设面貌。

云南各级政府部门逐步确立了在保护中发展、在发展中保护，真正把生态优势转化为经济优势、把生态资本转化为发展资本的发展路径，实现生态保护、经济发展、民生改善互促共赢的目标，走出一条以生态文明建设力促转型升级的新路子。云南各地都在生态文明建设排头兵的道路上实践、总结、推进，逐渐转变以往落后的发展思路。

只有理念优先，思想先行，坚持节约优先、保护优先、自然恢复为主的方针，形成节约资源和保护环境的空间格局、产业结构、生产方式、生活方式，还自然以宁静、和谐、美丽的面目，十九大报告提出的“我们要牢固树立社会主义生态文明观，推动形成人与自然和谐发展现代化建设新格局，为保护生态环境作出我们这代人的努力！”[②]等目标才能实现，在生态文明排头兵建设中，云南才有可能成为中国甚至世界生态文明的重要参与者、贡献者、引领者。

---

① 张帆、杨文明：《把碧水蓝天留给子孙后代（生态）》，《人民日报》2017年9月6日，第12版。

② 习近平：《决胜全面建成小康社会 夺取新时代中国特色社会主义伟大胜利——在中国共产党第十九次全国代表大会上的报告》，北京：人民出版社，2017年，第52页。

第二编

云南省生态文明排头兵建设政策篇

第三章　云南省生态规划建设事件编年

生态规划是生态文明建设的首要前提。生态规划从宏观视角出发，参与国家和区域中长期发展规划的研究和决策，并提出合理、适用的开发战略和层次，以及相应的资源利用、生态建设和环境保护的相关措施。生态规划作为一个概念范畴，所涵盖的类型包括土地生态规划、城乡生态规划、环境规划等，明确生态规划的功能和定位，引导和约束规划体系，对于优化生态空间格局，实现区域可持续发展意义重大。

云南省在生态规划建设层面开展的一系列工作主要围绕人与自然和谐共生，站在人类与自然生态系统利益相关的角度考量，将维护自然生态系统内化为人类自身价值取向，是一项遵循自然规律、科学合理的决策性活动。2018 年，为争当全国生态文明排头兵，云南省在推动生态环境保护工作、优化国土空间开发、完善生态环境治理、健全生态法治、强化生态监管、加快生态产业发展方面出台了一系列条例、方案、办法，重点对生态建设和环境保护、绿色发展、制度建设等方面进行创新和探索，坚决打好污染防治攻坚战，加大环境督察执法力度，切实解决环境问题，建设中国最美丽省份。

第一节　云南省生态规划建设事件编年（1—6 月）

根据昆明市第十四届人民代表大会常务委员会发布的公告，新修订的《昆明市城乡规划条例》于 2018 年 1 月 1 日起正式施行。《昆明市城乡规划条例》的修订强化了乡村规划建设的监督检查，凸显环境影响评价的重要性，完善城市设计内容，明确地下空间开发利用要求，对上位法和国家、省、市有关规定做了进一步细化补充，具有较强的针对性、实用性和可操作性。《昆明市城乡规划条例》明确了街道办事处、村（居）民委员会工作职责，避免出现城乡规划“管理真空”。同时，明确了其管理权限以及监督检查对应的法律责任，强化对城乡接合部的规划管理与监督检查。为凸显环境影响评价的重要性，强调生态文明建设的持续性，《昆明市城乡规划条例》参照省外城乡规划条例的立法经验，增加了编制城乡规划应当进行环境影响评价的规定。要求“城市设计应当尊重城市发展规律，坚持以人为本，保护自然环境，传承历史文化，塑造城市特色，优化城市形态，节约集约用地，创造宜居公共空间”。“临水、临山以及生态隔离带等重点高度控制区内的建设项目，应当严格控制建筑高度，合理控制密度和空间形态，预留城市景观及通风视廊，保证城市天际线与山水风貌相协调。”《昆明市城乡规划条例》中增加了城市设计和城市天际线管理的有关规定，有助于城市的自然环境与人工环境有机协调，提升城市风貌和城市空间品质，使城市更加宜居，富有特色。同时，从立法层面强化历史文化遗产和生态保护，促进城乡建设发展与生态景观的有机统一，对景观视廊进行有效控制，保证城市景观的通透性，并补充了城市天际线管理的相关内容以及法律责任①。

云南省人民政府办公厅印发的《云南省人民政府办公厅关于进一步加强“地沟油”治理工作的实施意见》，强调积极探索试点，建立“地沟油”综合治理长效机制，保持打击制售、使用“地沟油”违法犯罪行为的高压态势。《云南省人民政府办公厅关于进一步加强“地沟油”治理工作的实施意见》提出，从加强对餐厨废弃物及废弃油脂的管理、加强肉类加工废弃物和检验检疫不合格畜禽产品管理两个方面加强源头治理。各地要制定和完善餐厨废弃物及废弃油脂管理办法，明确餐厨废弃物及废弃油脂的主管部门，加强对餐厨废弃物及废弃油脂产生、回收、清运、处理等各个环节进行管理。餐厨废弃物、废弃油脂和检验检疫不合格畜禽产品应实行集中无害化处理和资源化利用。无害化处理单位应当采取措施，防止在处理过程中产生的污水、废气、废渣、粉尘等造成二次污染，建立完善的环境保护设施设备及循环体系。引导无害化处理和资源化利用企业适度规模经营，符合条件的按照规定享受税收优惠政策。《云南省人民政府办公厅关于进一步加强“地沟油”治理工作的实施意见》强调，严厉打击违法犯罪行为，进一步加强行政执法和刑事司法衔接，完善行政机关与公安部门联合执法机制，健全涉嫌犯罪案件的移送通报机制。按照职责分工，加强协调配合，加大对重点区域、重点环节、重点场所、重点企业的监管和巡查力度，依法从严从重打击非法制售、使用“地沟油”违法犯罪行为②。

① 茶志福：《昆明出台条例规定编制城乡规划需进行环境影响评价》，《云南日报》2018年2月1日，第9版。

② 蒋朝晖：《云南建长效机制治理地沟油　抓好源头治理　加强各环节管控》，《中国环境报》2018年1月5日，第2版。

云南省人民政府办公厅发布的《云南省人民政府办公厅关于贯彻落实湿地保护修复制度方案的实施意见》明确对云南省湿地资源实行面积总量管控，确保湿地面积不减少，特别是自然湿地面积不减少，合理划定纳入生态保护红线的湿地范围，实现湿地资源管理“一张图”。《云南省人民政府关于贯彻落实湿地保护修复制度方案的实施意见》提出，严格湿地用途管理。按照主体功能定位确定各类湿地功能，实施负面清单管理。禁止擅自改变湿地用途，因重大基础设施、重大民生保障项目建设等需要调整的，经批准后，依法办理供地手续，用地单位要按照“先补后占、占补平衡”的原则，负责恢复或重建与所占湿地面积和质量相当的湿地①。

2018年2月5日，云南省第二次全国污染源普查领导小组办公室召开新闻发布会，对《云南省第二次全国污染源普查实施方案》进行深入解读，重点介绍第二次全国污染源普查的实施背景以及目的、意义、范围、内容、技术路线、主要任务、组织实施和保障措施等。在新闻发布会上，云南省环境保护厅副厅长、云南省第二次全国污染源普查领导小组办公室主任杨春明介绍，本次普查的工作目标是：摸清云南省各类污染源基本情况，了解污染源数量、结构和分布状况，掌握云南省各类污染物产生、排放和处理情况，建立健全重点污染源档案、污染源信息数据库和环境统计平台，为加强污染源监管、改善环境质量、防控环境风险、服务环境与发展综合决策提供依据。普查标准时点为：2017年12月31日。普查对象为：云南省行政区域内有污染源的单位和个体经营户。普查范围包括：工业污染源、农业污染源、生活污染源、集中式污染治理设施、移动污染源及其他产生排放污染物的设施五类污染源。普查技术路线是：根据国务院第二次全国污染源普查领导小组发布的各类污染源普查报表制度、技术规范、污染物核算方式，在现有环境管理的基础上充分利用相关部门提供的数据信息，结合入户登记调查的方式开展普查工作。经过了解，此次污染源普查分阶段、分层级组织实施。2017 年为前期准备阶段，2018 年为全面普查阶段，2019 年为总结发布阶段。在普查质量管理方面，将建立普查数据质量溯源和责任追究制度，依法开展普查数据核查和质量评估，严厉惩处普查违法行为②。

昆明市政府办公厅印发《滇池保护治理三年攻坚行动 2018 年重点目标任务分解》。2018 年，昆明计划实施 62 个市级滇池保护治理项目，各区县还将同步实施 100 多个区县级滇池保护治理项目。通过水质目标与污染负荷削减目标双控制，实现滇池草海全年水质达到Ⅳ类，滇池外海全年水质达到Ⅴ类。城镇污水处理厂及其配套设施方面，8 月 31 日前，昆明主城南片排水管网完善工程（二环路外度假区）市级自建完成 2.45 千米管网，度假区梳理整合并承建完成雨污水管网建设 60.98 千米。内源污染治理

①李茂颖：《云南　湿地资源实行面积总量管控》，《人民日报》2018 年 1 月 10 日，第 14 版。
②胡晓蓉：《我省推进第二次全国污染源普查工作》，《云南日报》2018 年 2 月 6 日，第 3 版。

方面，通过实施滇池外海主要入湖河口及重点区域底泥疏浚工程，完成底泥疏浚 70 万立方米。实施草海及入湖河口清淤工程，完成清淤 50 万立方米。生态恢复与湿地建设方面，实施滇池外海环湖湿地建设“四退三还”工程，建设完成海洪湿地；实施滇池流域面山植被修复建设工程，实施未成林造林补植和幼林抚育10 000亩（1亩≈666.7平方米）；王家堆湿地建设工程完成一期工程前期工作并启动实施；滇池斗南湿地建设工程完成前期工作；草海北片区湖滨生态湿地修复建设工程完成草海 4 号地块湿地建设工作总工作量40%。农业农村面源污染治理方面，实施滇池流域及牛栏江补水区（昆明段）集镇、村庄污水治理设施物联网管理工程。在流域20个集镇、885个村庄的污水治理设施中，选择基本具备实施条件的点，开展物联网建设试验示范；实施滇池流域及牛栏江补水区（昆明段）农村生活污水收集处理设施运行维护项目，推进20个集镇、885个村庄的污水治理设施修缮和提升改造①。

云南省玉溪市印发《玉溪市抚仙湖综合保护治理工作三年（2018—2020 年）行动计划总体方案》提出在推进保护抚仙湖百日攻坚雷霆行动基础上，进一步拓展和延伸抚仙湖保护治理工作，建立长效机制，确保抚仙湖长期稳定保持Ⅰ类水质。《玉溪市抚仙湖综合保护治理工作三年（2018—2020 年）行动计划总体方案》明确要求“削减存量污染隐患，控制新增污染隐患”，以保持抚仙湖Ⅰ类水质为目标，突出问题导向，坚持“属地管理”与“分级负责”相结合的原则，注重源头防范、过程处置、末端治理。按照“第一年清源、第二年清水、第三年清零”的总体思路，采取超常规措施，扎实开展抚仙湖综合保护治理工作三年行动计划。通过实施关停拆退、环湖生态建设、镇村两污治理、农业面源污染防治、入湖河道综合整治、城镇规划建设、产业结构调整、新时代“仙湖卫士”八大行动，全面防范和杜绝水生态风险发生，实现抚仙湖周边开发建设有序、农家乐等服务业得到有效管控、农业面源污染得到根本控制、工程治理全面提速、入湖污染负荷得到有效削减。《玉溪市抚仙湖综合保护治理工作三年（2018—2020 年）行动计划总体方案》逐一细化了八大行动的具体任务，分解了三年行动计划任务，明确各项行动任务内容、完成时限、牵头单位和责任单位及各自责任人。《玉溪市抚仙湖综合保护治理工作三年（2018—2020 年）行动计划总体方案》强调，各责任单位主要领导为第一责任人，要做到一个行动、一套方案、一名责任人、一抓到底。要严格督促检查，强化跟踪问效②。

《深入开展市容环境综合整治提升工作三年行动方案（2018—2020）》提出，从2018年起，昆明将用3年时间持续深入开展市容环境整治提升工作，为成功创建第六届

① 浦美玲：《昆明年内实施 160 余个滇池保护治理项目》，《云南日报》2018 年 2 月 28 日，第 1 版。

② 蒋朝晖、陈克瑶：《抚仙湖治理行动持续推进　玉溪实施八大行动，确保水质保持Ⅰ类》，《中国环境报》2018 年 4 月 16 日，第 6 版。

全国文明城市奠定基础。整治提升工作主要在主城5区、3个国家级开发（度假）区管委会范围内实施，主要围绕沿街建筑立面美化、公共设施、城市道路、户外广告、城市照明灯光亮化、违法违规建筑拆除、老旧小区微改造、见绿补绿、网格化建设等方面开展整治，着力提升城市景观形象和数字化城市管理水平①。

云南省玉溪市委办公室印发的《中共玉溪市委关于深入学习贯彻党的十九大精神促进玉溪跨越式发展的决定》提出了治污措施和目标，要求全市坚定不移实施生态立市战略，加快美丽新玉溪建设。《中共玉溪市委关于深入学习贯彻党的十九大精神促进玉溪跨越式发展的决定》提出，全面落实河长制、湖长制，突出抓好“三湖”水环境保护治理，全面实施抚仙湖综合保护治理三年行动计划，扎实开展“百日攻坚雷霆行动”，全力打赢抚仙湖保卫战，完成抚仙湖、星云湖一级保护区3.3万人的生态移民搬迁，切实加强南盘江、元江流域环境综合治理，强化重要水源地环境整治和地下水保护利用，确保全市水质持续改善。同时，加强土地污染防治，全面开展土壤污染现状调查，大力实施土壤污染修复试点示范工程，确保全市耕地土壤环境质量稳中向好、受污染耕地安全利用率不低于85%。全面实施空气环境质量提升工程，强化工矿企业、建筑企业、机动车尾气等污染治理，大力发展循环经济，完成节能减排目标，确保全市空气质量总体保持优良、细颗粒物达标率100%。加强生态安全屏障建设，持续开展国土绿化，25度以上坡耕地全部退耕还林还草，颁布实施森林防火条例，确保全市森林覆盖率达60%、自然湿地保护率达45%②。

2018年5月2日，昆明市城市管理综合行政执法局就《昆明市城市生活垃圾分类管理办法（征求意见稿）》举行听证，市民代表和来自相关行业企业、市人大、市政协等领域的26名听证代表参加了听证会。《昆明市城市生活垃圾分类管理办法（征求意见稿）》拟规定，将昆明市生活垃圾分为可回收物、易腐垃圾、有害垃圾、其他垃圾四类，并且为每类垃圾投放标准进行了规定。在分类投放实现后，生活垃圾也将实行分类收集、分类运输、分类处理。无论是单位还是个人应当按照规定的时间、地点，用符合要求的垃圾袋或者容器分类投放生活垃圾，不得随意抛弃、倾倒、堆放生活垃圾。对于一些体积大、整体性强或者需要拆分再处理的家具、家电等大件垃圾，应当预约或者委托物业服务企业预约再生资源回收经营者，或者环境卫生作业服务单位上门收集搬运。再生资源回收经营者或者环境卫生作业服务单位应当按照规定公布预约电话和收费标准。《昆明市城市生活垃圾分类管理办法（征求意见稿）》明确指出，昆明市主管部门将会同相关部门制定本市生活垃圾分类收集容器设置规范，并向社会公布。设置规范应

---

① 茶志福：《持续3年开展市容环境整治提升》，《云南日报》2018年4月26日，第6版。

② 蒋朝晖：《玉溪着力保护抚仙湖星云湖 将完成两湖一级保护区3.3万人生态移民搬迁》，《中国环境报》2018年5月2日，第5版。

当包括收集容器的类别、规格、标志色、标识以及设置要求等内容。其中，在住宅区，集中供餐单位、易腐垃圾产生量较多的公共场所应当设置可回收物、易腐垃圾、有害垃圾、其他垃圾四类收集容器。生活垃圾分类投放拟实行管理责任人制度。无论是生活小区还是单位，实行物业管理的区域，物业服务企业为管理责任人。管理责任人对生活垃圾分类投放工作进行宣传、指导，对不符合分类投放要求的行为予以劝告、制止。针对《昆明市城市生活垃圾分类管理办法（征求意见稿）》，听证代表提出，垃圾分类在昆明才刚刚起步，居民缺乏垃圾分类的知识和习惯，因此，惩罚力度是否过重有待考量。此外，垃圾分类涉及每个人、每段时间，每时每刻都有可能产生垃圾，因此要做好广泛宣传动员工作。垃圾分类涉及广泛，很多细节要考虑周到，要做相应的细化方案，比如单位的楼道、小区楼道、家庭内都应该有分类垃圾桶，从源头上就分好类以减轻管理难度。据悉，听证会之后，《昆明市城市生活垃圾分类管理办法（征求意见稿）》将根据听证代表们的观点建议，综合各方意见，对《昆明市城市生活垃圾分类管理办法（征求意见稿）》做进一步修改后，根据相关流程再对外正式公布①。

2018年5月7日，昆明市政府办公厅印发的《2018年昆明市“菜篮子”工程蔬菜生产的指导意见》显示，将通过控制化肥农药的使用、农药残留物监测标准等指标，继续加大昆明蔬菜标准化生产推广力度，推行绿色生产方式，大力推进高原特色都市现代农业发展，不断满足广大人民群众日益增长的消费需求。“菜篮子”工程建设是一项长期性、公益性的民心工程，《2018 年昆明市“菜篮子”工程蔬菜生产的指导意见》要求各级政府要将“菜篮子”工程纳入国民经济和社会发展规划，加大对“菜篮子”工程蔬菜生产的标准化示范、产业化发展、品牌化培育、质量安全监管及市场开拓等方面的多渠道资金投入。鼓励和引导社会资金参与“菜篮子”工程建设，鼓励金融机构加大对“菜篮子”重点产品生产、流通、加工企业及重点农产品批发市场的扶持力度②。

2018 年 5 月 14 日，《云南省地方级自然保护区调整管理规定（送审稿）》经云南省人民政府第六次常务会议审议通过。《云南省地方级自然保护区调整管理规定（送审稿）》对云南省地方（省级、州市级、县级）自然保护区范围调整、功能区调整和名称更改做出了具体要求，明确了调整的批准主体，理顺了调整管理工作的机制，强化了调整的申报、评审等程序。制定地方自然保护区调整管理规定对规范自然保护区调整，加强自然保护区监督管理具有重要意义③。

2018年5月21日，《云南日报》记者从珠江航务管理局获悉，交通运输部办公厅

---

① 张雁群：《昆明生活垃圾分类管理办法听证》，《云南日报》2018 年 5 月 3 日，第 6 版。

② 廖兴阳：《昆明出台 2018 年“菜篮子”工程蔬菜生产指导意见　蔬菜产地产品农残速测合格率不低于 96%》，《昆明日报》2018 年 5 月 8 日，第 4 版。

③ 云南省环境保护厅自然生态保护处：《省政府常务会议审议通过〈云南省地方级自然保护区调整管理规定〉》，http://www. ynepb.gov.cn/zwxx/xxyw/xxywrdjj/201805/t20180516_179829.html（2018-05-16）。

和云南、广东、广西、贵州 4 省（区）政府办公厅联合发布《推进珠江水运绿色发展行动方案（2018—2020 年）》，明确未来 3 年珠江水运绿色发展目标任务。《推进珠江水运绿色发展行动方案（2018—2020 年）》明确指出，进一步加强部省（区）的沟通合作，建立健全珠江水运绿色发展体系。到 2020 年，珠江水运科学发展、生态发展、集约发展意识进一步增强，水运绿色发展成绩显著，绿色水运体系基本建立，法规标准体系进一步完善，水运在综合运输体系中的作用进一步增强，有力支撑沿江地区经济社会健康可持续发展。《推进珠江水运绿色发展行动方案（2018—2020 年）》制定了珠江水运绿色发展规划、加快生态航道建设、加快绿色港口建设、推进运输船舶绿色发展、优化水路运输组织、提升绿色水运管理能力 6 个方面的 32 项重点任务，每项工作任务都明确了具体内容、完成时限、主办单位和协办单位，确保工作任务落到实处，取得实效①。

2018 年 5 月 22 日，云南省环境保护厅联合中国科学院昆明植物研究所召开新闻发布会，发布《云南省生态系统名录（2018 版）》。据悉，《云南省生态系统名录（2018 版）》是迄今为止最系统反映云南省生态系统多样性基本信息的一项重要科研成果。云南省环境保护厅副厅长高正文在新闻发布会上介绍，云南是我国生物多样性最丰富的省份，也是全球 34 个物种最丰富且受到威胁最大的生物多样性热点地区之一。云南拥有的各类生物物种数均接近或超过全国的一半，云南国土面积仅占全国的 4.1%，却囊括了地球上除海洋和沙漠外的所有生态系统类型。此次，云南省环境保护厅和中国科学院昆明植物研究所等单位共同组织开展“云南省生态系统名录”评估工作，系统整理形成的《云南省生态系统名录（2018 版）》，为今后开展生态系统保护、利用、研究和管理提供了科学依据。中国科学院昆明植物研究所所长孙航表示，《云南省生态系统名录（2018 版）》收录了从热带到高山冰缘荒漠等各类自然生态系统，共计 14 个植被型、38 个植被亚型、474 个群系。《云南省生态系统名录（2018 版）》将过去草甸生态系统中分布于高海拔雪线附近的高山流石滩疏生草甸、高山冰缘带和一些裸岩区域的生态系统作为高山荒漠生态系统处理，共有 17 个群系。同时，整合沼泽化草甸和水生植被作为湿地生态系统，共计两个植被亚型和 71 个群系。高正文强调，本次评估反映出云南省生态系统结构和质量总体保持稳定，但也面临生物多样性和天然林面积减少、生态系统服务功能降低等问题。对此，必须区别情况，因地制宜，分类施策。下一步，云南要重点从保护优先持续利用、统筹治理系统修复、严格法治加强监管三个方面，加大生物多样性保护力度，保护好我国重要的生物多样性宝库，筑牢

① 陈晓波、张兵、马格淇：《交通运输部与滇粤桂黔 4 省区联合发布行动方案　合力推进珠江水运绿色发展》，《云南日报》2018 年 5 月 22 日，第 1 版。

西南生态安全屏障[①]。

2018 年 5 月 27 日，中共云南省委办公厅、云南省人民政府办公厅印发了《云南省农村人居环境整治三年行动实施方案（2018—2020 年）》。这份重要的文件成为云南省新一轮农村人居环境提升的行动指南，为促进大家更好理解、掌握、实施这一方案，相关部门对其进行了解读。[②]

2018 年 5 月 30 日，纳板河流域国家级自然保护区管理局邀请西双版纳傣族自治州人大常委会环境与资源保护工作委员会、西双版纳傣族自治州政府政策研究室、西双版纳傣族自治州人民政府发展生物产业办公室、西双版纳傣族自治州发展和改革委员会、西双版纳傣族自治州农业局、西双版纳傣族自治州林业局、西双版纳傣族自治州交通局、西双版纳傣族自治州环境保护局、西双版纳傣族自治州科技局等 17 家单位的领导或专家，在纳板河流域国家级自然保护区管理局科研中心会议室组织召开了《纳板河流域国家级自然保护区总体规划（2018—2028 年）》（初稿）征求意见及专家咨询会。参会领导、专家对《纳板河流域国家级自然保护区总体规划（2018—2028 年）》（初稿）的编制给予了高度评价，同时，针对编制依据、规划内容、重点建设工程、经费估算、保障措施五方面重点内容，从各自行业部门的角度，提出了建设性的意见和建议。纳板河流域国家级自然保护区管理局将根据各位领导、专家的意见和建议，及时组织编制人员对该规划进行修改，按时上报云南省环境保护厅进行审批[③]。

2018 年 6 月 7 日，云南省人民政府办公厅发布《关于公布云南省第三批省级重要湿地名录的通知》，经核定，云南省人民政府同意将16处湿地列为第三批省级重要湿地。第三批省级重要湿地分别是寻甸横河梁子、永善黑颈鹤栖息地、彝良雨龙山、双柏黄草坝、双柏九天、玉溪抚仙湖、石屏异龙湖、普洱五湖、大理洱海、宾川上沧海、古城九子海、永胜程海、宁蒗泸沽湖、德钦雨崩、德钦祖数通、维西华冉底。至此，云南省省级重要湿地达 31 处，其中，大理白族自治州以 4 处居州市首位[④]。

2018年6月12日，大理市政府发布《大理市洱海生态环境保护“三线”管理规定（试行）》，旨在规范洱海生态环境保护“三线”管理工作，改善洱海生态环境，促进经济社会可持续发展。《大理市洱海生态环境保护“三线”管理规定（试行）》从 2018 年 7 月 12 日起施行，有效期至 2021 年 7 月 11 日。洱海生态环境保护“三线”即

① 蒋朝晖：《云南发布生态系统名录　结构和质量总体稳定，面临生物多样性和天然林面积减少》，《中国环境报》2018 年 6 月 12 日，第 4 版。

② 朱丹：《大力提升农村人居环境　〈云南省农村人居环境整治三年行动实施方案（2018—2020 年）〉解读》，《云南日报》2018 年 7 月 5 日，第 5 版。

③ 刘峰：《〈纳板河流域国家级自然保护区总体规划（2018—2028 年）〉（初稿）征求意见及专家咨询会圆满举行》，http://nbhbhq.xsbn.gov.cn/81.news.detail.dhtml?news_id=971（2018-06-01）。

④ 段晓瑞：《省政府公布第三批省级重要湿地名录　云南省省级重要湿地达 31 家》，《云南日报》2018 年 6 月 12 日，第 3 版。

《大理市洱海生态环境保护“三线”划定方案》中的蓝线（洱海湖区界线）、绿线（洱海湖滨带保护界线）和红线（洱海水生态保护区核心区界线）。《大理市洱海生态环境保护“三线”管理规定（试行）》共 22 条。其中规定，蓝线区域内不得有下列行为：擅自取水或者违反取水许可规定取水；从事鱼鹰表演等经营性活动；渔业船舶用于载客、货运等非渔业活动；投放饵料；绿线和红线区域内规定的禁止行为。绿线区域内不得有下列行为：餐饮、住宿、洗浴等经营活动；摆摊、设点等活动；开发房地产等商业项目；清洗车辆、宠物、畜禽、农产品、生产生活用具和其他可能污染水体的物品；烧烤、露营、放牧等行为；红线区域内规定的禁止行为。红线区域内不得有下列行为：从事餐饮具消毒、被服洗涤等经营性活动；生产、销售、使用含磷洗涤用品、塑料购物袋和国家禁止的剧毒、高毒、高残留农药；畜禽规模化养殖；在环保设施和道路等公共基础设施晾晒农作物和其他物品，或者堆放粪便、秸秆、建筑材料、杂物；堆放、弃置、倾倒、抛撒和焚烧垃圾；损坏“三线”界桩；法律法规禁止的其他行为①。

2018 年 6 月 29 日，云南省环境信息中心组织并主持召开了《云南省生态环境大数据建设项目可行性研究报告》验收会，邀请了于忠旺、赵碧云、周佳三位专家组成验收专家组，环境保护部信息中心编写组、云南省环境保护厅规划财务处、云南省环境保护厅办公室相关负责同志参加会议。会议由云南省环境信息中心副主任唐浩淞主持，首先介绍了《云南省生态环境大数据建设项目可行性研究报告》的编写背景及其重要意义，随后由云南省环境信息中心总工程师胡雁对报告编制过程包括工作进展计划、实地调研、征求意见采纳情况等做了说明。专家组听取了编制单位环境保护部信息中心的《云南省生态环境大数据建设项目可行性研究报告》编制情况汇报，审阅了验收材料。《云南省生态环境大数据建设项目可行性研究报告》通过生态环境大数据建设和应用，拟构建服务云南省环境管理并与环境保护部生态环境保护大数据开放共享无缝对接的大数据平台，建立完善有效支撑生态环境科学化决策、精细化监管、数据化管理的全景式云南生态环境形势研判模式和数字作战图②。

第二节　云南省生态规划建设编年（7—12 月）

2018 年 7 月 17 日，云南省委常委会召开扩大会议，听取关于中央环境保护督察

① 庄俊华：《洱海生态环境保护“三线”〈管理规定（试行）〉出台　改善洱海生态环境》，《云南日报》2018 年 6 月 20 日，第 9 版。

② 云南省环境信息中心：《〈云南省生态环境大数据建设项目可行性研究报告〉顺利通过验收》，http://www.ynepb.gov.cn/zwxx/xxyw/xxywrdjj/201807/t20180703_181967.html（2018-07-03）。

“回头看”有关情况的汇报，审议《全面加强生态环境保护坚决打好污染防治攻坚战的实施意见》等。会议强调，要深入学习贯彻习近平生态文明思想，提高政治站位，增强“四个意识”，牢固树立绿色发展理念，坚决打好污染防治攻坚战，全面提升生态文明建设水平，把云南建设成为中国最美丽省份，为美丽中国建设做出新的更大贡献，谱写好中国梦云南篇章。会议指出，中央环境保护督察“回头看”期间，云南省各级各部门高度重视，边督边改、立行立改，坚持从严从快从实，加大整改、曝光、查处和问责力度，全力保障了“回头看”工作顺利开展。要进一步深刻认识保护环境的重要性，切实用习近平生态文明思想武装头脑、指导实践、推动工作，坚持“绿水青山就是金山银山”理念，坚持生态优先、保护优先工作思路，以最高标准、最严制度、最硬执法、最实举措，坚决打好污染防治攻坚战，筑牢国家西南生态安全屏障，争当全国生态文明建设排头兵。要深刻反思中央环境保护督察“回头看”暴露出我们工作中存在的形式主义、官僚主义问题，深挖根源，举一反三，标本兼治。要强化“党政同责、一岗双责”，压实党政一把手第一责任人责任，系统推进水、大气、土壤污染防治三大行动计划。要强化责任考核和责任追究，完善环境保护长效机制，确保群众身边的突出环境问题得到全面彻底整改。会议审议并原则同意《全面加强生态环境保护坚决打好污染防治攻坚战的实施意见》《关于加快推进旅游转型升级的若干意见》《云南省培育绿色食品产业龙头企业鼓励投资办法》《社会主义核心价值观融入法治建设立法修法规划实施意见》①。

2018 年 7 月 17 日，云南省人民政府公布的《云南省加强三江并流世界自然遗产地保护管理若干规定》明确提出，加快推进三江并流世界自然遗产地生态环境保护工作，严格控制开发强度，严禁污染环境。“三江并流遗产地”是指已列入《世界遗产名录》，经联合国教科文组织世界遗产中心审议通过的2010年边界细化后的特定区域，包括高黎贡山、白马—梅里雪山、老窝山、云岭、老君山、哈巴雪山、千湖山、红山 8 个片区②。《云南省加强三江并流世界自然遗产地保护管理若干规定》明确指出，三江并流遗产地所在政府是生态环境保护管理的责任主体，要严格控制三江并流遗产地内开发强度，防止过度开发建设。在三江并流遗产地内，除必需的保护设施和公共服务设施外，严禁增建其他工程设施。经过批准的各类建设活动应当与三江并流遗产地保护内容相协调，严禁破坏世界自然遗产资源、环境景观，严禁污染环境。《云南省加强三江并流世界自然遗产地保护管理若干规定》要求，严禁在三江并流遗产地内进行开山采石、

① 田静、张寅：《省委常委会召开扩大会议强调　全面提升云南生态文明水平　努力建设成为中国最美丽省份　陈豪主持》，《云南日报》2018 年 7 月 18 日，第 1 版。

② 蒋朝晖、陈克瑶：《云南加强遗产地生态环境保护　禁止开山采石、挖沙取土等破坏资源环境活动》，《中国环境报》2018 年 8 月 7 日，第 2 版。

挖砂取土、毁林开荒、围湖造田、建墓立碑、勘查开采矿产资源等破坏自然遗产资源和环境的活动。严禁在三江并流遗产地内新设置探矿权、采矿权，对三江并流遗产地内已设置的探矿权、采矿权，依法限期退出。三江并流遗产地内已划入生态保护红线的，要按照国家生态保护红线有关规定从严管理。严禁在三江并流遗产地内进行改变水资源、水环境自然状态的活动。三江并流遗产地所有新增中小水电规划及项目核准审批均应上报云南省人民政府批准同意。对遗产地内符合规划、已核准建设的中小水电项目，当地政府和主管部门应加强事前事中事后监督管理，做好水土保持、生态修复、环境保护验收等工作。

2018 年 7 月 26 日，云南省环境保护厅举行例行新闻发布会，就云南省 2017 年度空气质量状况及大气污染防治工作进行了通报。云南省环境保护厅副巡视员方雄、省环境保护厅大气处处长白云辉回答了记者关注的问题。本场新闻发布会由云南省环境保护厅法规宣教处处长陈丽主持。云南省环境保护厅副巡视员方雄在新闻发布会上首先介绍了云南省 2017 年度空气质量状况。2017 年，云南省环境空气质量总体继续保持优良。云南省 16 个州、市政府所在地可吸入颗粒物（PM10）年平均浓度均达到二级标准，平均值下降 14.2%，完成持续改善的目标任务。细颗粒物（PM2.5）年平均浓度均达到二级标准，平均值下降 14.3%。云南省空气质量优良天数比率为 98.2%，较 2015 年上升 1 个百分点，完成 97.2%的目标任务，在全国排名第一。圆满完成《大气污染防治行动计划》空气质量改善目标[①]。

2018 年 7 月底，云南省委、云南省人民政府明确提出，把云南建设成为中国最美丽省份。这是云南省贯彻落实习近平生态文明思想、全国生态环境保护大会精神，立足云南省情实际和发展未来所做出的重大决策部署，云南省各厅局干部群众纷纷表示，将立足本职工作，提高政治站位，做到守土有责，始终坚持“绿水青山就是金山银山”的绿色发展理念，进一步出思路、想办法、抓推进、勤督查，力争交出一份满意的答卷，让美丽云岭大放异彩[②]。

2018 年 8 月 9 日，云南省政治协商会议第 482 号重点提案《进一步加强金沙江流域生态环境保护与绿色发展的建议》面商会在云南省环境保护厅召开。云南省政协副主席何波，云南省政协常委、人口资源环境委员会主任冷华，云南省政协人口资源环境委员会、提案委员会有关领导，中国农工民主党云南省委专职副主任委员何云葵，云南省人民政府办公厅议案处领导，以及提案办理单位云南省环境保护厅、发展和改革委员会、

① 云南省环境保护厅法规处：《云南省环境保护厅召开新闻发布会通报〈大气污染防治行动计划实施情况〉》，http://www.ynepb.gov.cn/zwxx/xxyw/xxywrdjj/201807/t20180726_183412.html（2018-07-26）。

② 王淑娟、胡晓蓉、李承韩等：《从我做起让美丽云岭大放异彩——我省各地干部群众热议把云南建设成为中国最美丽省份》，《云南日报》2018 年 7 月 27 日，第 4 版。

财政厅、国土资源厅、交通运输厅、林业厅、水利厅的有关人员参加面商会。会议由云南省环境保护厅厅长张纪华主持。在会上，张纪华厅长代表重点提案主办和会办单位汇报了第482号提案的办理情况，对云南省政协提出的《进一步加强金沙江流域生态环境保护与绿色发展的建议》进行了办理答复。在会上，提案会办单位对提案的办理情况进行了补充汇报，云南省政协人口资源环境委员会参会领导就提案办理工作发表了意见，提案督办单位相关领导进行了发言，与会人员就该提案办理有关问题进行了深入讨论[①]。

为了进一步规范滇池湖滨湿地的设计、建设、监测和管护，昆明市滇池管理局起草了《滇池湖滨湿地建设规范》《滇池湖滨湿地监测规程》，并向社会公开征求意见。《滇池湖滨湿地建设规范》指出，湿地内拟设置生态功能区和湿地服务管理区；在生态功能区内应设立生态保育区和湿地体验区。其中，生态保育区应根据保护对象的生活习性，建立浅滩、鸟岛、鱼类及其他生物的栖息地和繁殖地，不应布设开放式道路和观景设施，并在外围设置禁入标志。湿地体验区允许进行限制性的旅游、科学观察和探索。区域内应设立标识、标示、标牌、解说牌或展板等设施，并可设置湿地体验设施。《滇池湖滨湿地建设规范》提出了湿地水系的要求，即将湿地周围来水引入湿地，并通过合理布设塘库、导流及布水设施，塘、库和布水沟渠，使其水力负荷及水力停留时间满足要求，以保证湿地的净化功能。同时，湿地内不宜大量采用扩繁能力强的植物，应在《滇池湖滨生态带植物物种推荐名录》中选择，合理配置陆生、湿生、水生植物，宜选择维护简便、易于成活的本地土著物种，扩繁能力强的植物不宜大量采用。沉水植物以自然恢复为主，根据水体透明度、水深等情况选择适宜物种。《滇池湖滨湿地监测规程》对滇池湖滨湿地的水文、水质、土壤、沉积物、生态监测做出了规定。水文监测项目应包括：流出状况、积水状况、水位、水深、蓄水量、停留时间、流速、流量等。生态监测则包括植被、植物、鸟类、鱼类、两栖类、外来入侵物种等监测。其中，鸟类监测项目包括湿地范围内鸟类种类，水鸟、保护物种、极小种群物种种群数量[②]。

2018年8月17日，云南省大气污染防治条例立法推进会在昆明举行。据悉，云南省属于尚未制定大气污染防治地方性法规的省份，云南省人大常委会办公厅已印发《〈云南省大气污染防治条例〉立法工作方案的通知》，对立法有关工作做出安排部署，云南省环境保护厅、云南省人民政府法制办公室等有关部门已启动条例起草、论证程序。“尽快出台大气污染防治地方性法规，对云南省做好大气污染防治工作，依法推动打好污染防治攻坚战十分迫切。”据云南省环境保护厅负责人介绍，目前条例草案（讨论稿）已起草完成，在内容上突出了云南省大气污染防治重点，下一步将做好意见

① 云南省环境保护宣传教育中心：《云南省政协第482号重点提案面商会在省环境保护厅召开》，http://www.7c.gov.cn/zwxx/xxyw/xxywrdjj/201809/ t20180810_183859.html（2018-08-10）。

② 浦美玲：《滇池将设保育区供鱼鸟栖息繁殖》，http://dgj.km.gov.cn/c/2018-08-16/2710547.shtml（2018-08-16）。

征求、修改完善等细节，尽快提交审议，确保条例按时出台。云南省人大常委会副主任杨福生、云南省副省长王显刚出席会议，并对做好立法工作提出要求①。

2018 年，南方电网云南电网公司制定的《2018 年清洁能源消纳专项行动方案》提出了促进云南清洁能源消纳的 17 条措施，力争 2018 年清洁能源电量占比高于 88%，弃水电量控制在200亿千瓦时以内，基本实现风电、光伏等新能源全额消纳。“随着云南省省内水电大规模集中投产，同期省内用电需求增速显著放缓，水电消纳问题凸显。”云南电网公司总工程师张虹介绍，2018年以来，云南电网公司全力开展增供扩销，加大西电东送协议外增送，发挥电网能源资源优化配置平台作用，促进水电等清洁能源的消纳。一方面，云南电网公司积极拓展清洁能源消纳空间。在保障云电送粤、云电送桂协议内电量可靠执行的同时，推动云南、广西两省区政府尽快签订《2018 至 2020 年云电送桂补充协议》，优化云电送桂丰枯期送电比例，确保云电送桂中长期协议的持续有效执行。并积极推进跨省区水电市场化交易，充分挖掘云南送电广东直流通道及两广交流断面送电潜力，在执行优先发电计划电量的基础上，向广东大力增送云南水电。做好云南大工业用户的用电服务和惠民用电工程，因地制宜推广各类电能替代技术，汛期云南省内用电量增长力争达到12%，增加汛期清洁能源消纳空间35亿千瓦时左右。另一方面，加强了西电东送输电通道建设。乌东德电站建设稳步推进，通过充分发挥滇西北直流送电效益，统筹澜沧江上游梯级电站和滇西北直流工程建设投产进度，充分利用配套的 500 千伏新松至黄坪线路能力进行补充送电。同时，进一步完善云贵水火置换方案，推动云贵水火置换常态化开展，力争2018年汛期云贵水火置换电量达到 40亿千瓦时。此外，进一步优化电网调度运行。制定了汛前拉水腾库、流域梯级优化调度等措施，确保汛前小湾水库水位消落到死水位和糯扎渡水库水位消落到死水位附近，为最大限度减少汛期弃水创造条件。并对楚雄、大理等存在局部弃风弃光地区，优化电网运行方式，最大限度保障新能源消纳，各单位弃风弃光电量和限电比例实现同比下降。同时积极支持国家光伏扶贫建设，优先足额安排光伏扶贫项目相关配套电网投资，保障项目及时并网，在确保电网安全运行的前提下全额消纳②。

2018 年 8 月底，云南省丽江市委、市政府印发《关于建设金沙江经济走廊的决定》，着力优化绿色空间布局，全面加强生态保护和污染防治，努力把金沙江绿色经济走廊建设成为生态更优美的黄金经济带。《关于建设金沙江经济走廊的决定》提出，到 2020 年，金沙江流域生态环境质量保持良好，河湖、湿地生态功能基本恢复，纳入国家考核的地表水优良水体（达到或优于Ⅲ类）断面比例保持在60%以上，金沙江干流流

---

① 瞿姝宁：《我省大气污染防治案例立法推进会在昆举行　云南大气污染防治地方性法规年内出台》，《云南日报》2018 年 8 月 18 日，第 2 版。

② 李承韩、王兴刚、欧阳婷婷：《云南电网 17 条措施促清洁能源消纳》，《云南日报》2018 年 8 月 29 日，第 2 版。

出丽江市断面水质持续保持优良，森林覆盖率达到69%以上，生态文明建设走在长江流域前列，成为云南省生态文明建设排头兵。到2035年，金沙江绿色经济走廊全面建成，生态文明建设取得重大进展。到2050年，金沙江绿色经济走廊成为长江中上游地区科学发展、转型发展、绿色发展的典范。《关于建设金沙江经济走廊的决定》从总体要求、主要任务、保障措施3个方面对建设金沙江绿色经济走廊做了全面部署。从实施乡村振兴"百村示范"行动、生态振兴行动、打造"绿色能源牌"行动、农村人居环境整治行动等9个方面，扎实推进金沙江绿色经济走廊建设。《关于建设金沙江经济走廊的决定》指出，把生态振兴作为金沙江绿色经济走廊建设的优先任务。加强环境监督，守住环境质量底线，健全完善金沙江流域保护治理协调联动机制，组织开展联合环境监察，加大对饮用水水源地、自然保护区、环境敏感区等重点区域环境监督力度，从严查处环境违法行为，强化全市生态环境监测网络建设。加强自然保护，守住生态保护红线，将生态创建、绿色创建活动与"三创两提升"行动协同推进，加大对玉龙雪山、泸沽湖、拉市海3个省级自然保护区违法违规排查整治力度，全力打造长江上游重要生态安全屏障①。

2018年9月初，中共云南省委办公厅、云南省人民政府办公厅印发了《深化环境监测改革提高环境监测数据质量实施方案》，并发出通知，要求各地区各部门结合实际认真贯彻执行。为了健全完善环境监测质量管理制度，切实提高环境监测数据质量，云南省根据《中共中央办公厅、国务院办公厅印发〈关于深化环境监测改革提高环境监测数据质量的意见〉的通知》精神，结合云南省实际，制定本实施方案②。

西双版纳傣族自治州委、州政府印发的《关于全面加强生态建设环境保护巩固提升国家生态文明建设示范州的意见》提出的目标：到2020年，云南省西双版纳傣族自治州优良天数要达到98%以上，地表水国家考核断面全部达到或优于Ⅲ类水质，生态文明建设工作占党政实绩考核比例达22%。《关于全面加强生态建设环境保护巩固提升国家生态文明建设示范州的意见》提出，坚决打赢污染防治攻坚战。着力解决人民群众反映强烈的大气、水、土壤污染等重点环境问题，打好蓝天、碧水、净土保卫战，力争到2020年，城市环境空气质量优良天数率达到98%以上，地表水国家考核断面达到或优于Ⅲ类水质的比例保持在100%，县级以上集中式饮用水水源地水质优良比例100%，声环境质量100%达到功能区划要求，城镇生活污水和垃圾无害化处理率达到100%，土壤环境质量保护良好，危险废物安全处置率达100%，无重特大突发环境

① 蒋朝晖：《丽江建设金沙江绿色经济走廊 到2050年建成长江中上游绿色发展典范》，《中国环境报》2018年8月30日，第5版。

② 《省委办公厅、省政府办公厅印发〈深化环境监测改革提高环境监测数据质量实施方案〉》，《云南日报》2018年9月4日，第4版。

事件发生。《关于全面加强生态建设环境保护巩固提升国家生态文明建设示范州的意见》强调，要健全综合评价体系。完善生态文明建设指标体系和考核实施办法，落实县市和州直有关部门目标任务，加强对目标责任、重点任务与工程进度的跟踪检查和督促考核，对考核不合格的县市和州直有关部门进行问责①。

2018 年 9 月 21 日，云南省十三届人大常委会第五次会议表决通过了《云南省生物多样性保护条例》，于 2019 年 1 月 1 日起施行。云南属于全球 34 个物种最丰富的地区之一，生物多样性资源位居全国之首，多年来云南省生物多样性保护工作一直走在全国前列。省人大常委会法制工作委员会相关负责人说："目前国家层面还没有关于生物多样性保护的专项法律法规，其他省（区、市）也没有类似法规。"中央环境保护督察组和生态环境部对云南省此次地方立法实践给予了高度肯定，希望云南先行先试，为国家立法探索经验。保护什么、如何保护是条例的核心内容。《云南省生物多样性保护条例》明确了生物多样性的概念，即生物（动物、植物、微生物）与环境形成的生态复合体以及与此相关的各种生态过程的总和，包含生态系统、物种和基因 3 个层次。《云南省生物多样性保护条例》规定，生物多样性保护应当遵循保护优先、持续利用、公众参与、惠益分享、保护受益、损害担责的原则。在具体保护措施方面，《云南省生物多样性保护条例》明确了由环境保护主管部门实施综合管理和其他行政主管部门分部门管理配合的管理机制，环境保护主管部门将在规划编制、制度完善、数据共享、重点区域划定等方面起统筹牵头作用，并依照《中华人民共和国环境保护法》《中华人民共和国环境影响评价法》及相关法律法规对生物多样性保护实施综合监管。《云南省生物多样性保护条例》以"就地保护""迁地保护""离体保护"这 3 种最有效的保护措施为切入点，围绕建立保护网络、编制物种名录、规范生物遗传资源收集研发活动、避免生物多样性资源流失、规范外来物种管理等方面提出了要求并设定管理制度，其中专门强调，对云南特有物种和在中国仅分布于云南的物种实施重点保护。同时，严禁擅自向自然保护区引进外来物种，如有违反最高可处以15万元罚款。《云南省生物多样性保护条例》明确要求，各级政府应支持在生物多样性保护领域开展国际合作，加强生物多样性保护政策、科学研究与相关技术的交流，建立跨境保护合作机制，鼓励开展有利于生物多样性保护的项目合作和人才培养②。

2018 年 10 月 9 日，中共玉溪市委、玉溪市人民政府出台《关于全面加强生态环境保护坚决打好污染防治攻坚战的实施意见》。要求立足玉溪努力成为云南省生态文明建设排头兵的战略定位，坚持生态立市、环境保护优先战略，坚决打好以"三湖"保护治

---

① 蒋朝晖：《西双版纳加强生态环境保护　2020年优良天数要达到98%以上》，《中国环境报》2018年9月13日，第5版。

② 瞿姝宁：《我省在全国率先出台生物多样性保护地方性法规　〈云南省生物多样性保护条例〉明年起施行》，《云南日报》2018 年 9 月 22 日，第 1 版。

理为重点的污染防治攻坚战，将生态环境保护工作融入经济、政治、文化、社会建设全过程，在全市逐步形成生态优先、绿色发展的共识共为①。

2018 年 11 月 5 日，云南绿色食品市场对接座谈会在临沧市举行，会上发布的《云南省人民政府关于绿色食品开拓国内市场的指导意见（征求意见稿）》提出，到 2020 年，云南绿色食品生产加工基地的蔬菜、水果、茶叶、坚果、咖啡、中药材等产品，在全国主要农产品批发市场和大型商场、超市销量要达到销售总量的30%以上，云南鲜花国内市场占有率要达到80%以上，并通过设立绿色食品四大分拨仓、咖啡产业引导基金等措施保障上述目标的实现。

① 余红：《玉溪市出台〈关于全面加强生态环境保护坚决打好污染防治攻坚战的实施意见〉要求——突出重点　全面推进　着力加强生态环境保护》，《云南日报》2018 年 10 月 25 日，第 10 版。

第四章　云南省生态城乡及示范区创建事件编年

生态城乡及示范区创建是推动生态文明建设可持续发展的重要载体。截至目前，云南省16个州（市）的110多个县（市、区）开展了生态城乡及示范区创建工作，已累计建成10个国家级生态示范区、85个国家级生态乡镇、8个省级生态文明县、430个省级生态文明乡镇、3个国家级生态村、29个省级生态文明村。2018年，云南在争当全国生态文明排头兵建设过程中持续推进生态城乡及示范区创建工作，以生态田园城市、森林城市、海绵城市以及生态文明村、绿色发展经济示范区持续建设生态宜居美丽家园，推动绿色发展，对于强化区域城乡生态保护，促进社会经济环境协调发展具有重要作用。“绿色社区联盟”的创建形成了云南省绿色社区交流平台，使绿色发展和生态文明理念融入社区管理全过程，建立起较完善的环境管理体系和公众参与机制的文明社区，有助于增强社区居民环境保护意识，提升社区建设和生态环境建设水平。云南地处中国西南边陲，在主动融入和服务“一带一路”倡议之下，肩负着面向南亚、东南亚辐射中心的使命，生态城乡及示范区创建更能凸显中国的生态形象。2018年，云南省生态环境保护大会，提出“将云南建设成为中国最美丽省份，实现建成全国生态文明建设排头兵的奋斗目标”这一新的战略定位，生态美统揽五美，生态城乡及示范区创建是更好实践这一战略定位的重要路径，有助于推进新时代生态文明建设和云南建设中国最美丽省份。

第一节　云南省生态城乡及示范区创建事件编年（1—6月）

2018年1月21日，在芒市“两会”上，2017年建设生态田园城市的成绩得到与会代表的一致认可。同时，如何更好地建设生态田园城市，展现芒市生态之美，再次成为大家热议的话题。芒市委书记赵冬梅表示，芒市将紧紧围绕建设宜居宜业生态田园城市的总目标，依托“多规合一”信息平台，启动“城市双修”试点建设，大力开展老城区重点区域控制性详细规划和城市综合交通、路网体系、水系等专项规划编制；依托州府城市的优势条件，聚焦芒市大河、芒市火车站、芒市机场“三个节点”和航空特色小镇、咖啡特色小镇、食品产业园、临空经济园“四个区域”，推动产业和城市融合发展。会议期间，芒市市长毛晓表示，为了更好地保护生态环境，2018年芒市将着力开展“五大”重点工作。即深入开展河长制工作，打好水污染防治攻坚战；深入实施大气污染防治行动计划，打好空气质量提升攻坚战；深入开展“森林芒市”建设，打好森林资源保护攻坚战；认真做好湿地自然生态系统和生物多样性保护工作，打响重要生态功能区保卫战；启动生态田园城市建设立法工作，建立和完善联合执法机制，加强环境监管网格化执法，打响清洁家园保卫战①。

2018年2月10日，云南省“绿色社区联盟”在昆明成立。据了解，该联盟在云南省环境保护宣传教育中心的指导下，以社团组织的形式，由官渡区关上街道办事处关上中心区社区发起，云南省16个州市25家绿色示范社区参与，旨在为云南省绿色社区搭建交流平台。“绿色社区”是指将绿色发展和生态文明理念融入社区管理全过程，并具备符合环境保护要求的“软”“硬”件设施，建立起较完善的环境管理体系和公众参与机制的文明社区。云南省绿色社区创建工作于2004年启动，截至2017年共有各级各类绿色社区570家，其中省级绿色社区302家②。

2018年3月底，楚雄市正式被国家林业局授予“国家森林城市”称号，这标志着楚雄市坚持不懈的生态文明建设工作取得了重大的阶段性成果。自2016年启动国家森林城市创建工作以来，楚雄市大力实施中心城区绿化、集镇村绿化、森林长廊、生态屏障、种苗培育、特色经济林建设等造林绿化工程，全市共创国家级生态文明乡镇2个、省级生态文明乡镇3个，市域森林覆盖率已达76.93%，中心城区绿化覆盖率达40.15%。

---

① 邓清文：《芒市：生态田园之美初现》，《云南日报》2018年1月22日，第11版。

② 胡晓蓉：《“绿色社区联盟”在昆成立》，《云南日报》2018年2月11日，第2版。

2018年5月，记者从昆明市海绵城市建设工作领导小组办公室了解到，昆明已启动7.28平方千米海绵城市建设。建设自然积存、自然渗透、自然净化的海绵城市，是促进城市规划建设理念转变、缓解昆明市水资源紧缺、降低城市雨水径流污染、有效减少城市面源污染负荷、减轻城市洪涝灾害和排水压力、改善和修复滇池流域水生态环境、落实生态文明建设的重要举措。

2018年5月9—11日，云南省委副书记、省长阮成发率调研组在西双版纳傣族自治州调研时强调，以习近平新时代中国特色社会主义思想为指导，坚持生态优先、绿色发展，全力把西双版纳打造成为世界旅游名城。在调研中林集团西双版纳旅游扶贫项目时，阮成发对企业发展生态旅游、精准帮扶建档立卡贫困户的扶贫开发项目创新模式给予肯定，希望企业高起点规划、高标准推进项目建设，带动更多群众脱贫致富。他还走进村民家中，仔细检查民俗客栈，与群众座谈交流，要求完善村规民约、建章立制，加强管理引导，及时处置旅游矛盾纠纷，推动乡村旅游更好助力脱贫攻坚。在勐海陈升茶业公司、勐海茶厂，阮成发详细了解了普洱茶产业的发展情况，希望企业加大科技研发力度，不断创新发展，提高规模化、产业化、品牌化水平，抢占行业制高点。阮成发还到磨憨口岸，认真检查口岸建设、人员和货物通关情况，听取中国磨憨—老挝磨丁经济合作区建设情况汇报，要求合作区高度聚焦产业发展，明晰园区定位，优化产业布局，提高管理层级，完善功能设施，扩大招商引资，推动合作区建设迈上更高水平。在调研座谈会上，阮成发指出，西双版纳傣族自治州生态、区位、资源和民族文化等优势明显，近年来经济社会取得明显成效，发展基础和条件良好，潜力巨大①。

2018年5月20—22日，云南省环境科学学会和九三学社共同深入曲靖市会泽县田坝乡李子箐村调研，积极开展生态文明村创建宣传活动。通过开展入户调查、农村环境保护知识讲座、小学生环境保护知识科普等活动，提高村民对生态文明村创建工作的知晓率和支持率，动员和引导村民积极参与生态文明村创建工作，并促进后续创建工作的有序开展。在调研中，云南省环境科学学会理事长李唯向村委会及村民详细讲解了创建生态文明村的内容和意义，号召村民从我做起，从小事做起，以实际行动积极参与生态文明村的创建工作；调查员在入户调查中，耐心指导村民填写调查问卷，引导村民积极学习环境保护知识，为村民解答关于创建生态文明村的疑问，并征求村民对文明村创建的建议，更好地调动村民参与到创建工作中。据悉，李子箐村村民小组共23户91人，其中，外出务工10户60人，在家13户31人，耕地200多亩，吃水难是村里如今亟须解决的问题。通过入户调查和走访村民，了解到有的村民家没有水窖，村民存在乱砍树行为；村里没有公厕、路灯，公共区域脏乱差，耕地农用膜无人回收。5月21日傍晚，

① 陈晓波：《阮成发在西双版纳州调研时强调　坚持生态优先绿色发展　全力打造世界旅游名城》，《云南日报》2018年5月13日，第1版。

为提高村民保护环境、建设生态文明村的意识，在村委会的支持下，云南省环境科学学会理事长李唯为李子箐村村民小组做了一场以“环境与健康生活”为主题的讲座，并把在入户调查及走访村民中发现的环境问题一一列出，让村民切实感受到建设生态文明村对改善村民整体生活环境具有重要意义。创建生态文明村，增强村民的环境保护意识，还应当从娃娃抓起。5月22日傍晚，云南省环境科学学会理事长李唯围绕“环境保护”为李子箐村的小学生上了一堂生动有趣的科普课，倡议小学生从小事做起，从自己做起，用自己的实际行动来保护我们的环境，培养儿童从小树立环境保护意识和社会责任感。本次生态文明进村入户宣传活动，为进一步认识李子箐村贫困现状及存在的环境问题，调动村民积极参与到创建工作中，把脱贫攻坚与农村生态建设相结合，对后期推进农村生态环境综合整治、做好生态文明村建设工作奠定坚实基础[①]。

2018 年 5 月 26 日，云南省环境科学学会与九三学社云南省委员会共同在曲靖市会泽县田坝乡李子箐村开展“百姓富、乡村美”生态文明村建设活动，由云南省环境科学学会和九三学社的23名志愿者前往李子菁村开展入户调查及生态文明科普培训等活动。活动中，志愿者分组在村委会领导的支持和配合下，总共走访 9 个村民小组。白天志愿者走访入户，摸清李子箐村生态建设中存在的问题，了解村民的意愿，晚上志愿者分成 5 个小组为 9 个村民小组开展生态文明讲座，围绕为什么要保护环境，农村的环境保护问题，如何安全使用农药和化肥，如何选择健康的生活方式等话题开展科普培训，让村民了解生态文明村建设的原因及益处，并对各村民小组目前存在的环境卫生、农药使用安全隐患、生态破坏等问题进行认真讲解，充分激发了村民们对美丽乡村建设的责任感，村民们纷纷表示一定要改变农村现状。此次活动，提高了村民生态环境保护的自觉性和参与性，为推进李子箐村的生态文明建设，实现“百姓富、生态美、文化兴”奠定坚实基础。志愿者中年纪最大者余小华老师75岁，他一直和其他志愿者一起工作到夜晚。为村民开展培训的志愿者们认真尽职，等村民做完农活、吃完晚饭，培训工作才正式开展。在培训中志愿者们帮助村民答疑解惑，通过培训使大家生态文明意识得到提高。看到自己居住的村庄与已建设的生态文明村面貌差别很大，大家纷纷表示一定要改变自己家乡的面貌，脱贫先脱“脏乱差”，筑好巢才能引来凤。培训老师们因势利导，指导每个村民小组建立《环境保护村规民约》，通过一系列制度的建立与实施，为建设生态文明村打下坚实的基础。培训结束后，志愿者给来参加培训的村民发放了礼品。志愿者们晚上回到昆明已是 2 点左右，虽然工作辛苦，但志愿者深感活动非常有意义[②]。

---

① 云南省环境科学学会：《云南省环境科学学会开展生态文明进村入户宣传活动》，http://www.ynepb.gov.cn/zwxx/xxyw/xxywrdjj/201805/t20180529_180251.html（2018-05-29）。

② 云南省环境科学学会：《为“百姓富、乡村美”，环境保护志愿者在行动》，http://www.ynepb.gov.cn/zwxx/xxyw/xxywrdjj/201806/t20180606_180553.html（2018-06-06）。

2018年6月6日，云南省环境保护厅组织召开了第二批国家生态文明建设示范市县的评选工作部署会。第二批国家生态文明建设示范市县评选工作，是在2017年命名第一批46个国家生态文明建设示范市县的基础上开展的评选工作。生态环境部第二批国家生态文明建设示范市县评选分配给云南省2个名额，要求于7月1日前上报评选材料。在时间紧、要求严、标准高的情况下，云南省环境保护厅筛选了4个生态文明建设创建基础好、主动性强、积极性高的地区作为云南参与评选的备选地区。在评选工作部署会上，云南省环境保护厅主管领导传达学习了国家生态文明建设示范市县评选的工作要求和工作安排，保山市、玉溪市华宁县、大理白族自治州洱源县、普洱市思茅区政府分管领导简要汇报了各地生态文明建设创建工作情况，并表达了参加评选工作的信心和决心。为确保按时、按质量、按标准推进此项工作，云南省环境保护厅对4个市县区的申报评选工作提出了三点要求：一是要体现高度。各市县区要及时向党委政府主要领导汇报好这次评选工作，党政主要领导要真抓实抓强力抓，用高位推动确保工作得到落实。二是要体现强度。这次评选工作的成绩与成效是各地长期推进生态文明建设的总结，但申报材料却要求在不到一个月的时间内完成，时间极其紧迫，各地要定人、定责、定时间，确保按要求完成申报工作。三是要体现宽度。这次评选的工作方式是申报材料上报以后，生态环境部将在复核命名前组织实地抽查，各地要兼顾统筹好材料编制和现场迎检两个方面工作，确保云南申报评选取得圆满成功。下一步，云南省环境保护厅将严格标准、严格要求、严格把关，高标准做好第二批国家生态文明建设示范市县的申报工作①。

2018年6月21日，昆明已对各县（市）区下达了海绵城市建设的目标任务，从滇池流域来看，2018年，五华区海绵城市建设面积为1.94平方千米、盘龙区2.30平方千米、官渡区3.40平方千米、西山区1.90平方千米、呈贡区2.09平方千米、晋宁区3.20平方千米、高新区0.59平方千米、经开区2.08平方千米、滇池度假区1.19平方千米、空港经济区0.39平方千米，安宁市1.72平方千米。对于滇池流域外各县（市）区，要求要完成不低于城市建成区面积的4%。昆明市海绵城市建设工作领导小组办公室相关负责人介绍，海绵城市建设是一个综合性的系统工程，涉及市级很多部门，因此需要各相关部门联动配合。按照《昆明市海绵城市规划建设管理办法》和相关文件的规定，要求规划、住建、园林、水务等部门和各县（市）区要进一步加强对新、改、扩建的城市道路与广场、公园与绿地、建筑与小区等工程项目的审查和监督管理，建设单位在主体工程建设时，必须同期配套建设海绵城市设施。那么城市建设海绵设施（绿色基础设施），下雨淹水问题是否都能解决呢？对此，昆明市海绵城市建设工作

① 云南省环境保护厅生态文明建设处：《云南省环境保护厅组织召开第二批国家生态文明建设示范市县评选工作部署会》，http://www.ynepb.gov.cn/zwxx/xxyw/xxywrdjj/201806/t20180607_180628.html（2018-06-07）。

领导小组办公室相关负责人介绍，海绵城市设施只是从源头对径流量起到一定的控制作用，当出现强降雨时，还是要依靠原来的排水防涝设施（灰色基础设施）发挥主要作用。只有同步完善“绿色、灰色”基础设施，构建低影响开发雨水系统，才能有效应对超标雨水，提高城市排水防涝能力，减少城市洪涝灾害次数，增强城市水安全保障能力①。

第二节　云南省生态城乡及示范区创建事件编年（7—12 月）

2018 年 7 月 19—26 日，按照《云南省生态文明州市县区申报管理规定（试行）〉》（云环发〔2014〕38 号）和《云南省省级生态乡镇（街道）申报及管理规定（修订）〉》（云环发〔2012〕98 号）文件要求，云南省环境保护厅在各州市初审上报的基础上，组织专家对云南省 2017 年申报的 22 个省级生态文明县（市、区）进行了技术评估和考核验收，对 370 个生态文明乡镇（街道）进行了技术审查和实地检查，并结合中央环境保护督察“回头看”工作情况，经研究，昆明市安宁市等 17 个县（市、区）和昭通市昭阳区永丰镇等 275 个乡镇（街道）达到了省级生态文明县（市、区）和生态文明乡镇（街道）建设的基本条件和考核指标要求，拟报请省人民政府复核命名②。

2018 年 7 月 22 日，华侨城集团在昆明启动“云南大会战”全域旅游发展项目，其中，特色小镇建设是重要内容之一。华侨城集团云南 3 家企业统一按照“世界眼光、国际标准、云南特色、高点定位”的要求，对大理古城、巍山古城、建水临安古城、哈尼梯田、九乡、侏罗纪恐龙谷、维西冰酒等涉及特色小镇的项目，聚焦落地，全力推进。在建设过程中，3家企业凝心聚力，从“交通”“互联网”“资金”3个方面打开工作突破口。通过与航空企业深度合作，打造“云南精品旅游航空网”和“特色旅游飞行线路”。云南省通过与华侨城参控股互联网企业合作，实现全域智慧旅游；通过华侨城各类融资平台和工具的运用，保障云南项目投资开发所需资金。为支持特色小镇建设，先后发起设立了云南文化旅游基金、云南文化产业基金、红河哈尼族彝族自治州特色小镇基金，即将设立大理特色小镇基金。同时，聚焦云南民族文化与旅游的高度融合，打造品牌节庆活动，为特色小镇深挖特色文化内涵。运用多种模式，进一步深化与云南国有

① 杨官荣：《昆明已启动 7.28 平方公里海绵城市建设》，《昆明日报》2018 年 6 月 19 日，第 1 版。

② 云南省环境保护厅生态文明建设处：《云南省环境保护厅关于拟报请省人民政府命名的第三批生态文明县（市、区）第十一批生态文明乡镇（街道）的公示》，http://www.ynepb.gov.cn/zwxx/xxyw/xxywrdjj/201807/t20180719_183164.html（2018-07-19）。

企业合作，共同打造云南特色小镇[①]。

2018年8月7日，昆明市召开的生态环境保护大会明确提出，加强生态环境保护，打好污染防治攻坚战，全面提升生态文明建设水平，加快把昆明打造成为生态文明建设排头兵示范城市和“美丽中国”典范城市。云南省委常委、昆明市委书记程连元，昆明市委副书记、市长王喜良出席会议并讲话。程连元强调，要正视昆明生态文明建设面临的形势，坚持问题导向，拿出过硬措施，坚决打好污染防治攻坚战[②]。

2018年8月16—17日，云南省特色小镇创建工作现场推进会在红河哈尼族彝族自治州弥勒市召开，省委副书记、省长阮成发强调，要提高定位、解放思想、选好主体、突出特色、完善政策、加强领导，高标准高质量加快推进特色小镇建设，充分发挥特色小镇在助推实施乡村振兴战略、打赢脱贫攻坚战、打造健康生活目的地中的重要作用。会前，阮成发率队考察了民族风情浓郁的可邑小镇，要求加强民族文化传承保护，提供快捷、畅通的景区免费无线网络服务，大力发展全域旅游；在“文艺范”十足的东风韵小镇，阮成发要求发挥好原生态建筑功能，积极举办各类歌咏赛事，积极引进名家大师创建工作室，让小镇走向世界；在生态良好、风光旖旎的太平湖森林小镇，阮成发对小镇致力于生态修复治理、规模化发展生态园林和生态旅游的模式表示肯定，鼓励企业瞄准国际一流水平全力打造健康生活目的地。宗国英主持会议，就提高思想认识、抓好工作落实、推动重点工作提出要求。王显刚、张国华、和良辉、李玛琳、杨杰出席会议[③]。

截至2018年上半年，云南省特色小镇新开工项目637个，累计完成投资568亿元，实现新增就业4.5万人、新增税收6.2亿元、新入驻企业1854家，聚集国家级大师和国家级非物质文化遗产传承人34人，共接待游客1.5亿人次，实现旅游收入943亿元。下一步，云南省将瞄准世界一流水平，聚焦“特色、产业、生态、易达、宜居、智慧、成网”7大要素，进一步完善相关政策、提高规划水平、加大招商力度、强化要素保障、培育特色产业，高起点规划、高标准要求、高质量推进好云南省特色小镇创建工作[④]。

2018年8月27—28日，云南省委书记陈豪率队深入红河哈尼族彝族自治州建水县、弥勒市调研特色小镇建设。陈豪强调，要落实新发展理念，以高水平规划为引领，创新工作思路、方法和机制，努力走出一条特色鲜明、产城融合、惠及百姓的特色小镇建设新路子，建成一批富有产业特色、独具文化韵味、充满生态魅力、体制机制灵活的

---

① 储东华：《华侨城3企业合力打造特色小镇》，《云南日报》2018年8月25日，第1版。

② 蒋朝晖：《昆明召开生态环境保护大会　加快打造生态文明建设示范城市》，《中国环境报》2018年8月8日，第2版。

③ 陈晓波、朱海：《阮成发在全省特色小镇创建工作现场推进会上强调　发挥特色小镇建设在助推实施乡村振兴战略、打赢脱贫攻坚战、打造健康生活目的地中的重要作用》，《云南日报》2018年8月20日，第1版。

④ 朱海、陈晓波：《全省特色小镇创建工作有序推进》，《云南日报》2018年8月21日，第1版。

宜居宜业宜游精品小镇，为激发区域经济活力注入新动能。调研组一行先后来到临安古城核心区和双龙桥湿地，检查古城风貌保护、古建筑修复工作，仔细听取有关规划设计汇报。陈豪强调，要珍惜特色小镇发展机遇，在做好古建筑保护性修复、存续好临安古城历史文脉基础上，高起点规划、高水平设计、高标准建设、高效能管理，科学有序拓展县城的生产、生活、生态空间布局。陈豪欣喜地对当地协同推进生态修复治理与特色小镇建设的做法给予充分肯定，他边听取汇报边与当地干部、企业负责人细致探讨小镇长远发展良策，鼓励企业一定要注重细节管理，一定要注重品牌塑造，要着眼于国际生态旅游度假区定位，进一步提升和完善规划设计水平。

陈豪进村入户了解群众收入情况，鼓励党员在乡村振兴中带头创业、带头致富。他指出，云南历史文化名村、传统村落、少数民族特色村寨、特色景观旅游名村等资源丰富，依托这些村寨建设特色小镇潜力很大。要深入挖掘乡村特色文化元素，盘活优势资源，改善村庄基础设施，融存续于发展之中，建设一批各美其美、美美与共的特色小镇，助推乡村振兴战略实施。调研途中，陈豪指出，加快特色小镇建设是云南省委、云南省人民政府从贯彻落实新发展理念、深化供给侧结构性改革、协调推进乡村振兴战略和新型城镇化建设、推动经济转型升级的全局高度做出的一项重大决策部署。要坚守生态底色，牢固树立和践行绿水青山就是金山银山的理念，统筹做好特色小镇内外山、水、林、田、湖、草的整体保护和开发，将美丽生态转化为“美丽经济”。要坚持产业为支撑，加强产业和城市融合，推动要素聚合，为就业、创业、发展提供广阔空间。要坚持“政府引导、企业主体、市场化运作”的模式，最大限度激发市场主体活力和企业创新活力，积极调动当地群众参与特色小镇建设热情，让发展成果惠及广大群众。要以最美丽县城、最美丽特色小镇评比创建为抓手，多形成可复制、可推广的经验，推动新型城镇化持续健康发展①。

2018 年 8 月 29 日，为贯彻落实国家乡村振兴战略，进一步巩固脱贫攻坚成果，加大产业扶贫力度，云南省招商合作局负责人赴石屏县龙武镇法乌村调研乡村振兴工作，实地考察调研了龙武镇脱水蔬菜厂、富瑞种养殖有限公司、峨爽龙潭水源地、吾邑鲊水库，走访结对帮扶贫困户。调研组在法乌村分水岭乡村振兴促进中心召开专题会议，听取县镇村三级关于法乌村产业振兴工作的建议，就抓紧实施法乌村乡村振兴规划，切实启动产业、人才、生态、组织、文化五个方面的振兴工作提出明确要求。石屏县有关领导结合传统产业转型升级、完善基础设施建设、着力抓好环境治理、革除陈风陋习等方面简要介绍了石屏县下一步巩固扶贫工作的基本思路和想法。会议还就如何加大扶贫帮扶力度，更好调动农民脱贫致富的积极性，鼓励支持更多本土人才返乡创业以及石屏杨

① 张寅：《陈豪在红河州调研时强调　高标准高水平推进特色小镇规划建设　为激发区域经济活力注入新动能》，《云南日报》2018 年 8 月 30 日，第 1 版。

梅酒厂产品升级改造等进行了研讨。返乡企业家代表对如何振兴当地传统农业、发展原生态新兴的产业为当地百姓增收致富做了交流发言①。

2018 年 9 月 13 日，云南省迪庆藏族自治州召开推进生态环境保护创建“全国最美藏区”动员部署大会，提出要扎实打好污染防治攻坚战，争当藏区生态文明建设排头兵，把迪庆藏族自治州建设成为全国最美藏区。迪庆藏族自治州委书记、州人大常委会主任顾琨在会上提出了当前要抓好的几项重点工作：一是扎实开展好“四美”创建，全面提升人居环境，着力把迪庆藏族自治州建成全国最美藏区。二是全面落实好河长制。坚持问题导向，形成一河（湖）一策、一河（湖）一档，强化源头保护，因河因湖施策，着力解决河湖管理保护的难点、热点和重点问题。三是大力开展好植树绿化活动。加快推进河湖堤岸绿化、城镇绿化、村庄绿化、林园绿化、荒山绿化等工作。四是抓好《关于推进全国藏区生态文明建设排头兵的意见》落实工作。强化源头管控、夯实环境保护基础，强力推进“蓝天行动”“青山行动”“绿水行动”“净土行动”。同时，聚焦目标任务、强化责任措施，统筹推进严控噪声污染、加强环境保护基础设施建设等12项重点任务。迪庆藏族自治州州长齐建新要求，全州上下要全面践行习近平生态文明思想，争当全国藏区生态文明建设排头兵，切实把生态环境保护各项工作抓实抓细、抓出成效，把迪庆藏族自治州建设成为全国最美藏区，为建设美丽中国、美丽云南做出新的更大贡献，谱写好中国梦的迪庆篇章②。

为全面贯彻落实“开展创建绿色家庭、绿色学校和绿色社区等行动”精神，华宁县加大绿色创建力度。2018 年，华宁县组织辖区 7 个社区（村委会）、4 所学校申报市级绿色社区、绿色学校，玉溪市绿色创建领导小组办公室组织对华宁县申报创建的7个社区（村委会）、4 所学校进行了现场验收。在创建绿色社区、绿色学校活动中，7个社区（村委会）、4 所学校均取得了较好的效果，因地制宜的绿色创建特色得到了玉溪市绿色创建领导小组的充分肯定。矣马白村民委员会地处青龙镇西南部，下辖 11 个村民小组，农户 1005 户，乡村人口 3151 人，2017 年全村经济总收入 3405.00 万元，农民人均纯收入 1.08 万元。通过绿色创建，全面提升了村委会管理水平，全面提升了村民的环境保护意识，全面提升了村容村貌，给村民创造了一个安静、祥和、优美的居住环境。其绿色创建活动主要包括：一是开展绿色创建，实行人畜分离。为开展绿色创建，矣马白村实行人畜分离，自发拆除畜圈、闲房、危房，以实际行动参与到绿色创建工作中。全村涉及拆除畜圈的农户有 25 户，拆除面积达 1900 余平方米，共投入资金 27 万余元，

① 《省招商合作局落实乡村振兴战略巩固脱贫攻坚成果　大力推进石屏县乡村振兴工作》，《云南日报》2018 年 9 月 29 日，第 3 版。

② 蒋朝晖、石显尧：《迪庆创建全国最美藏区　争当藏区生态文明建设排头兵》，《中国环境报》2018 年 9 月 14 日，第 5 版。

在村后建成占地750平方米的养殖区，由排污管统一收集到三格化粪池，再经小型氧化塘处理，净化后排入青龙河。二是发挥绿色校园优势，带动绿色创建。矣马白小学被评为“第七批省级绿色学校”，为矣马白村民委员会绿色创建提供了良好的宣传基础。利用学校原有环境优势，开展丰富多彩的环境保护活动，加大绿色宣传，引导村民及周边村民加入环境保护行列，引导村民树立爱护环境、倡导环境保护的思想意识，使创建“绿色社区”活动达到家喻户晓、人人皆知。①

2018年11月5日，在昆明召开的2018年云南省生态文明建设示范区创建工作现场推进会明确提出，云南省生态创建工作要以生态文明建设示范区创建为载体，以“绿水青山就是金山银山”理论实践创新基地创建为亮点，以绿色系列创建为基础，着力攻坚克难，加强指导、监督、管理，到2020年底，再创建27个省级生态文明县和230个省级生态文明乡镇②。

2018年11月9日，红河哈尼族彝族自治州元阳县召开生态环境保护大会暨省级生态文明县创建工作推进会。会议深入学习贯彻习近平生态文明思想和全国、全省、全州生态环境保护大会精神，分析研判全县生态文明建设和生态环境保护面临的新形势、新任务，动员全县上下进一步统一思想、凝聚合力，全力推动省级文明生态县创建和“绿水青山就是金山银山”实践创新基地创建，安排部署全县生态环境保护、污染防治攻坚战和中央、省环境保护督察以及“回头看”反馈问题整改工作，以铁的决心、铁的措施、铁的纪律，坚决打好污染防治攻坚战，努力开创元阳县生态文明建设新局面。在会上，副县长黄培做了全县生态环境保护工作报告，对工作中存在的问题进行了通报，并代表县政府与14个乡镇及县级14个相关部门签订了《元阳县争创省级生态文明县考核目标责任书》。会议还邀请了云南省大自然环境保护科技有限公司专家刘耀聪作省级生态文明县创建工作业务培训③。

2018年11月13—15日，为深入贯彻落实习近平生态文明思想，牢固树立“绿水青山就是金山银山”发展理念，紧紧围绕怒江傈僳族自治州委八届五次全会提出的《关于在脱贫攻坚中保护好绿水青山的决定》重大战略决策，争当全省生态文明建设排头兵先行区，怒江傈僳族自治州环境保护局组织专家对泸水市（县级市）、福贡县创建省级生态文明县（市）工作进行州级审查。审查组听取了泸水市、福贡县人民政府关于创建省级生态文明县（市）的汇报，现场检查了泸水市、福贡县生态环境保护、城市及乡镇环境基础设施建设等情况，开展了环境满意率情况调查，查阅了申报材料和相关档案资

① 玉溪市环境保护局：《华宁县因地制宜 绿色创建成效显著》，http://www.7c.gov.cn/zwxx/xxyw/xxywzsdt/201811/t20181106_185817.html（2018-11-06）。

② 蒋朝晖：《云南攻坚克难推进生态创建 2020年省级文明县要达五成》，《中国环境报》2018年11月6日，第6版。

③ 红河哈尼族彝族自治州环境保护局：《红河州元阳县召开生态环境保护大会暨创建省级生态文明县推进会》，http://www.7c.gov.cn/zwxx/xxyw/xxywzsdt/201811/t20181116_186095.html（2018-11-16）。

料，并对相关部门进行了质询。经认真研究讨论，泸水市、福贡县2个县（市）创建省级生态文明县组织有力、措施到位、工作扎实、成效明显，提交的申报材料基本齐全规范，6项基本条件和22项指标基本达到了省级生态文明县考核要求。审查组一致同意泸水市、福贡县通过州级审查。截至目前，怒江傈僳族自治州创建了138个州级生态村，4个省级生态文明村，17个省级生态文明乡镇，1个省级生态文明县；启动了怒江傈僳族自治州省级生态文明州、泸水市和福贡县省级生态文明县（市）及贡山县国家生态文明示范区创建工作。2018年，怒江傈僳族自治州将重点推进泸水市、福贡县2个省级生态文明县（市）创建工作，力争2019年获得命名；力争创建命名70个州级生态村，申报10个省级生态文明乡镇，这为怒江傈僳族自治州创建“省级生态文明州”奠定了坚实的基础。①

2018年11月底，受省、州绿色创建领导小组办公室委托，由楚雄市成立复评现场核查组，对辖区内11个省级绿色单位进行现场复评核查。根据省、州绿色创建领导小组办公室关于对部分省级绿色创建单位进行复核的通知要求，为充分发挥绿色创建单位在生态文明建设中的主阵地和示范引领作用，受省、州绿色创建领导小组办公室委托，由楚雄市环境保护、教育等部门组成2个现场复评核查组对省级绿色创建现场进行复评核查工作。全市各级绿色创建单位广泛宣传普及生态文明理念，将绿色环境保护、低碳环境保护有机渗透于教育教学和日常生产生活，使每个人牢固树立了节约资源、保护生态、爱护环境的意识，持续推进了全市绿色创建工作开展②。

2018年12月11—12日，云南省生态环境厅副厅长高正文率省考核验收组对保山市创建省级生态文明市进行考核验收，这标志着保山市生态文明市建设取得了新的进展。保山市人民政府副市长宋光兴出席考核验收会议。11日，考核验收组分成4个小组，分别深入隆阳区、腾冲市、龙陵县、昌宁县现场检查了生态环境与环境污染治理情况，并进行了公众满意率调查；现场查阅了省级生态文明市创建工作文件、档案痕迹资料。12日，考核验收组召开保山市创建省级生态文明市考核验收会议，听取了保山市人民政府创建省级生态文明市建设、技术评估整改意见落实情况及编制单位申报材料整改情况的汇报，观看生态文明市创建专题片，通报反馈现场检查、民意调查、档案资料核查等情况。考核验收组认为保山紧紧围绕“生态保山、森林保山、绿色保山、美丽保山”建设目标，坚持“生态立市”战略，高位推进、重点突破、全面提升，进一步夯实生态创建基础，筑牢生态安全屏障，生态文明建设迈上新台阶，走出了一条经济发展与生态

① 怒江傈僳族自治州环境保护局：《泸水市、福贡县申报省级生态文明县顺利通过州级审查》，http://www.7c.gov.cn/zwxx/xxyw/xxywzsdt/201811/t20181123_186271.html（2018-11-23）。

② 楚雄彝族自治州环境保护局：《楚雄市开展省级绿色单位现场复评核查》，http://www.7c.gov.cn/zwxx/xxyw/xxywzsdt/201811/t20181128_186365.html（2018-11-28）。

环境保护相互协调的双赢之路，省级生态文明市创建工作组织有力、措施到位、工作扎实、成效显著。技术评估中提出的整改意见总体落实到位，6 项基本条件、18 项考核指标全部达到省级生态文明市考核要求，同意通过省级考核验收，并按程序报送省生态环境厅审议后报请省人民政府复核命名①。

2018 年 12 月 13 日，生态环境部印发了《关于命名第二批国家生态文明建设示范市县的公告》，玉溪市华宁县榜上有名，成功迈入国家生态文明建设示范县行列。在玉溪市委、市政府的坚强领导下，华宁历届县委、县政府高度重视生态文明建设与环境保护工作，充分发挥生态文明建设的支撑作用，坚持生态优先、绿色发展，严守生态红线，积极融入“三湖生态经济带”发展布局，倡导“绿色生活”、发展“绿色经济”、建设“绿色华宁”，在经济社会实现快速发展的同时，走出了一条“绿水青山就是金山银山”的实践之路②。

2018年12月15日，生态环境部在南宁市召开第二批国家生态文明建设示范市县及第二批“绿水青山就是金山银山”实践创新基地命名表彰大会，云南省保山市、玉溪市华宁县被授予“国家生态文明建设示范市县”称号，腾冲市、元阳哈尼梯田遗产区被命名为“绿水青山就是金山银山”实践创新基地。目前，华宁县共创建省级绿色社区 7 个、市级绿色社区 12 个，省级绿色学校 8 所、市级绿色学校 25 所，生态绿色创建走在全市前列。腾冲市扎实实践“绿水青山就是金山银山”，推动转型跨越发展。先后荣获“全国文明城市”“国家卫生城市”“云南省第二批生态文明市”等称号。创建国家级生态乡镇 16 个，累计创建省级绿色社区 9 个、省级绿色学校 13 所、省级环境教育基地 1 个。元阳县以维护哈尼梯田森林、村寨、梯田、水系“四素同构”循环生态系统为重点，多措并举保护绿水青山，实施新一轮退耕还林、荒山造林等工程，修建供水联通工程、蓄水工程等水利设施项目，在村规民约中加入民间水资源管理办法，确保哈尼梯田青山常在、绿水长流③。

2018 年 12 月 15 日，在第二批国家生态文明建设示范市县及第二批“绿水青山就是金山银山”实践创新基地命名表彰大会上，玉溪市华宁县荣获“国家生态文明建设示范市县”命名。此次全国共有45个市县获“国家生态文明建设示范市县”命名。玉溪市华宁县将在成功创建“国家生态文明建设示范市县”的新起点上再出发，持续深入落实习近平生态文明思想和全国生态环境保护大会精神，深刻把握生态文明建设“三期叠加”形势的重大判断和推进生态文明建设的“六大原则”，以更加坚定的信心和决心，

① 保山市环境保护局：《保山市顺利通过省级生态文明市考核验收》，http://www.7c.gov.cn/zwxx/xxyw/xxywzsdt/201812/t20181214_186780.html（2018-12-14）。

② 玉溪市环境保护局：《玉溪市华宁县喜获国家生态文明建设示范县称号》，http://www.7c.gov.cn/zwxx/xxyw/xxywzsdt/201812/t20181214_186782.html（2018-12-14）。

③ 李继洪、余红、李树芬等：《我省 4 地生态文明建设获国家级荣誉》，《云南日报》2018 年 12 月 17 日，第 5 版。

持之以恒推进“绿色华宁”建设，不断提升全县生态文明建设水平，努力把华宁建成“绿色发展先行区、陶瓷文化创意区、温泉康养目的地”①。

2018年12月19—20日，云南省生态环境厅组织技术评估专家组对永仁县创建省级生态文明县工作进行技术评估。通过现场检查永仁县哲林晚熟芒果“三产融合”示范园规划建设、永仁县污水处理厂、永仁县城市生活垃圾填埋场、猛虎乡集镇“两污”设施运行管理和县城集中式饮用水源地保护等情况，查阅相关创建档案资料，开展现场公众环境满意率调查，评估组一致认为永仁县委、县人民政府开展省级生态文明县创建工作组织有力、措施到位、工作扎实、成效明显，评估所涉及的6项基本条件和22项建设指标均达到了省级生态文明县考核要求，提交的申报材料完整，并一致同意永仁县创建省级生态文明县通过技术评估，建议按评估组专家和领导提出的意见整改完善后上报云南省生态环境厅申请考核验收②。

2018年12月下旬，玉溪市环境保护局、精神文明建设指导委员会办公室、教育局、住房和城乡建设局、卫生健康委员会、妇联联合下发《关于命名第六批玉溪市绿色社区的决定》，峨山县小街街道办事处文明社区、牛白甸社区居民委员会、富良棚乡塔冲村民委员会、塔甸镇嘿腻村民委员会、亚尼村民委员会、七溪村民委员会、塔甸村民委员会、海味村民委员会、大西村民委员会、瓦哨宗村民委员会10个社区、村（居）委会被命名为市级绿色社区，期永跃、李生云等10人被表彰为先进个人。峨山县深入贯彻落实云南省关于生态文明建设相关文件要求，积极组织开展绿色社区创建活动，截至2018年末，峨山县累计创建省级绿色社区3个、市级绿色社区19个③。

---

① 余红：《华宁绿色发展上台阶》，《云南日报》2018年12月27日，第11版。

② 楚雄彝族自治州环境保护局：《永仁县创建省级生态文明县通过省级评估》，http://www.7c.gov.cn/zwxx/xxyw/xxywzsdt/201812/t20181228_187110.html（2018-12-28）。

③ 玉溪市环境保护局：《峨山县10个社区（村委会）成功创建市级绿色社区》，http://www.7c.gov.cn/zwxx/xxyw/xxywzsdt/201812/t20181221_186958.html（2018-12-21）。

第五章　云南省生态文明体制改革建设事件编年

生态文明体制改革是推进生态文明建设的重要保障。中央关于“加快生态文明体制改革，建设美丽中国”的伟大号召对云南提出了更高的要求。云南自十八大以来秉承绿色发展，努力成为全国生态文明建设排头兵，在加快推进各项建设方面取得了一定进展。截至目前，云南关于生态文明建设已出台了一系列改革文件，如《云南省党政领导干部生态环境损害责任追究实施细则（试行）》《云南省领导干部自然资源资产离任审计试点方案》《云南省生态环境损害赔偿制度改革试点工作实施方案》《云南省环境损害司法鉴定机构管理办法》《云南省生态环境损害赔偿磋商办法（试行）》《关于办理生态环境损害赔偿案件若干问题的意见（试行）》《云南省生态环境损害赔偿金管理暂行办法》《云南省生态环境损害修复评估办法（试行）》《云南省生态环境损害赔偿公众参与与信息公开办法（试行）》等规定。2018 年，云南重点推进的生态文明体制改革有17项，其中，持续深化生态环境损害赔偿制度改革、全面贯彻落实河（湖）长制、提高环境监测数据质量、建立资源环境承载能力监测预警长效机制几项改革相关方案、意见已陆续出台，关于建立健全流域生态保护补偿机制、制定云南省生态保护红线勘界定标试点工作正在加紧推进。目前，云南各项生态文明体制改革正在逐渐健全和完善，推动了生态文明建设的制度化进程。

第一节　云南省生态文明体制改革建设事件编年（1—6月）

2018年1月2日，据《中国环境报》记者蒋朝晖报道，云南省委生态文明体制改革专项小组办公室召开生态文明体制改革工作会议。会议提出，要牢固树立社会主义生态文明观，加强对具体改革工作的领导，注重破解存在的具体问题，确保云南省生态文明体制改革工作目标任务落地见效。云南省委生态文明体制改革专项小组联络员、云南省环境保护厅厅长张纪华作会议总结讲话时强调，筹划谋划和推动落实云南省生态文明体制改革工作，当前和今后一段时期，要着力抓好以下几个方面工作：一要强化思想认识。牢固树立社会主义生态文明观，把握生态文明建设的目标，明确生态文明建设的要求，准确把握中央经济工作会议精神。二要加强组织领导。调整充实省级及州（市）级专项小组，加强对具体改革工作的领导，加强协调督办。三要把握方位和取向。筑牢生态思想，规划好国土空间，营造绿色生产方式和生活方式，改善生态质量，加强生态保护，健全生态机制。四要坚持问题导向。注重破解改革本身存在的认识不到位、内容不完善等问题和整个生态文明建设体系中污染治理不到位、生态环境保护不到位等问题。五要紧盯存在的问题，聚焦一种方式、三条红线、一个机制，明确目标任务。2018年以及今后一段时间，生态文明体制改革专项小组将重点抓好已明确的32项改革任务，抓好中央和省委已明确的改革任务和十九大部署的改革任务的落实。六要狠抓落地见效。要开展对已出台的改革事项回头看，认真总结、认真评估、认真分析改革事项出台以后的实施效果，梳理经验教训，提出下一步工作的措施[①]。

2018年1月9日，为全面贯彻落实党的十九大精神，推进生态环境损害赔偿制度改革全国试行工作，云南省召开了贯彻落实《生态环境损害赔偿制度改革方案》视频会议。云南省环境保护厅张纪华厅长作重要讲话，他要求加强学习宣传，认真履行职责，确保生态环境损害赔偿制度改革方案在云南全面准确贯彻实施。会议强调，要认真学习领会《生态环境损害赔偿制度改革方案》中的新内容、新规定、新要求。在健全国家自然资源资产管理体制试点区，受委托的省级政府可指定统一行使全民所有自然资源资产所有者职责的部门负责生态环境损害赔偿的具体工作；国务院直接行使全民所有自然资源资产所有权的，由受委托代行该所有权的部门作为赔偿权利人开展生态环境损害赔偿

① 蒋朝晖：《云南省生态文明体制改革工作会议提出　紧盯问题重点抓好32项改革任务》，《中国环境报》2018年1月2日，第2版。

工作。将赔偿权利人由省级人民政府扩大至地市级人民政府，并对省级人民政府和地市级人民政府的管辖划分做了原则性规定。授权地方细化启动生态环境损害赔偿的具体情形，降低启动赔偿工作的门槛。健全磋商机制，赋予赔偿协议强制执行效力。对经磋商达成的协议，可以依法向人民法院申请司法确认。经司法确认的磋商协议，赔偿义务人不履行或不完全履行的，赔偿权利人可向人民法院申请强制执行等一系列规定。

会议充分肯定了云南省生态环境损害赔偿制度改革试点取得的成果。一是在全国范围内第一家搭建完成了生态环境损害赔偿综合管理平台，全面实现了生态环境损害案件管理的电子化和信息化。二是初步建立了以试点工作实施方案和关键配套制度为主体的“1+6”生态环境损害赔偿制度体系。围绕鉴定评估、赔偿磋商、赔偿诉讼、修复评估、赔偿资金管理等全过程，初步构建了以《云南省生态环境损害赔偿制度改革试点工作实施方案》为主，以《云南省环境损害司法鉴定机构管理办法》《云南省生态环境损害赔偿磋商办法（试行）》《关于办理生态环境损害赔偿案件若干问题的意见（试行）》《云南省生态环境损害赔偿金管理暂行办法》《云南省生态环境损害修复评估办法（试行）》《云南省生态环境损害赔偿公众参与与信息公开办法（试行）》6 个关键配套制度为支撑的“一个方案、六项制度”的制度体系，并推动27个相关配套文件的出台。三是积极推进生态环境损害鉴定评估专家和队伍建设。云南省环境保护厅与司法厅共同协作，组建完成了云南省环境损害司法鉴定机构登记评审专家库和云南省生态环境损害鉴定评估专家委员会。四是加强环境司法保障。云南省高级人民法院印发了《关于办理云南省人民政府提起生态环境损害赔偿案件的若干意见（试行）》和《关于印发〈环境民事公益诉讼案件跨行政区域集中管辖实施方案〉的通知》，初步建立了云南省生态环境损害赔偿诉讼规则，积极探索并建立生态环境损害赔偿与环境公益诉讼衔接机制，实行环境公益诉讼案件跨行政区划集中管辖，在审判中实行涉及环境资源民事、刑事、行政案件集中审理及环境民事公益诉讼案件执行的“三加一”专门化审判模式，建立了环境司法专门化体系。五是案例实践有序推进并取得实质性进展。云南省确定并先后开展了 4 个生态环境损害案件的案例实践工作。

会议强调要在下一步工作中充分运用好云南省生态环境损害赔偿制度改革试点成果。会议要求，一定要真抓实干，确保生态环境损害赔偿制度改革在云南省顺利推进。一是要尽快修改完善云南省生态环境损害赔偿实施方案，争取早日印发施行。二是各州市要积极开展案例实践工作。云南省有关部门要定期到各州市调研生态环境损害赔偿制度改革工作情况及案例实践情况，指导各州市开展好案例筛选和案例实践工作，以案例实践积极开展鉴定评估、赔偿磋商、诉讼等工作，及时分析存在的问题和不足，总结取得的成效和经验，推进云南省生态环境损害赔偿制度改革工作的开展。三是要加强生态环境损害鉴定评估工作。要借助此次改革的有利时机，强化环境污染损害鉴定评估机构

能力建设，提高云南省环境污染损害鉴定评估水平，强化技术储备，充分利用国内外的先进经验，不断拓展研究领域，逐步向污染修复及生态恢复等领域推进。四是要加强宣传引导，做好生态环境损害赔偿制度改革的宣传和解读工作，做好释疑解惑，打好生态环境损害赔偿制度改革试点工作的思想认识基础。五是要结合改革工作的推进和典型案例实践工作的开展，挖掘好经验、好典型、好做法，加大宣传力度①。

2018年2月5日，云南省人民政府办公厅印发《关于贯彻落实湿地保护修复制度方案的实施意见》，提出进一步建立健全云南省湿地保护修复制度，全面保护湿地，扩大湿地面积，增强湿地生态服务功能。到2020年，云南省湿地面积不低于845万亩，其中自然湿地面积不低于588万亩，湿地保护率不低于52%；重要江河湖泊水功能区水质达标率提高到87%以上，云南省湿地野生动植物种群数量保持稳定，湿地生态功能逐步恢复，维持湿地生态系统的健康和稳定。根据第二次湿地资源调查结果，云南省湿地总面积845万亩，湿地动植物种数以及特有物种数量居全国之首。《关于贯彻落实湿地保护修复制度方案的实施意见》提出，将对云南省湿地资源实行面积总量管控，逐级分解落实，确保湿地面积不减少，特别是自然湿地面积不减少。合理划定纳入生态保护红线的湿地范围，并落实到具体湿地地块，实现湿地资源管理“一张图”。加强自然湿地保护，通过自然恢复，因地制宜辅以污染治理、水系连通、植被恢复、栖息地恢复和外来有害生物防控等措施，全面提升湿地生态功能。《关于贯彻落实湿地保护修复制度方案的实施意见》特别强调，要健全湿地保护考评机制，将自然湿地面积、保护率和湿地生态状况等纳入各级生态文明建设考核评价内容②。

2018年2月26—27日，云南省副省长和良辉率云南省水利厅、云南省环境保护厅等部门工作人员对玉溪市抚仙湖保护治理及河（湖）长制工作落实情况进行调研，玉溪市委副书记、市长张德华参加调研座谈。和良辉强调，玉溪市要进一步增强紧迫感、责任感和使命感，紧盯“确保抚仙湖长期保持一类水质”的目标，深化、完善抚仙湖防治规划和标准，举全市之力按时限完成抚仙湖防治各项任务，全面推进、坚决打好抚仙湖保护治理攻坚战。和良辉一行还实地调研了解抚澄河保护治理、大鲫鱼河保护治理、抚仙湖农业面源污染治理、抚仙湖北岸生态调蓄带工程建设、沿湖企事业单位退出、广龙旅游小镇项目进展及抚仙湖海口出水口退田还湖情况，听取玉溪市对抚仙湖综合保护治理情况和全面推行河（湖）长制工作情况的汇报，研究解决存在的困难和问题。和良辉指出，玉溪市在抚仙湖保护治理工作中政治站位高，政策措施实，行动落实快，问题意识强，值得充分肯定。但同时也存在着工程作用发挥不够，保护治理、规划措施需要进

---

① 云南省环境保护厅法规处：《云南省召开贯彻落实〈生态环境损害赔偿制度改革方案〉视频会议》，http://www.ynepb.gov.cn/zwxx/xxyw/xxywrdjj/201801/t20180110_175858.html（2018-01-10）.

② 蒋朝晖：《云南确保湿地面积不减少　2020年湿地保护率不低于52%》，《中国环境报》2018年2月6日，第4版。

一步明确等短板，需尽快补齐。他要求，要从保护我国战略性水资源，落实云南省委、云南省人民政府对抚仙湖保护工作指示精神，明确澄江发展“三个定位”，依法行政保护抚仙湖等角度出发，紧盯“确保抚仙湖长期保持一类水质”的目标，深化、完善抚仙湖防治规划和标准。要在科学研究分析的基础上，明确抚仙湖入湖河流水质标准、农业面源污染防治标准、县镇村庄污水收集处理排放标准、其他污染物排放标准及有关措施。要积极争取国家、云南省相关项目和资金支持，拓宽融资渠道，统筹打好抚仙湖保护“组合拳”。要举全市之力，全面推进各项措施落实，强化督查问责，确保按照时限完成抚仙湖防治各项任务。张德华表示，玉溪市将在国家、云南省的大力支持下，继续做好抚仙湖保护责任，高效推进各项措施落实，尽最大力气保护好抚仙湖。玉溪市将进一步坚定保卫抚仙湖的决心和信心，加深认识，以抚仙湖保护雷霆行动和抚仙湖综合保护治理三年行动计划为抓手，兼顾解决短期、长期问题，做到治标和治本相结合，彻底解决抚仙湖污染隐患。按照此次调研要求，玉溪市将实施好“一湖一策”“一河一策一档”，突出特色性和精准性，使抚仙湖保护治理和产业结构调整有机结合。通过技术、管理、行政、法制手段多措并举，积极拓宽融资渠道，以“长治久安”的理念来治理好抚仙湖，探索出玉溪科学治湖的有效经验。同时，玉溪市积极向上级争取支持，加大星云湖的保护治理力度，与抚仙湖保护治理同步①。

2018 年 4 月 19 日，中国环境监测总站专题调研组前往云南省环境监测中心站，开展生态环境损害赔偿制度改革课题座谈调研，了解制度改革中亟须解决的瓶颈问题。云南省环境保护厅、云南省环境科学研究院、云南省环境监测中心站、昆明市环境损害鉴定评估中心相关领导参加会议。在会议上，与会人员汇报了云南省生态环境损害赔偿制度改革的试点情况，探索总结的系列做法，实际工作中遇到的困难和问题；从不同侧面探讨如何推进法规层面设计、签订评估、赔偿修复等重要事项，并对落实生态环境损害赔偿制度改革精神提出了建议。发言紧贴实际，反馈的做法和提出的建议具有很强的参考价值，受到调研组的高度评价。调研组指出，此次云南省改革试点为国家推进生态环境损害赔偿制度改革进行了有效的尝试，工作成效明显；同时希望更加深入地领悟理解国家政策精神，更加准确地理解方案要求，切实认清国家生态环境损害赔偿制度改革的重大意义，不断加大改革工作力度，积极探索推进落实，进一步积累经验做法，为推进国家生态环境损害赔偿制度改革提供更多的有益借鉴②。

截至 2018 年 5 月 25 日，云南省共计对 391 家企业核发排污许可证。据悉，2018 年，云南省将采取加快推进有色金属工业排污许可证核发、提高排污许可证核发质量、

① 《和良辉副省长到玉溪调研抚仙湖保护治理及河（湖）长制工作》，http://www.wcb.yn.gov.cn/arti?id=65459（2018-03- 12）。

② 云南省环境监测中心站：《中国环境监测总站专题调研组赴云南省环境监测中心站开展生态环境损害赔偿制度改革课题座谈调研》，https://www.ynem.com.cn/news/a/2018/0424/1150.html（2018-04-24）。

开展排污许可证事后管理等多项积极措施，确保云南省排污许可管理工作提质增效。云南省环境保护厅规划财务处负责人介绍，按照《2018年全国排污许可管理工作要点》明确的主要任务和《云南省环境保护厅关于做好 2018年排污许可管理工作的通知》的要求，云南省在推进排污许可管理工作中将着力加强当前存在的薄弱环节，想方设法提高排污许可证核发质量，坚持依法许可与依证监管两手发力，实现排污许可证“核发一个行业、清理一个行业、达标一个行业、规范一个行业”。在加快推进有色金属工业排污许可证核发方面，云南省将于 2018 年 5 月 31 日前完成以原生矿为原料的铝、汞、镍、锡、镁、锑、钛、钴 8 个冶炼工业排污许可证申请工作，有核发权限的环境保护部门应于 2018 年 6 月 30 日前完成上述 8 个冶炼工业排污许可证核发工作。为切实提高排污许可证核发质量，云南省各州（市）环境保护部门将加快推进本行政区2017年已核发排污许可证评估自查工作，真正建立部门分工协作、联合审核工作机制。对不符合排污许可证申请与核发技术规范的排污许可证，将依据《排污许可管理办法（试行）》实行撤销或督促变更处理。在开展排污许可证事后管理上，要求各州（市）积极组织开展已核发排污许可证行业企业排污许可证执行报告、台账记录、自行监测、信息公开等工作，对未在全国排污许可证管理信息平台报送执行报告的企业进行通报，适时将企业名单移交有关征信平台。在培训会上，针对不同情形，云南省环境保护厅行政审批处相关负责人对如何抓好环境影响评价制度与排污许可制度衔接提出了明确要求[①]。

第二节　云南省生态文明体制改革建设事件编年（7—12 月）

2018 年 7 月 4—5 日，根据全面推行河（湖）长制工作安排，云南省水利厅党组成员、副厅长胡荣率省水利厅河长（湖长）制工作处有关人员对抚仙湖、星云湖、杞麓湖河（湖）长制工作进展情况，特别是“三湖”保护治理“十三五”规划项目推进落实情况进行调研检查。7 月 4 日上午，调研检查组在抚仙湖流域检查了抚仙湖河（湖）长制工作落实情况，实地检查澄江县高西社区全国南方农业高效节水减排项目试点、抚澄河河道治理保护工程、抚仙湖北岸生态调蓄带项目、抚仙湖国家湿地公园建设项目情况。7 月 4 日下午，调研检查组检查了江川区星云湖河（湖）长制工作落实情况，实地检查了星云湖环湖截污治污工程、星云湖湿地湖滨带提质改造工程、大龙潭河和大街河综合

① 蒋朝晖：《补短板提高排污许可证核发质量　开展评估自查，建立联合审查机制》，《中国环境报》2018 年 5 月 31 日，第 6 版。

治理情况及星云湖生态补水情况。7月5日上午，调研检查组检查了通海县河（湖）长制工作落实情况，实地检查了杞麓湖流域水环境保护治理“十三五”规划项目、杞麓湖国家湿地公园建设项目、大树村赵家沟河道治理工程及党建河河长制推进情况[①]。

2018年7月17日下午，云南省河长制办公室召开九大高原湖泊湖长制工作座谈会。会议由云南省水利厅副厅长胡荣主持，昆明市、玉溪市、红河哈尼族彝族自治州、大理白族自治州、丽江市人民政府分管领导，九大高原湖泊管理单位、河长制办公室主要负责同志以及省环境保护厅、省水利厅相关处室负责同志参加了会议。会议听取了九大高原湖泊所在州（市）人民政府关于落实湖长制工作，加强湖泊保护治理情况的报告，省河长制办公室、省环境保护厅对九大高原湖泊近期督查情况进行了通报，对下一步重点工作做了安排，省水利厅副厅长胡荣对九大高原湖泊保护治理工作提出了要求。

会议认为，九湖保护治理虽然取得阶段性成果，但也还存在不少困难和问题，主要集中体现在水环境形势依然严峻，“十三五”规划项目推进缓慢，全面推进湖长制工作不到位，系统落实湖长制六大任务不力，依法治湖工作抓得不紧，湖长制基础性工作滞后6个方面。会议强调，全面推行河（湖）长制是党中央、国务院为加强河湖管理保护做出的重大决策部署，是深入贯彻习近平生态文明思想的重大举措。云南省委、云南省人民政府把九大高原湖泊保护治理作为湖长制工作的重中之重，主要领导多次就九湖工作做出批示、指示。要求各级各部门必须全面提高政治站位，高度重视河（湖）长制工作。坚持问题目标导向，科学合理建立规划体系。调整完善职能职责，强化九湖涉水议事管理。扎实抓好当前工作，确保各项措施落到实处。会议对下一步九大高原湖泊湖长制工作提出了要求：一是健全湖长制组织责任体系。规范各级河长、湖长的设置，完善以党政领导负责制为核心的河（湖）长组织体系。建立健全湖泊管理单位河（湖）长制工作机制。二是加快推进湖长制基础性工作。尽快完成“一湖一策”方案和建立“一湖一档”。加快九湖湖长制信息系统建设，推进信息共享，加大河湖保护的宣传教育。三是抓紧编制九湖保护治理规划，认真做好“十三五”中期评估，为编制保护治理规划提供科学依据。四是落实“十三五”规划，推进“三年攻坚方案”实施。五是加快优化九大高原湖泊管理体制、机制。按照《调整优化九大高原湖泊管理体制机制的方案》（云办通〔2018〕9号）要求，以全面推行河（湖）长制为基础，以优化机构设置为支撑，因地制宜调整优化九大高原湖泊管理体制机制，强化属地党委、政府责任[②]。

2018年7月20日，云南省政协督查督导组到德宏傣族景颇族自治州盈江县，对伊洛瓦底江、大盈江段河（湖）长制工作落实情况进行了督查督导。督查组一行实地检查了大盈江河道情况，详细询问了盈江县对河（湖）长制六大任务、河长履职、河湖突出

① 《省水利厅调研检查玉溪“三湖”河（湖）长制工作》，http://www.wcb.yn.gov.cn/arti?id=66184（2018-07-13）。

② 《省河长办召开九大高原湖泊湖长制工作座谈会》，http://www.wcb.yn.gov.cn/arti?id=66220（2018-07-24）。

问题、河（湖）长制基础工作、河湖管控建设及云南清水行动六个方面工作的落实推进情况，盈江县负责同志结合盈江县工作实际，对盈江县在全面推进落实河（湖）长制工作方面所取得的成效，特别是对在推进大盈江河道采砂整治、河道围垦整治及水域岸线划界确权等方面的工作做了重点汇报。督查组各位领导经过实地检查和听取汇报，对盈江县在全面推进落实河（湖）长制工作中所取得的成效给予了充分的肯定，希望盈江县在下一步的工作中坚决贯彻落实省州河（湖）长制工作要求，将河（湖）长制工作全面落实到位[①]。

2018 年 7 月 31 日—8 月 1 日，由云南省环境保护厅主办、云南省排污许可证技术组（云南省环境科学学会）承办的云南省农副食品加工工业——屠宰及肉类加工工业、淀粉工业排污许可证申请与核发技术培训在昆明云安会都会议中心开班。来自各州（市）及部分区县环境保护局的分管领导以及排污许可、环境影响评价、环境监察等部门的相关人员，省厅相关处室、监察总队，省环境工程评估中心及省环境科学学会（云南省排污许可证技术组）的相关人员和云南省屠宰及肉类加工工业、淀粉工业排污许可证核发范围的企业环境保护负责人共计 300 余人参加了培训。7 月 31 日上午，培训首先邀请云南省环境保护厅规划财务处周曙光处长做了开班致辞。周处长对云南省排污许可工作进行了总结，同时结合云南省污染防治攻坚战要求对下半年的排污许可管理工作进行了安排部署，并提出了七个方面的具体要求。他强调，云南省上下要对排污许可制改革面临的新形势有清醒认识，把思想和行动统一到国家排污许可制改革总体目标和任务上来，坚决打赢云南省排污许可证申请与核发、排污许可证事后管理与相关环境管理制度衔接等排污许可管理攻坚战。本次培训还邀请云南省环境监察总队金继武老师针对排污许可证执法监管程序、内容和要求做详细解读。同时为尽快推进固定污染源的“一证式”管理，云南省排污许可证技术组副组长（云南省环境科学学会秘书长）钟敏对排污许可证执行报告审核要点以及排污单位环境管理台账典型案例进行解析。云南省排污许可证技术组执行负责人（云南省环境科学学会副理事长）晏司还对云南省近期开展的排污许可证核发质量督导工作结果进行了通报，并总结部分州市好的经验和做法，梳理了存在的问题并提出了改正建议。7 月 31 日下午及 8 月 1 日，培训班还集中进行了屠宰及肉类加工工业、淀粉工业排污许可证申请与核发技术规范及审核要点的培训。邀请来自云南省排污许可证技术组的洪春霞、梁建辉和胡羽工程师以及云南省环境工程评估中心的王金凤工程师分别对屠宰及肉类加工工业、淀粉工业行业的技术规范和审核要点，结合排污许可证申报平台的应用进行了

---

① 《云南省政协督察督导组到盈江县督察督导伊洛瓦底江大盈江段河湖长制工作》，http://www.wcb.yn.gov.cn/arti?id=66288（2018-08-02）。

系统培训和操作演示，为企业下一步申报、环境保护部门核发奠定了良好的基础[①]。

2018 年 8 月 12 日，云南省委生态文明体制改革专项小组第十二次会议召开，涉及的改革事项共 17 项，其中统筹推进的改革事项 13 项（含两项重大改革事项），重点督察落实的改革事项4项。各项改革工作正在积极推进。从2018年出台的改革事项推进情况看，《云南省全面贯彻落实湖长制的实施意见》《云南省全面贯彻落实湖长制的实施方案》已印发实施，《云南省空间规划暨国土规划（2016—2035 年）》已完成报审工作。《云南省生态环境损害赔偿制度改革实施方案》《云南省深化环境监测改革提高环境监测数据质量的实施方案》《关于云南省建立资源环境承载能力监测预警长效机制的实施意见》3 项改革方案、意见已经拟制完成，并在此次会议上进行审议。云南省关于建立健全流域生态保护补偿机制的实施意见和生态保护红线勘界定标试点工作方案正在加紧推进[②]。

2018 年 8 月 15 日，云南省环境保护厅已对 15 个行业 430 家企业核发排污许可证。在应提交执行报告的 393 家企业中，已有 382 家提交，提交率达 97.2%。实施排污许可制是党中央、国务院部署的生态文明体制改革的重要内容，是推动环境治理基础制度改革、强化排污者责任的重要抓手。

2018 年 9 月初，官渡区河长制专题培训班在河海大学开班，全区 30 个河长制联系部门 51 名干部赴南京参加了专业系统的河长制专题培训；9 月底，官渡区、空港经济区河长制工作培训在官渡大酒店举行，区级河长协调人、街道级河长、社区级河长、区河长制办公室和各街道河长制办公室工作人员共计 200 余人参加了培训。官渡区位于滇池北岸，处于滇池入口河道下游，滇池沿线长 17.6 千米，河道（沟渠）共计 25 条，其中列入市级河长负责制考核的主要河道 15 条，占全市 35 条主要河道的 42.9%。在全面推行河（湖）长制工作中，官渡区坚持“请进来”与“走出去”相结合，用形式多样的培训为各级河长“充电”，通过解读当下生态环境保护工作面临的形势和任务，学习《云南省滇池保护条例》《昆明市河道管理条例》，剖析昆明市深化河（湖）长制工作情况等培训，加深各级河长对河长制工作系统性、复杂性的理解和认识，提升实际工作的能力[③]。

2018 年 9 月 25 日，云南省委办公厅、云南省人民政府办公厅印发的《生态环境损害赔偿制度改革实施方案》明确提出，进一步明确生态环境损害赔偿范围、责任主体、索赔主体、损害赔偿问题解决途径等，形成符合实际的鉴定评估管理和技术体系、资金

---

① 云南省环境科学学会：《云南省举办农副食品加工工业——屠宰及肉类加工工业、淀粉工业排污许可证申请与核发技术培训》，http://www.ynepb.gov.cn/zwxx/xxyw/xxywrdjj/201808/t20180806_183731.html（2018-08-06）。

② 蒋朝晖：《云南持续深化生态文明体制改革　今年重点推进 17 项改革》，《中国环境报》2018 年 8 月 13 日，第 2 版。

③ 茶志福：《官渡区全面开展河长制培训》，《云南日报》2018 年 10 月 11 日，第 6 版。

保障和运行机制。到2020年，初步建立责任明确、途径畅通、技术规范、保障有力、赔偿到位、修复有效的生态环境损害赔偿制度。《生态环境损害赔偿制度改革实施方案》明确指出，生态环境损害赔偿范围包括清除污染费用、生态环境修复费用、生态环境修复期间服务功能的损失、生态环境功能永久性损害造成的损失以及生态环境损害赔偿调查、鉴定评估等有关合理费用。各州（市）和省级有关部门可根据生态环境损害赔偿工作进展情况和需要，提出细化生态环境损害赔偿范围的建议，积极开展环境健康损害赔偿探索性研究与实践。

2018 年 9 月 26 日，云南省生态环境损害赔偿制度改革工作调度会在昆明召开，会议积极推动当前云南省生态环境损害赔偿制度改革工作情况，研究部署下一阶段改革工作。云南省环境保护厅党组成员、副厅长杨春明出席会议并讲话。杨春明副厅长从充分认识云南省开展生态环境损害赔偿制度改革工作的重要意义；强化责任担当，加大生态环境损害赔偿制度改革工作的突破性和联动性；迅速推进落实生态环境损害赔偿各项重点工作三个方面，对云南省开展生态环境损害赔偿制度改革工作提出了要求，对下一步各成员单位开展生态环境损害赔偿制度改革工作进行了部署和安排。杨春明副厅长指出，生态环境损害赔偿制度改革意义重大，云南省生态环境损害赔偿制度改革工作时间紧、任务重，必须要有“等不起”的紧迫感、“慢不得”的危机感、“坐不住”的责任感，积极行动起来，认真扎实做好改革工作。

讲话指出：当前，最迫切的任务就是各地要尽快制定出台工作方案，成立领导机构；尽快开展案例实践，承担生态环境损害赔偿具体工作的 6 家单位每年原则上至少办理 1 件案件，各州市每年要至少办理 2 件案件。要尽快组织确定案件，并迅速开展损害调查、鉴定评估等工作，确保按照国家要求顺利完成改革任务。云南省生态环境损害赔偿制度改革工作领导小组办公室将会加大督促检查、协调推进力度，根据上述方案确定的改革任务，针对各牵头单位负责的重点改革任务，督促各单位定期报送工作推进情况，及时总结、发现问题，推动改革工作。对安排任务不支持、不配合、不执行的单位和个人，将进行通报批评和问责。在会议上，云南省环境保护厅法规处处长陈丽介绍了云南省生态环境损害赔偿制度改革试点期间的工作成效，《云南省生态环境损害赔偿制度改革实施方案》的主要内容和云南省下一步推进改革工作的打算。云南省高级人民法院环境资源审判庭副庭长李年乐介绍了云南省法院系统开展生态环境损害赔偿制度改革的工作情况，对诉讼中出现的生态环境损害赔偿难点问题进行了分析，并介绍了云南省开展的部分环境公益诉讼典型案例，通报了生态环境损害赔偿司法保障有关工作进展以及下一步工作打算。云南省司法厅司法鉴定管理局局长刘志明介绍了云南省环境污染损害司法鉴定机构的建设情况，下一步将出台生态环境损害司法鉴定评估机构工作程序、管理办法和云南省环境损害类鉴定收费标准，进一步规范管理生态环境损害司法鉴定工作。云南省16个州市环境保护局就本地开展生态环境损害赔偿改革工作情况、实施方案制定印发情况、领导小组成立情况做了汇报，并就目前开展生态环境损害赔偿制度改革工作中遇到的困难和问题进行了交流讨论①。

2018 年 9 月 27—28 日，2018 年云南省环境影响评价工作会议在昆明市召开。会议以习近平新时代中国特色社会主义思想为指引，深入贯彻落实全国生态环境保护大会、全国环境影响评价工作会议和云南省生态环境保护大会精神，总结云南省环境影响评价工作的进展和成效，分析当前面临的改革形势和任务，对下一阶段环境影响评价重点工作进行安排部署。②

2018 年 10 月 23—24 日，作为长江（云南段）省级河长联系部门，云南省水利厅党组成员、副厅长胡荣带领水利厅河长处、水资源处等相关同志组成督察组，对昭通市、曲靖市开展长江（云南段）省级河长督察工作。督察组一行先后前往牛栏江鲁甸段、砚池山水库、跃进水库、毛家村水库、以礼河会泽段实地检查河长制工作落实情况，详细询问河（湖）长制六大任务、河长履职及河长制十二项专项行动等落实推进情况，并对昭通市、曲靖市河长制工作台账进行了详细的检查。经过实地检查和听取汇报，督察组对昭通市和曲靖市全面推进落实河（湖）长制工作的新思路和取得的成效予以肯定，希望昭通市和曲靖市在下一步的工作中要继续坚决贯彻落实云南省委、云南省人民政府关于河（湖）长制工作要求，实现河（湖）长制工作从"见河长"向"见行动""见成效"的转变③。

2018 年 10 月 31 日—11 月 1 日，为全面贯彻落实习近平新时代中国特色社会主义思想和党的十九大精神，落实好云南省《生态环境损害赔偿制度改革实施方案》的相关要求，推进云南省改革工作，云南省生态环境厅在昆明举办了云南省生态环境损害赔偿制度改革培训班④。

2018 年 11 月上旬，玉溪市委书记、市委全面深化改革领导小组组长罗应光主持召开玉溪市委全面深化改革领导小组第十七次会议，会议审议通过了《玉溪市生态环境损害赔偿制度改革实施方案》，玉溪市在全省率先出台了生态环境损害赔偿制度改革实施方案。在会议上，玉溪市环境保护局局长张金翔专题汇报了《玉溪市生态环境损害赔偿制度改革实施方案》的起草情况。在与中央方案和云南省委、云南省人民政府方案保持

---

① 云南省环境保护厅法规处：《云南省召开生态环境损害赔偿制度改革工作调度会》，http://www.ynepb.gov.cn/zwxx/xxyw/xxywrdjj/201809/t20180927_184989.html（2018-09-27）。

② 云南省环境保护厅审批处：《云南省召开 2018 年全省环境影响评价工作会议》，http://www.ynepb.gov.cn/zwxx/xxyw/xxywrdjj/201809/t20180930_185100.html（2018-09-30）。

③ 《省水利厅开展长江（云南段）省级河长督察工作》，http://www.wcb.yn.gov.cn/arti?id=66720（2018-10-31）。

④ 云南省环境保护厅法规处：《云南省举办生态环境损害赔偿制度改革培训班》，http://www.ynepb.gov.cn/zwxx/xxyw/xxywrdjj/201811/t20181106_185806.html（2018-11-06）。

一致的基础上，充分体现了生态环境部和云南省委、云南省人民政府最新要求，借鉴吸收了试点省（市）改革成果，结合玉溪市实际，进行了创新细化，增加了抚仙湖管理局经玉溪市人民政府指定为有权提起诉讼的市级机构。强化了修复优先原则，允许赔偿义务人在可能条件下优先实施生态环境修复。只有无法修复时，才进行资金赔偿；拓展了赔偿范围，增加了违反水污染防治、自然保护区法律法规依法应当追究生态环境损害赔偿的情形。设定了磋商、启动、磋商内容、磋商参与人、司法确认等基本程序，明确了改革领导小组各成员单位的基本职责和下一步需要制定完善的相关配套性文件[①]。

2018 年 11 月 5 日，2018 年云南省环境影响评价工作会议召开，会议要求云南省要紧密结合实际采取多种措施推进环境影响评价改革，确保环境影响评价管理各项工作接地气、见实效。2018 年 1—9 月，云南省共审批建设项目环境影响评价文件 2397 项，涉及固定资产投资4904.69亿元。云南省生态环境厅副厅长兰骏介绍，“十三五”以来，云南省环境影响评价工作按照国家和云南省的安排部署，落实各项改革措施，不断加大改革力度，在提升服务水平、参与综合决策、强化源头预防、加强建设项目环境监管、加强中介机构管理、加快信息化建设等方面取得了积极进展，但也存在一些不足和问题。云南省生态环境厅近年来先后两次组织调整下放省级环境影响评价审批权限，将对环境影响相对较小的建设项目环境影响评价下放州市审批，下放审批的项目数约占下放前省级审批项目的 2/3；并明确应当由州市负责的审批权不得再次下放。同时要求属地环境保护部门严格落实监管职责，采取“双随机、一公开”抽查等方式，加强事中事后监管。2017 年以来，云南省全面推行环境影响登记表备案管理，并结合实际制定相关贯彻意见，细化相关措施。实施这项改革措施后，云南省 70%的环境影响轻微的建设项目不再审批环境影响评价文件，改由企业在项目建成投入生产运营前自行网上备案，对减轻企业负担、释放中小企业经济活力、提高环境影响评价效能发挥了重要作用。不断优化云南省生态环境厅进驻省投资项目审批服务中心审批事项的办理流程，审批效率不断提高，2018 年 1—9 月综合提速率达 39%。积极推进环境影响评价审批标准化工作，对申请材料、审批条件、审批时限、审批流程等审批各环节进行进一步规范，制定建设项目环境影响评价文件审批办事指南和业务手册，印发云南省各级环境保护部门实施。兰骏表示，云南省将牢牢把握环境影响评价“放管服”改革的总体方向，坚持问题导向，切实找准下一步工作的着力点，抓重点、补短板、强弱项，不断提高环境影响评价效能。一要加快“三线一单”编制实施，构建云南省系统性分区生态环境管控体系。二要继续落实“放管服”改革要求，提升服务水平。三要严格依法行政，充分发挥好环境影响评价制度源头预防作用。四要按照环境影响评价督导整改方案，落实各项整改措

① 玉溪市环境保护局：《玉溪市在全省率先出台生态环境损害赔偿制度改革实施方案》，http://www.7c.gov.cn/zwxx/xxyw/xxywzsdt/201811/t20181108_185872.html（2018-11-08）。

施。五要落实环境监管职责，进一步加强事中事后监管。六要创新管理方式，全面提高环境影响评价质量。七要进一步加强环境影响评价队伍建设[①]。

2018 年 11 月 19 日，云南省委办公厅、云南省人民政府办公厅印发的《关于支持检察机关开展公益诉讼工作推动全省生态文明建设和法治云南建设的意见》，明确把公益诉讼纳入生态文明建设目标评价考核体系，加强检查和考核[②]。

2018 年 11 月 21 日，楚雄彝族自治州姚安县环境保护局牵头组织召开了姚安县 2018 年生态文明体制改革专项小组第二次会议。会议重点传达了姚安县委全面深化生态文明体制改革专项小组办公室关于2018年1—9月改革工作专项督察情况。从督察情况来看，虽然姚安县全面深化生态文明体制改革工作按照上级部署稳步推进，但工作中仍然存在一些亟须重视并需要加以解决的问题：一是思想认识有差距，对改革工作的原则性与灵活性掌握不够，大胆探索创新、发挥基层首创精神动力不足。二是基础工作不扎实，少数单位履行职责不到位，部分单位虽按时成立改革工作领导机构，但未形成定期研究改革工作的机制。三是改革成效和改革经验的总结宣传提炼有差距，责任单位总结提炼经验的积极性、主动性差，上报改革信息不主动、不及时，导致成效经验走不出县域，有些经验反而被其他地方借鉴提升，形成“墙内开花墙外香”的被动局面。四是重点改革任务落实有差距，重点改革工作任务存在等待、观望思想，出台的改革方案缺乏针对性和操作性。会议要求各相关责任单位要实行“一项任务、一名领导、一个专班、一抓到底”，盯时间、盯进度，推动重大问题、关键环节取得突破性进展。要按照职责，认真梳理生态文明体制改革任务，对标对表，分类施策。姚安县环境保护局要紧盯工作进展，积极主动跟进汇报、沟通、联系，以钉钉子的精神攻坚克难，认真总结改革进展和效果，梳理经验和做法，认真准备考核档案，全面客观真实地反映改革成效[③]。

2018 年 12 月 3 日下午，玉溪市华宁县环境保护局全体干部职工认真学习了云南省总河长 1 号令、2 号令、3 号令相关内容。其中，2 号令从 7 个方面部署了 2018 年的主要工作。一是建立健全组织责任体系。二是构建基础技术支撑。三是夯实河湖管控措施。四是全面推进“云南清水行动”。五是督查督办工作。六是推进省级考核问责。七是加强社会参与监督。3号令明确了云南省河湖“清四乱”专项行动方案的范围、目标、整治内容、实施步骤和进度安排。会上李艳萍局长强调，全局职工要提高认识，牢固树立“绿水青山就是金山银山”的生态理念，共同守护河湖生态环境。分管领导要高

---

① 蒋朝晖：《云南放管结合提升环评效能　1—9 月共审批建设项目环评文件 2397 项》，《中国环境报》2018 年 11 月 6 日，第 6 版。

② 蒋朝晖：《云南省委云南省人民政府支持公益诉讼 纳入生态文明建设目标评价考核体系》，《中国环境报》2018 年 11 月 20 日，第 8 版。

③ 楚雄彝族自治州环境保护局：《姚安县生态文明体制改革专项小组召开 2018 年第二次会议》，http://www.7c.gov.cn/zwxx/xxyw/xxywzsdt/201811/t20181128_186381.html（2018-11-28）。

度重视，结合本部门工作职责，抓好做实各项工作[①]。

2018 年 12 月 11 日，为全面贯彻落实党的十九大精神，曲靖市环境保护局、财政局、水务局，昭通市环境保护局、财政局以及有关县（区）环境保护局、财政局工作人员在曲靖市召开长江经济带跨市建立流域横向生态保护补偿机制会议。会议以习近平生态文明思想为指导，围绕牢固树立和践行“绿水青山就是金山银山”的理念，落实党中央、国务院关于健全生态保护补偿机制和以共抓大保护、不搞大开发为导向推动长江经济带发展的决策部署，强化政策协同和区域沟通协调，探索创新市场化、多元化的生态补偿模式，对“考核断面、水质目标、考核指标、联合监管、补偿标准”等核心问题进行讨论研究。达成“成本共担、效益共享、责任共负、多元共治”的流域保护和治理共识，初步确定考核断面为江底大桥断面（如水质波动较大，参照黄梨树断面考核），考核指标为化学需氧量、氨氮、总磷，水质类别为Ⅲ类，监测数据以采测分离数据（水质自动站数据作为参考）的月平均值为准[②]。

2018 年 12 月 11—12 日，为贯彻落实 2018 年 12 月 6 日昭通市人民政府召开的全市长江经济带生态保护修复补偿工作会议部署要求，昭通市环境保护局副局长张宁、市财政局副局长童友罡带领市环境保护系统、市财政局、鲁甸县相关工作人员一行赴曲靖市、昆明市，积极主动和长江上游城市商讨建立长江经济带跨州（市）流域横向生态保护补偿机制。张宁、童友罡一行于 12 月 11 日在曲靖市麒麟区与曲靖市环境保护、财政相关部门进行座谈。双方就考核断面、考核方式、考核指标等方面做了充分交流沟通，一致同意由昭通市提出初步方案，并达成共识，签订生态保护补偿机制。12月12日，又与昆明市环境保护、财政部门共同座谈形成了备案录。双方同意在 2018 年 12 月 30 日前完成建立金沙江流域横向生态保护补偿机制，由昭通市委托第三方中介机构尽快提出实施方案及协议初稿，昆明市提出完善意见。此次昭通市主动与曲靖、昆明两市开展工作交流，对加强环境联合监测、联合执法，促成共同争取中央、省级奖励资金建立长江经济带跨州（市）流域横向生态保护补偿机制，形成“成本共担、效益共享、责任共负”的流域生态保护和治理长效机制，推动云南省长江经济带高质量发展起到了积极作用[③]。

截至 2018 年 12 月 15 日，根据云南省生态环境厅《关于做好 2018 年排污许可管理工作的通知》要求，玉溪市环境保护局在全国排污许可证管理信息平台核发钢铁、陶瓷、淀粉、屠宰及肉类加工 4 个行业排污许可证 35 户，按时完成 2018 年排污许可证核

① 玉溪市环境保护局：《华宁县环境保护局学习贯彻云南省总河长 1 号令、2 号令、3 号令》，http://www.7c.gov.cn/zwxx/xxyw/xxywzsdt/201812/t20181210_186657.html（2018-12-10）。

② 沈贵宝、莫泗伟：《曲靖市全策全力推进长江经济带跨市建立流域横向生态保护补偿机制》，http://www.7c.gov.cn/zwxx/xxyw/xxywzsdt/201812/t20181212_186704.html（2012-12-12）。

③ 昭通市环境保护局：《市环境保护财政联合赴曲靖昆明推动建立长江经济带横向生态补偿机制》，http://www.7c.gov.cn/zwxx/xxyw/xxywzsdt/201812/t20181218_186827.html（2018-12-28）。

发任务[①]。

2018年12月19日，普洱市生态损害赔偿制度改革工作领导小组办公室召开生态损害赔偿制度改革工作调度会暨2018年案例征询会议，普洱市法院、检察院、国土资源局、环境保护局、农业局、水务局、林业局参加了会议，会议由领导小组办公室主任李勇同志主持。会议传达学习了国家、省、市生态环境损害赔偿制度改革工作情况及相关要求，并对生态环境损害赔偿制度进行了解读，明确了指导思想、工作原则和工作目标，提出了依法推进、开拓创新，环境有价、损害担责，主动磋商、司法保障，信息共享、公众监督原则。到2020年，初步建立责任明确、途径畅通、技术规范、保障有力、赔偿到位、修复有效的生态环境损害赔偿制度，要求积极开展赔偿磋商，做到应赔尽赔。与会人员对普洱市生态环境损害赔偿制度改革工作进行了交流发言，并对普洱市2018年生态环境损害赔偿案例进行商讨。会议还对云南省生态环境损害赔偿综合管理平台操作进行了讲解培训，给相关成员分配了单位账号、密码[②]。

2018年12月24日，云南省水利厅公布的2017年度全省16个州（市）落实最严格水资源管理制度考核结果显示，云南省最严格水资源管理工作取得成效，用水总量控制、用水效率控制、水功能区限制纳污“三条红线”总体实现控制目标。此次考核，综合16个州（市）得分，2017年度全省平均得分87.47分，比上年度全省平均得分83.95分有所增加。其中，昆明、保山、楚雄、玉溪、文山5州（市）为优秀等级，丽江、临沧、大理、红河、德宏、迪庆、怒江、西双版纳、曲靖、昭通、普洱11州（市）为良好等级。下一步，云南省将针对考核发现的问题，督促有关州（市）认真落实整改，切实解决存在的问题，进一步落实最严格水资源管理制度，并将考核结果作为审查、审批地方水资源规划、配置、论证、取水许可、入河排污口设置、重大引调水工程建设等前期工作的重要依据[③]。

---

① 玉溪市环境保护局：《玉溪市三措并举全面推进2018年排污许可证核发工作》，http://www.7c.gov.cn/zwxx/xxyw/xxywzsdt/201812/t20181225_187017.html（2018-12-25）。

② 普洱市环境保护局：《普洱市召开生态损害赔偿制度改革工作调度会暨2018年案例征询会议》，http://www.7c.gov.cn/zwxx/xxyw/xxywzsdt/201812/t20181220_186904.html（2018-12-20）。

③ 王淑娟：《我省最严格水资源管理工作取得成效》，《云南日报》2018年12月25日，第2版。

第三编

云南省生态文明排头兵建设实践篇

第六章　云南省生态监测建设事件编年

生态监测是监测生态环境变化的有效技术手段，通过地面监测、航空监测、卫星监测对生态环境中的各个要素进行监控和测试，及时了解人类活动对生态环境的影响。云南生态监测范围包括自然保护区、县域生态环境状况、九大高原湖泊水质状况、污染物、污水处理、水土保持状况、水电站生态流量、湿地生态等监测、评价、预测、预报等监督管理工作。2018 年，云南生态环境监测网络点初步实现全省地域空间全覆盖，已建成覆盖县级城市的环境空气自动监测站 152 个；覆盖重要河流、水域的地表水监测断面 370 个；对 224 个县级及以上集中式饮用水水源地水质实现“实时监测”；覆盖全省耕地、林地等土壤环境质量监测点 1433 个；此外，还有 3498 个城市噪声监测点、89 个辐射环境监测点、35个酸雨监测点等。云南省已开始利用卫星遥感和无人机遥感监测等最新监测手段，对自然保护区、重点环境敏感区域的自然植被变化、开发利用和破坏情况实施监控，有效解决大尺度、大范围、人工无法实地勘测等问题，并将这一技术手段和成果应用于全省县域生态环境质量监测评价与考核。云南生态监测取得的阶段性成果有利于进一步推动云南争当全国生态文明建设排头兵，建设美丽中国最美丽省份。

第一节　云南省生态监测建设事件编年（1—6 月）

2018 年 1 月 2 日，云南省环境监测中心站组织技术骨干奔赴玉溪市澄江县，对抚仙湖开展水质状况专项监测。为深入贯彻国务院李克强总理、云南省委关于抚仙湖综合保护治理的重要指示精神和云南省环境保护厅抚仙湖保护治理专题会议要求，云南省环境监测中心站召开专题会议进行研究部署，组织11名技术骨干携带相关监测仪器设备于1月2日奔赴玉溪市澄江县，对抚仙湖水质开展现场监测。此次监测覆盖抚仙湖北岸、西岸、南岸、东岸片区和湖心共26个监测区域、187个采样点，涉及8个指标的监测，时间紧、任务重、要求高。监测前，云南省环境监测中心站组织编制《抚仙湖现状监测方案》，召开任务培训会，精心准备监测仪器设备，确保专项监测快速、准确、高效。监测中，监测人员秉承科学严谨的态度，发扬连续作战的精神，坚持当天采样，当天分析，第一时间准确掌握水质变化状况。云南省环境监测中心站站长施择深入一线了解工作进展，指导监测分析，帮助解决实际困难，确保专项任务的顺利推进，确保为“抚仙湖保护与治理专项行动”提供强有力的技术支撑。①

2018年1月14—16日，水利部长江水利委员会长江流域水资源保护局李峻副局长率长江入河排污口整改提升督导检查工作组到云南省督导检查入河排污口整改提升及规范化建设、监督管理、水功能区达标建设等工作。检查组实地检查了安宁市、呈贡区污水处理厂和滇池环湖截污及排污口治理工作，听取了安宁市、西山区、呈贡区人民政府及相关部门情况介绍，查阅了文件及资料，与云南省水利厅、环境保护厅、住房和城乡建设厅、昆明市水务局等有关部门（单位）进行了座谈。检查组认为云南省水利、环境保护、住建部门合作较好，水利厅高度重视入河排污口整改提升工作，及时上报了《长江经济带云南省入河排污口整改方案》，及时安排开展了入河排污口整改提升工作。入河排污口工作有序推进，入河排污监测信息化平台建设、水功能区水生态修复工作成效明显，滇池治理得到群众认可。检查组进一步强调了当前做好入河排污口整改提升工作的有关要求，一是进一步提高政治站位，加强组织领导，深刻认识做好长江入河排污口整改提升工作的重大意义。根据《长江水利委员会关于开展长江入河排污口整改提升督导检查工作的通知》要求及安排，进一步贯彻落实整改提升工作任务。二是抓紧实施入河排污口规范化建设，分时分类规范符合水功能区等要求的入河排污口设置审批。对减排项目，环境保护部门审查通过的，要简化补办手续；对不符合水功能区要求，并已停用、无效的，要督促拆除、注销。根据纳污能力状况及保护发展的需要，可置换排污项目。三是根据入河排污口规划设置指南，积极推动入河排污设置，注意涉水工程防洪、生态、水功能区要求，在厂区外设置明渠段或取样井，树立公示牌，建立在线监控，切实加强监管。四是推进“两江一源”规划的核查，根据最新核查情况，及时调整方案。五是根据河长制平台推进入河排污口整改工作，水利部门与环境保护、住建部门加强沟通，协调加强入河排污口设置事中审批、事后综合执法。入河排污口要纳入水功能区监

① 云南省环境监测中心站：《云南省环境监测中心站组织技术骨干赴澄江县开展抚仙湖水质状况专项监测》，https://www.ynem.com.cn/news/a/2018/0105/1116.html（2018-01-05）。

管，充分利用信息化手段加强管理工作。六是按照入河排污口整改提升工作要求，要落实月报表、双月报告工作。云南省水利厅和俊副厅长随同检查座谈。[①]

2018 年 1 月 17 日，为深入推进云南省土壤污染状况详查工作，按照《云南省土壤污染防治专项小组关于 2018 年 1 月农用地土壤污染状况详查工作进度安排的通知》精神，云南省召开了 2018 年全省农用地土壤污染详查第一次工作调度会，国土资源厅、农业厅、环境保护厅及详查各任务部门、各检测实验室相关人员参加了会议。会议听取了各任务单位工作进展、存在问题以及对策措施汇报，通报了全国及云南省农用地土壤污染详查工作进展情况及存在问题，传达了国家及云南省质量保证和质量控制相关技术规定和管理要求。与会人员一致认为本次调度会召开及时、达到预期目标，是推进云南省详查工作的重要抓手。[②]

2018 年 1 月 20 日，纳板河流域自然保护区管理局开始在自然保护区内安装两套全自动水资源监测设备，直至1月26日，两套设备全部安装完成并投入使用，开始对自然保护区内的水资源进行全自动监测。此批设备监测内容包括水位、水温、pH 酸碱度、溶氧量及浊度等数据，相较于之前的人工监测，不仅减少了工作量也扩充了内容，从而可以更全面地掌握自然保护区内河水情况，从更多方面监测、研究、管理、保护河流。本次选点位于纳板河中游的安麻老寨以及曼点河的曼点站，设备效果如若达到预期的数据内容和监测效果，可再投放到上游的多个点，实现全面监测、数据完善，可以全方位地掌握自然保护区内主要河流的水资源状况。[③]

2018 年2 月 4 日，云南省第一环境保护督察组按照云南省委、云南省人民政府的要求对文山壮族苗族自治州开展了环境保护督察并形成督察意见，向文山壮族苗族自治州委、州政府进行了反馈。云南省第一环境保护督察组指出，文山壮族苗族自治州委、州政府认真贯彻落实党中央、国务院和云南省委、云南省人民政府关于生态文明建设和环境保护的决策部署，以努力建成石漠化地区生态文明建设示范区为抓手，切实推动生态环境保护工作，持续加大组织领导和工作推进力度，全州生态文明建设和环境保护工作取得积极进展。但与此同时，文山壮族苗族自治州生态环境敏感脆弱，石漠化问题严重，作为欠发达地区，发展任务重，经济发展与环境保护的矛盾比较突出。虽然近年来文山壮族苗族自治州环境保护工作取得积极进展，但与党中央、国务院和云南省委、云南省人民政府的要求相比，与争当云南省生态文明建设排头兵的目标和人民群众对良好生态环境的期盼相比，在思想认识和行动上都还存在差距。主要反映在对生态环境保护

① 《长江委到我省督导检查长江入河排污口整改提升工作》，http://www.wcb.yn.gov.cn/arti?id=65246（2018-01-23）。

② 云南省环境监测中心站：《云南省顺利召开“云南省农用地土壤污染详查 2018 年第一次工作调度会”》，https://www.ynem.com.cn/news/a/2018/0131/1120.html（2018-01-31）。

③ 陈典：《全自动水资源监测设备安装完成》，http://nbhbhq.xsbn.gov.cn/81.news.detail.dhtml?news_id=924（2018-02- 08）。

工作重视不够，自然保护区监管不严，重金属污染治理推进缓慢，污染防治工作滞后，环境监管能力薄弱等方面。云南省第一环境保护督察组要求，文山壮族苗族自治州各级党委和政府认真贯彻落实习近平总书记系列重要讲话和重要指示精神，充分认识文山壮族苗族自治州生态文明建设和环境保护的重要意义，以及文山壮族苗族自治州在云南构筑西南生态安全屏障中的重要地位，牢固树立“绿水青山就是金山银山”的绿色发展观，正确处理保护与发展的关系；深入实施自然保护区保护、石山区生态修复和退耕还林、城乡绿化、地质灾害治理、历史遗留污染治理、水源地和河流保护、矿山整治和破坏山体修复、面源污染治理、城乡垃圾污水治理、文明生活方式普及“十大行动”；细化、量化、实化生态环境保护责任指标，全面落实党政同责和一岗双责；切实推进有关问题整改到位，提高环境监管能力，加大环境执法力度；对督察中发现的问题，依法依规严肃责任追究。云南省第一环境保护督察组强调，文山壮族苗族自治州委、州政府要抓紧研究制定整改方案，在30个工作日内报送云南省人民政府。整改方案和整改落实情况要按照有关规定及时向社会公开。云南省第一环境保护督察组还对发现的问题线索进行了梳理，并按有关规定向文山壮族苗族自治州委、州政府进行移交。文山壮族苗族自治州相关负责人表示，对云南省第一环境保护督察组开出的环境保护“诊断书”全部认领、照单全收、坚决整改。全州各级相关部门将坚持问题导向，认真落实主体责任，把督察反馈意见整改工作作为一项重大政治任务、重大民生工程和重大发展问题来抓，做到“四确保四不放过”，即确保整改措施落实、不落实到位不放过，确保反馈问题解决、不解决到位不放过，确保严肃追责问责、不追责问责到位不放过，确保长效机制建立、不建立到位不放过，推动整改工作取得实实在在的成效。[①]

2018年3月5—9日，云南省环境保护厅党组书记、厅长张纪华带领厅办公室、规划财务处、水环境管理处、土壤环境管理处、自然生态保护处有关负责人赴普洱市、临沧市调研环境保护工作。张纪华厅长一行先后实地调研了糯扎渡电站珍稀鱼类增殖站、动物救助站及珍稀植物园，澜沧县惠民镇芒景村翁基小组，孟连县昌裕糖业有限责任公司，西盟县勐梭龙潭自然保护区，沧源县翁丁传统村落、碧丽源芒摆有机茶庄园，耿马县污水处理厂、孟定镇垃圾处理场，镇康县南华南伞糖业有限公司等，详细了解了环境保护督察反馈意见整改、生物多样性保护、农村环境综合整治、水污染防治、固体废物处置、自然保护区管理、生态产业发展等情况。通过深入调研，张纪华认为，普洱市、临沧市各级党委、政府高度重视环境保护，扎实抓好环境保护督察反馈意见整改，不断加强自然生态保护，大气、水、土壤污染防治，生态文明体制改革，环境监管执法等各项工作成效明显。张纪华指出，各级环境保护部门要以学习贯彻落实党的十九大精神及

① 胡晓蓉：《省第一环境保护督察组向文山州反馈督察情况》，《云南日报》2018年2月6日，第3版。

习近平新时代中国特色社会主义思想为引领，以生态文明建设排头兵为目标，以改善环境质量为核心，认真履行环境保护统一监督管理和协调推进的职责，推动筑牢生态思想、规划生态空间、营造生态方式、改善生态质量、加强生态保护、健全生态机制，认真打好污染防治攻坚战，为成为全国生态文明建设排头兵做出积极贡献。张纪华强调：一要持续推进中央、省级环境保护督察反馈意见问题的整改落实，认真做好问题整改的销号及台账、档案管理，巩固已完成整改事项成效，加快推进未完成事项整改。二要按照云南省委、云南省人民政府关于打好污染防治攻坚战的安排部署，落实碧水青山、净土安居、蓝天保卫专项行动，不断改善云南省生态环境质量。要加强资源整合，加快推进农村环境综合整治试点示范工作。三要充分发挥云南省在生物多样性方面的优势，进一步强化生物多样性保护力度。要加强自然保护区的建设、管理及监管，对于在环境保护督察和自然保护区专项督查中发现的有关问题，要及时进行整改落实。四要积极推动与缅甸等周边国家的环境保护交流合作，提高与相邻国家多方环境保护领域交流合作水平。五要加强城镇污水处理厂管理，强化雨污分流及管网改善工程，提高污水收集率和处理率。要强化城镇污水处理厂督查力度，确保在线监测数据真实有效。要加强污泥资源化利用研究，切实提高利用水平。六要抓好国控水质自动监测站的建设，确保按时完成国家下达的工作任务。张纪华要求，云南省环境保护厅各处室（单位）要认真研究州（市）、县（市、区）环境保护部门提出的有关困难及工作建议，做好指导和服务工作。①

2018 年 3 月 14—15 日，为打好 2018 年农用地土壤污染状况详查攻坚战，抓好云南省农用地土壤污染状况详查工作进度和质量管理，环境保护部土壤环境管理司刘晓文副司长、环境保护部南京环境科学研究所等一行赴云南开展农用地土壤污染状况详查工作调研与督导。在座谈会上，云南省环境保护厅、农业厅、国土资源厅就各部门承担工作向调研组做了汇报，云南省环境监测中心站作为技术支持单位，详细汇报了农用地详查进度、质量控制和质量管理、存在问题及下一步计划等工作情况。督导组就详查工作中的有关问题与参会人员进行了深入的交流讨论。随后，督导组一行人实地考察了云南中检检验检测技术有限公司实验室、云南省地质矿产勘查开发局中心实验室、云南省土壤污染状况详查临时土壤样品库和流转中心，并赴安宁市实地检查了云南省地质环境监测院样品采集现场，督导组对各检测实验室、采样单位工作细节进行了询问，并就存在问题进行现场督导。最后，刘副司长对云南省详查工作给予了充分肯定。他指出，云南省详查工作开展得卓有成效，部门合作机制有效、培训工作有效开展，尤其是云南省环境监测中心作为省级质控实验室主动作为，充分发挥了省级质控实验室的职能。同时，针

① 云南省环境保护厅办公室：《云南省环境保护厅党组书记、厅长张纪华赴普洱市、临沧市调研环境保护工作》，http://www.ynepb.gov.cn/zwxx/xxyw/xxywrdjj/201803/t20180312_177322.html（2018 年 3 月 12 日）。

对云南省实际情况提出了六条建议：一是进一步提高认识，坚定信念，增强责任感和使命感，确保按时按质完成详查工作。二是加强详查流程各环节调度，切实落实月度计划。三是突出重点，及时发现和解决问题，有序推进详查工作。四是进一步加强质量控制，精益求精做好质量保证。五是提前做好成果集成准备，总结详查成果。六是尽快推进重点行业企业基础信息调查工作。①

2018 年 3 月 14—16 日，云南省环境保护厅党组书记、厅长张纪华带领厅办公室、环境监测处、水环境管理处、土壤环境管理处、省环境监察总队有关负责人赴文山壮族苗族自治州调研环境保护工作。张纪华厅长一行先后实地调研了砚山县生活垃圾焚烧发电项目、文山市历史遗留砷渣综合治理一期工程、文山市城区集中式饮用水源地保护——顺甸河污染治理工程、天保农场国家水质自动监测站、文山壮族苗族自治州环境保护局环境信息化建设等，详细了解了环境保护督察反馈意见整改、重金属污染防治、生活垃圾焚烧发电、水污染防治、水质自动监测站建设等情况，并看望文山壮族苗族自治州环境保护局干部职工。张纪华指出，随着经济社会发展、城市规模扩大和人口增多，城市生活垃圾产量剧增，带来了一系列问题。垃圾焚烧发电处置方式技术成熟，环境效益、经济效益、社会效益等相对于卫生填埋优势明显。建议文山壮族苗族自治州进一步加大垃圾焚烧发电推广力度，逐步取消规模较大的垃圾填埋场。同时，要高标准建设垃圾焚烧发电项目，努力打造成环境宣传教育基地，积极向公众进行开放。环境保护部门将加强与住建部门的沟通协调，研究制定有关政策，在云南省范围内积极推动垃圾焚烧发电项目建设。张纪华强调，文山市历史遗留砷渣综合治理工程属于中央环境保护督察和省级环境保护督察反馈意见问题整改事项，必须要采取有效措施加快推进；其他未完成的整改事项也要加快整改进度。同时，要抓好国控水质自动监测站的建设，确保按时完成国家下达的工作任务。②

2018 年 3 月 19 日，为深入推进云南省土壤污染状况详查工作，按照《云南省土壤污染防治专项小组关于 2018 年 3 月农用地土壤污染状况详查工作进度安排的通知》精神，云南省召开了2018年云南省农用地土壤污染状况详查第三次工作调度会暨第一季度省级质量管理会议。国土资源厅、农业厅、环境保护厅及详查各任务部门、检测实验室及相关质控专家参加了会议。会议听取了各任务单位工作进展及存在问题汇报，通报了环境保护部土壤环境管理司刘晓文副司长一行赴云南开展农用地土壤污染状况详查工作调研与督导的意见反馈，汇报了云南省农用地土壤污染状况详查质量保证与质量控制

---

① 云南省环境监测中心站：《云南省顺利迎接环境保护部土壤污染状况详查调研督导》，https://www.ynem.com.cn/news/a/2018/0320/1125.html（2018-03-20）。

② 云南省环境保护厅办公室：《云南省环境保护厅党组书记、厅长张纪华赴文山州调研环境保护工作》，http://www.ynepb.gov.cn/zwxx/xxyw/xxywrdjj/201803/t20180322_177653.html（2018-03-22）。

工作，传达了国家及云南省质量保证和质量控制相关技术规定和管理要求。在会上，环境保护厅、国土资源厅、农业厅等管理部门领导对下一步工作做了安排部署：一是各详查任务单位要高度重视、吸取前两个月经验，落实完成云南省土壤污染防治专项小组3 月工作任务。二是进一步加强质量控制工作，保障详查数据科学、准确。三是建立各单位的协作机制，加强各详查任务单位沟通交流，保障详查工作有序推进。本次会议及时解决了各任务单位存在的问题，较好地推进了云南省土壤污染状况详查采样工作。①

2018 年 3 月 19 日，为深入贯彻国务院李克强总理、云南省委关于抚仙湖综合保护治理的重要指示精神和云南省环境保护厅抚仙湖保护治理专题会议要求，云南省环境监测中心站与玉溪市环境保护局召开了专题会议进行研究部署，明确了第二次抚仙湖水质状况专项监测的方案和时间。按照监测方案的统一部署，云南省环境监测中心站分析室12名技术骨干，携带相关仪器设备，奔赴玉溪市澄江县，开展了为期 3 天的抚仙湖水质状况专项监测。本次监测在 1 月抚仙湖水质状况专项监测结果的基础上优化和完善了监测方案，覆盖抚仙湖全湖区域 41 个表层水采样点和 3 个湖心 30 个分层采样点，涉及8个指标的监测。由于每天监测均覆盖抚仙湖北岸、北半湖、南半湖和湖心分层采样，工作量大、时间紧、难度大，因此本次监测以云南省监测中心站为主，玉溪市环境监测站和澄江县环境监测站协助完成。监测前省监测中心站组织玉溪市环境监测站和澄江县环境监测站召开了任务培训会，认真准备监测仪器设备，确保监测准确、高效。整个监测过程中，省、市、县三级环境监测人员秉承科学严谨的态度，发扬连续作战的精神，团结协作顺利完成本次专项监测，为“抚仙湖保护与治理专项行动”提供强有力的技术支撑。②

曲靖市通过加强环境监测网络建设、加强污染源自动监控建设管理、搭建环境监测大数据平台、加强社会环境监测机构管理等举措，全面夯实环境监测基础。据了解，曲靖市在中心城区已建成 3 个空气质量自动监测站的基础上，完成各县（市、区）政府所在地10个空气质量自动监测站建设。在境内南盘江天生桥、北盘江旧营桥、牛栏江马过河河边桥、罗平万峰湖 4 个断面建成投运 4 个地表水水质自动监测站，实现对重点流域出境断面水质情况远程实时监控。目前，辖区内71户重点排污单位安装污染源自动监控设施 150 套，其中废水 32 套，废气 118 套，联网率、完整率均稳定保持在 95%以上，基本实现了重点污染源“全覆盖、全时段、全方位”监控管理的目标。规范污染源自动监控设施的监督管理，采用购买社会服务的方式，委托第三方机构开展污染源自动

① 云南省环境监测中心站：《云南省顺利召开“云南省农用地土壤污染状况详查 2018 年第三次工作调度会暨第一季度省级质量管理会商会”》，https://www.ynem.com.cn/news/a/2018/0320/1126.html（2018-03-20）。

② 云南省环境监测中心站：《云南省环境监测中心站 2018 年年内第二次开展抚仙湖水质状况专项监测》，https://www.ynem.com.cn/news/a/2018/0329/1139.html（2018-03-29）。

监控设施现场巡查工作，对污染源自动监控设施实行全过程信息化管理。同时，曲靖市建设环境质量自动监控平台、污染源自动监控管理平台及环境监测管理平台，不断提升环境监测管理信息化水平。目前，全市环境质量自动监控平台实现对辖区13个空气质量自动监测站和4个地表水水质自动监测站的实时监控和信息发布；污染源自动监控平台实现对辖区重点排污单位污染排放情况的实时监控和预警；环境监测管理平台实现对各县级环境监测站、社会环境监测机构、污染源自动监控设施运维机构业务活动的信息化管理。曲靖市环境保护局还对16家社会环境监测机构实行登记备案管理，定期开展环境监测质量专项检查和考评，确保监测数据的“真、全、准”。①

2018年3月23日，云南省环境监察暨环境应急工作培训在昆明举办，培训班的主要任务是总结2017年环境监察和环境应急工作并对2018年工作进行安排部署，对环境监察和环境应急有关业务工作进行培训。张纪华厅长出席培训班并讲话，杨春明副厅长回顾总结了2017年环境监察和环境应急工作并对2018年工作进行安排部署，会议邀请云南大学公共管理学院行政管理教研室主任邵宇副教授就如何提高行政工作执行力作专题讲座。张纪华厅长充分肯定了2017年云南省环境监察和环境应急工作所取得的成绩，认为2017年深入推进了中央环境保护督察的整改，实现了省级环境保护督察全覆盖，环境保护执法的专项行动数量最多，工作亮点纷呈，来之不易。同时从打好污染防治攻坚战执法任务更重、人民日益增长的优美生态环境需要对执法要求更高、持续增多的环境违法问题使执法范围更广泛、环境监管执法的难度越来越大、防范环境风险的压力加大、监察力量不足六个方面查找了环境监察和环境应急工作当前面临的一些主要困难和问题。张纪华厅长要求，云南省环境监察和环境应急人员要充分领会2018年工作的总体要求，牢牢把握党的十九大精神、省委贯彻十九大精神的决定和要求，以及李干杰部长在全国环境保护工作会议上的要求，充分处理好机构改革和当前工作的关系，把握好2018年工作的重点：一是环境保护督察的整改。二是要开展突出环境问题的大排查。三是要抓好各项专项行动。四是要严格执法。来自各州（市）环境保护局分管环境监察和应急工作的局领导、环境监察支队长，129个县（市、区）环境监察大队长共计160余人参加了培训，培训由云南省环境监察总队总队长黄杰主持。②

2018年3月28日，云南省委常委、昆明市委书记、盘龙江河长程连元率队对盘龙江进行现场巡查时强调，要加大对盘龙江及支流沟渠的综合整治力度，推动水质持续改善、环境质量持续提升，为流入滇池河道治理当表率、作示范。程连元每到一处都

① 蒋朝晖：《加强网络建设　搭建监测数据平台　曲靖多方发力夯实环境监测基础》，《中国环境报》2018年3月23日，第5版。

② 云南省环境监察总队：《云南举办2018年云南省环境监察暨环境应急工作培训》，http://www.ynepb.gov.cn/zwxx/xxyw/xxywrdjj/201803/t20180326_177758.html（2018-03-26）。

认真询问工作开展情况，并详细了解雨污分流、污水处理等进展情况。程连元要求，盘龙江沿线各区要以雨污调蓄池建设为主要抓手，根据支流沟渠的汇水面积、径流量等情况，抓紧在支流沟渠沿途建设调蓄池，确保雨季来临之前最大限度解决雨污混合水翻坝、翻闸溢流等问题。当前，一方面要抓紧"补课"，加快解决雨季混流量过大的问题；另一方面要彻底把污水管网的底数查清楚，分片区改造，逐步解决雨污混流问题。程连元强调，要坚持量水发展、以水定城，综合考虑滇池的环境承载能力和城市建设发展情况，按照源头治污、系统治污、科学治污、精准治污、集约治污的原则，综合采取控源截污、城市面源污染治理、生态修复、环境卫生整治等措施，加快污水管网建设，常态化推进河道及支流沟渠清淤工作，确保进入滇池的污染物明显削减、水质明显提升。要积极开展水质净化厂升级改造，持续提高污水处理能力。要抓好流入滇池河道生态补偿制度的落实，加强对生态补偿金的统筹管理，真正做到取之于河、用之于河。①

2018 年 3 月 28—31 日，为加快推动落实云南省畜禽养殖禁养区划定，禁养区内畜禽养殖场、养殖小区（以下简称养殖场）关闭或搬迁以及畜禽养殖粪污资源化利用工作，根据《关于对畜禽养殖禁养区划定等工作开展联合督导的通知》，云南省环境保护厅、农业厅组成 3 个督导组重点对昭通、普洱、西双版纳、德宏、迪庆、临沧 6 州市开展督导。其中，云南省环境保护厅带队的第二督导组一行3人于2018年分别至普洱市、西双版纳傣族自治州开展督导工作。督导工作以现场检查和座谈汇报等方式开展。督导组先后深入思茅区、宁洱县、景洪市、勐海县等 4 县区，对人口密集区周边养殖场关闭或搬迁、水库周边畜禽养殖小区、养殖场畜禽废弃物资源化利用3个方面的内容进行了实地检查，本次督导共走访6 个村 6 家养殖场。现场检查后，督导组召集辖区有关领导开展座谈，对发现的问题和不足进行梳理汇总、共商分析，形成问题清单和整改意见。在座谈汇报会上，督导组详细了解了各地相关工作进展情况，对畜禽养殖禁养区划定、禁养区内养殖场关闭或搬迁以及畜禽养殖废弃物资源化利用工作等进行了听取和质询，就有关"水十条"考核有关要求、工作推动滞后、实地检查发现问题等有关情况交换意见，并要求各地要提高对畜禽养殖污染防治工作重要性的认识；禁止盲目扩大禁养区，要严格依法按程序划定禁养区域；摸清底数，认真排查关闭或搬迁的养殖场；明确时限，加快关闭或搬迁禁养区内养殖场；加强协调配合，指导养殖户畜禽养殖废弃物资源化利用及污染防治措施建设、管理到位。督导工作期间，省环境保护厅工作人员还实地检查了松山水库饮用水源地保护情况，普洱工业园区、景洪工业园区、勐海工业园区污

① 蒋朝晖：《昆明市委书记要求加大河道综合整治力度　确保进入滇池水质明显提升》，《中国环境报》2018 年 3 月 29 日，第 2 版。

水处理设施建设工程进展情况。[①]

2018年4月9日，云南省环境监察总队在玉溪市易门县召开了滇中片区监察推进工作培训会。参加培训会议的有省环境监察总队领导、应急管理科全体人员，昆明市、玉溪市、楚雄彝族自治州环境保护局分管监察工作的局领导、支队长及各县（市、区）监察大队长共计60余人。易门县人民政府赵兴堂副县长出席了会议。在会上，昆明市、玉溪市、楚雄彝族自治州3个州（市）分别就第一季度环境监察工作的开展情况和下一步工作打算做了详细的汇报；总队片区工作联系科室应急管理科负责人就三州市第一季度环境监察和环境应急工作开展情况做了全面通报。在会上，省环境监察总队总队长黄杰传达了3月26—29日2018年第一期全国环境监察执法干部岗位培训班精神，就三州市第一季度环境监察执法工作取得的成绩给予充分肯定，并就下一步监管工作提出具体要求。[②]

2018年4月11—13日，云南省水利厅副厅长和俊率水土保持处、水土保持监测总站有关同志一行到大理白族自治州大理市、南涧县、宾川县调研督导2018年国家水土保持重点工程、坡耕地水土流失综合治理工程进展情况和水土保持监测站点运行管理情况。大理白族自治州水务局、相关县市水务局负责同志陪同调研。和俊一行先后实地检查了南涧县西山河小流域国家水土保持重点工程、宾川县沙坪小流域坡耕地水土流失综合治理工程。在工程建设工地与参建单位的相关同志亲切交谈，详细了解水土保持工程的建设情况及村民自建工作开展情况，并召开座谈会，认真听取了相关县市水务局对工程建设进展、存在的困难和问题、下一步打算等情况的汇报。和俊对大理白族自治州水土保持工作取得的成绩给予了充分肯定，同时对目前存在的问题提出了要求，要坚持以问题为导向，吃透村民自建相关程序和政策规定要求，狠抓整改落实，聚焦工作重点，明确责任分工，强化群众工作和统筹协调，抓实抓细水土保持各项工作，同时要认真总结村民在自建方面好的做法和有益经验，并不断加以完善提高，克服不足，全力推进，确保按照水利部要求完成当年水土保持建设任务和中央投资的90%。随后，和俊一行对大理市洱海流域梅溪水土保持监测站运行情况进行了现场调研，主要对次生林径流小区、实验室、卡口站等设施运行情况进行了现场指导，针对目前监测站设备相比其他新建的监测站点相对落后、监测手段相对单一等问题，和副厅长强调，大理市洱海流域梅溪水土保持监测站对洱海流域的保护至关重要，要用好水土保持监测站，加强管理，提高监测水平，确保梅溪水土保持监测站能够长期提供准确、可靠的监测数据。最后，和

---

① 云南省环境保护厅水环境管理处：《省环境保护厅省农业厅联合督导普洱市、西双版纳州畜禽养殖污染防治工作》，http://www.7c. gov.cn/zwxx/xxyw/xxywrdjj/201804/t20180417_178531.html（2018-04-17）。

② 云南省环境监察总队：《持续打响污染防治攻坚战——省环境监察总队组织召开滇中片区环境监察推进工作培训会》，http://www.ynepb.gov.cn/zwxx/xxyw/xxywrdjj/201804/t20180418_178555.html（2018-04-18）。

俊就大理白族自治州以及所属县（市、区）水务局要着力抓好防汛抗旱、河（湖）长制、工程质量与安全生产等方面的工作提出了具体要求。①

2018 年 4 月 20 日，云南省委常委、省委组织部部长李小三以阳宗海河长的身份，率队到阳宗海考察水环境综合治理及基层党建与河（湖）长制“双推进”工作情况。李小三一行先后考察了阳宗海减污降砷项目、七星河和阳宗大河治理情况，参与阳宗大河“河长林”植树活动，并在阳宗镇北斗村召开座谈会，听取专家、基层干部对阳宗海生态环境保护治理工作的意见，现场研究解决问题。李小三强调，领导干部要进一步提高政治站位，站在落实绿色发展理念、推进生态文明建设高度，带头把河长制责任体系落到实处；要以问题为导向，把制约阳宗海保护治理的问题研究透、解决好；要高标准严要求推动工作，使阳宗海保护治理取得实实在在的效果②。

2018 年 4 月 23—27 日，根据云南省环境监测系统培训工作安排以及各监测站的工作需求，云南省环境监测中心站在楚雄彝族自治州举办了 2018 年云南省环境监测系统水质和土壤采样监测技术培训班。参加本次培训的技术人员来自楚雄彝族自治州、大理白族自治州、保山市、德宏傣族景颇族自治州、丽江市、怒江傈僳族自治州、迪庆藏族自治州、昆明市 8 个州市 37 个环境监测站，人员近 200 人。培训主要分为三部分，首先，专家介绍了水质和土壤采样监测技术，包括土壤样品的采集、制备及保存，水样的采集与保存，水质现场项目的测定。其次，授课老师给学员进行了实际样品操作演示。最后，在理论加实操培训的基础上，对全体学员进行了理论及实操考核。通过培训，提高了各相关监测站现场采样技术人员的操作水平及水质现场项目分析测试能力；同时，学员们也普遍反映本次“讲解+操作+考核”的培训模式非常实用，能更快更好地让大家对仪器进行熟练掌握和实际操作，对今后的工作有很大的帮助作用。③

2018 年 4 月下旬，在拉市海省级自然保护区越冬的候鸟种类达 28 种 93 664 只。其中，新监测到 3 个新物种，分别是彩鹮、钳嘴鹳、灰椋鸟。拉市海省级自然保护区管护局监测结果显示，2017 年冬天大量候鸟到达拉市海的时间为 11 月初，12 月达到顶峰，2018 年 3 月中旬开始北迁，4 月 16 日全部北迁完毕。最早到达拉市海省级自然保护区的候鸟是灰鹤，最晚离开拉市海省级自然保护区的候鸟是赤麻鸭。特别值得一提的是，在 2018 年的候鸟监测中多次监测到国家一级保护动物黑鹳及国家二级保护动物大天鹅。拉市海湿地包括拉市海、文海、吉子水库、文笔水库 4 个片区，总面积 6523 公顷，是云南省第一个以湿地命名的保护区。经过多年的环境整治和生态修复，如今拉市海湿地候

① 《省水利厅调研督导大理州 2018 年水土保持工作》，http://www.wcb.yn.gov.cn/arti?id=65663（2018-04-20）。

② 茶志福：《李小三赴阳宗海考察时强调　高标准严要求推动阳宗海保护治理》，《云南日报》2018 年 4 月 20 日，第 3 版。

③ 云南省环境监测中心站：《云南省环境监测中心站在楚雄州举办“2018 年云南省环境监测系统水质和土壤采样监测技术培训班”》，https://www.ynem.com.cn/news/a/2018/0509/1161.html（2018-05-09）。

鸟成群，记录在册的来此越冬的候鸟达235种、水禽96种，其中属于国家一、二级保护动物的候鸟有37个品种。[①]

2018年5月初，云南省公布《云南省集中式饮用水水源地环境问题清单》，为云南省推进饮用水水源地环境保护专项行动，加快解决饮用水水源地突出环境问题奠定了良好基础。云南省委、云南省人民政府高度重视饮用水安全。目前，云南省共排查出78个县（市、区）126个饮用水水源地存在341个不同程度的环境问题。《云南省集中式饮用水水源地环境问题清单》不仅逐一列出了集中式饮用水水源地环境问题所在地、水源地名称、水源地类别、保护区类型、问题类型、问题具体情况，还明确了具体整治措施、计划完成整治时间。当前，云南省各地正按照"一个水源地、一套方案、一抓到底"的原则，认真制订整改方案，进一步明确具体措施、任务分工、时间节点、责任单位和责任人，确保在2018年底前全面完成县级城市集中式饮用水水源地环境保护专项整治工作，切实保障饮用水安全。[②]

2018年5月8—12日，为推动云南省伴生放射性矿普查工作的有序开展，确保普查数据的真实性和有效性，云南省辐射环境监督站相关工作人员组成质量控制工作组，到昭通市伴生放射性矿普查测试点开展质量控制工作。本次昭通市伴生矿普查初测试点质量控制工作的实施过程主要包括前期准备、现场监测、现场记录、数据分析、数据填报等过程的质量控制。在会议座谈研究、仪器比对之后，工作人员分为三个小组，深入一线开展工作。三个小组到达每个矿（厂）区，在对其矿（厂）区进行了解后，根据普查初测时的采样点，结合实际情况，采用巡测的方式进行测量，然后确定测量对象及点位，根据巡测结果，选取监测点进行定点监测。同时收集或绘制矿（厂）区平面图或生产工艺流程图，标明本次质量控制关注点的位置、描述巡测场景，标出巡测范围，给出测值范围。质量控制工作全程采用统一设计的制式表格，所填内容包括单位名称（矿山名称、曾用名）、矿山海拔、矿产种类、场地经纬度、测量仪器型号、测量仪器编号、测量仪器校准系数、测量环境条件等基本信息。在完成实地测量后，质量控制工作还需进行数据的复审，即在数据处理时，选择合适的统计技术，对计算方法和计算结果进行复审。由两人独立地进行计算或由未参加计算的人员进行核算，在审核无误后由审核人签字。之后进行数据保存，所有的监测记录均由专用电子采集前端输入，经审核后传到后台数据库妥善保存。云南省辐射环境监督站总工程师喻亦林表示，本次质量控制工作整体结果的偏差值均在20%以下，满足技术要求比对点合格率，昭通市环境保护局的伴

① 和茜、李露云、彭丽娟：《拉市海湿地监测到3个新物种 分别是彩鹮、钳嘴鹳、灰椋鸟》，《云南日报》2018年4月24日，第3版。

② 蒋朝晖：《云南公布水源地环境问题清单 2018年底前全面整治完成》，http://www.7c.gov.cn/zwxx/xxyw/xxywrdjj/201805/t20180502_179397.html（2018-05-02）。

生放射性矿普查初测工作值得肯定。本次质量控制工作也较好地完成了预定质量目标，一是确保普查初测检测人员、检测设备、检测方法满足监测技术规定的要求，提供具有公证力、可靠性和准确性的检测数据。检测数据合格率达 100%。二是在遵守国家质量保证工作方案的前提下，通过严密组织、科学管理和规范操作，高质量地完成《云南省第二次全国污染源普查伴生放射性矿普查质量保证方案》要求的全部内容。本次质量控制工作不仅是对伴生放射性矿普查初测工作的一种检验检查，更是全面推进全国第二次污染源普查伴生放射性矿普查工作的必要环节，为建立健全伴生放射性矿污染源信息数据库做好准备，充分发挥了信息采集及资料完善的作用，为伴生放射性矿辐射环境监管提供了重要依据①。

2018 年 5 月 14 日，云南省农用地土壤污染状况详查第五次工作调度会顺利召开。云南省环境保护厅王天喜副厅长、云南省环境保护厅土壤环境管理处张玉副处长、云南省国土资源厅地质勘查处李矩副处长、云南省农业厅科技教育处李波主任、云南省环境监测中心站施择站长，以及各详查任务承担单位负责人及相关技术人员参加了会议。会议听取了各详查任务单位工作进展、存在问题及下一步工作措施；云南省环境监测中心站张榆霞总工程师通报了云南省详查工作进展及存在问题；云南省环境保护厅土壤环境管理处传达了全国农用地土壤污染状况详查工作推进与质量管理示范培训班的会议精神；云南省环境保护厅、国土资源厅、农业厅联合部署云南省2018年5月农用地土壤污染状况详查工作要求。会议指出，各任务承担单位要高度重视土壤详查工作，加强组织领导，针对云南省存在的问题要积极整改、落实；做好资金安全、保密安全、数据安全，保障农用地土壤污染状况详查工作顺利推进。最后，王天喜副厅长强调，国家高度重视农用地土壤污染状况详查工作，云南省要严格按照国家要求按质按量完成任务，要认清详查工作时间紧、任务重的客观现实，加快进度、提前谋划、按质按量完成任务。一是各任务承担单位要增强忧患意识、增强责任感，倒计时制订工作计划，对照工作计划核查、落实完成任务量，坚持问题导向，共同推进，不能以任何借口、理由推迟工作。二是云南省土壤分析测试能力与样品分析任务不匹配，分析测试进度滞后，各单位要突破瓶颈、找出难点、认真研究、及时解决，通畅样品流转、分析测试与数据上报环节。三是统筹推进重点行业企业用地调查工作。四是做好详查工作相关要求和信息报送，争取向云南省委、云南省人民政府进行专题汇报②。

2018 年 5 月中旬，昆明市人民政府召开专题研究会和 2018 年滇池蓝藻水华预测分

---

① 云南省环境保护宣传教育中心：《云南省辐射环境监督站深入一线开展 伴生放射性矿普查初测试点质控工作》，http:// www.ynepbxj.com/hbxw/sndt/201805/t20180515_179783.html（2018-05-15）。

② 云南省环境监测中心站：《云南省顺利召开2018年农用地土壤污染状况详查第五次工作调度会》，https://www.ynem.com.cn/news/a/2018/0517/1163.html（2018-05-07）。

析及防控工作专家研讨会，全力做好2018年滇池蓝藻水华防控工作。“滇池水质虽然持续改善，但是水体营养浓度仍然具备发生蓝藻水华条件，特别是2018年第一季度出现静风为主的异常气象条件，滇池水面漂浮蓝藻从感观上较去年同期增多，蓝藻水华防控形势不容乐观，必须全力以赴做好2018年滇池蓝藻水华防控工作。”会议认为，2018 年滇池蓝藻水华总体上防控形势依然严峻。3—5 月，上述现象在滇池局部水域零散发生；7—10 月，滇池水域出现一定规模的微囊藻水华。昆明市要求各部门、各责任单位、各辖区政府加强预警监测和蓝藻处置工作，提高蓝藻处置效率，并充分利用蓝藻预警卫星强化藻情监测，为滇池蓝藻水华防控调度和处置提供指导。同时要尽早做好滇池蓝藻监测，尽早开展蓝藻水华处置，增加固定和移动除藻设施，确保除藻设施常年正常运行，增强除藻能力。做好重点入湖河口蓝藻处置前后的水质监测，客观评估移动式除藻设施的效果①。

2018 年 5 月 17 日，昆明滇池流域河长制公示电子屏在草海大坝亮相，市民可实时看到 36 条出入滇池河道的市、区级河长名单以及上个月河道水质情况。2017年以来，昆明市全面深化河长制，推动滇池流域河道水质持续向好，但也存在河长制落实有差距、不到位等情况。昆明市委、市政府决定强化督察考核，加强社会监督，在草海大坝设立滇池流域河长制公示电子屏，督促各级河长强化责任意识，发挥带头作用，以上率下促进工作有效落实。据了解，滇池流域河长制公示电子屏从每天上午 9 时到晚上 9 时滚动播出，内容包括滇池治理公益宣传片，昆明市级总河长、副总河长、总督察、副总督察名录，36条出入滇池河道市级、区级河长名单，河道水质目标，2018年2月水质评价，各条河道流经区域、断面位置、水质类别、水质达标等情况，以及监督举报电话12319，每月河道水质评价不达标的均用红色字体标注。此外，还标明了每条河道水质与上年同期相比情况，其中，优良水体用绿色字体标注，显著减轻、有所减轻、基本不变、断流等用蓝色字体标注，显著加重用红色字体标注。每条河道还专门公示了相关河长的图像或视频资料。“每条河道的治理情况和治理效果怎么样，大屏幕上一目了然。同时，实时更新的数据各级领导看得到，广大市民和海内外游客也看得到，对各条河道的河长及相关部门起到一个很好的监督和督促作用。”昆明市滇池管理局相关部门表示，这一举措也有利于在全社会形成共同参与治理滇池的良好氛围。今后，根据每个月河道平均水质监测结果，公示屏内容都会及时更新，并计划推广到全市重点区域上滚动播出②。

2018 年 5 月 18 日，经云南省委、云南省人民政府批准，云南省第三环境保护督察组向红河哈尼族彝族自治州委、州政府进行了反馈。督察组指出，红河哈尼族彝族自治

① 浦美玲：《昆明全力防控滇池蓝藻水华》，《云南日报》2018 年 5 月 15 日，第 7 版。
② 浦美玲：《滇池流域河长公示屏亮相》，《云南日报》2018 年 5 月 17 日，第 10 版。

州委、州政府认真贯彻落实党中央、国务院和云南省委、云南省人民政府关于生态文明建设和环境保护的决策部署，按照“五位一体”总体布局，树立“绿水青山就是金山银山”的意识，将生态文明建设作为州委“13611”工作思路中六大跨越工程的重要内容之一，确定并坚持“保护优先、发展优化、治污有效”的工作思路，生态文明建设和环境保护重点工作得到有力推进。但同时，红河哈尼族彝族自治州整体生态环境较脆弱，石漠化问题严重，工业发展过程中带来的环境污染问题比较突出，与中央和云南省委、云南省人民政府的要求相比，与争当生态文明建设排头兵的目标和人民群众对良好生态环境的期盼相比，在认识和行动上都还存在差距。主要反映在对生态环境保护工作认识不深入、落实不到位，部分区域环境状况不容乐观，污染防治工作仍需加强，自然生态保护力度不够等方面。

云南省第三环境保护督察组要求，红河哈尼族彝族自治州各级党委和政府要深入学习贯彻落实党的十九大精神和习近平新时代中国特色社会主义思想，全面贯彻党中央、国务院和云南省委、云南省人民政府关于生态文明建设及环境保护的重要决策部署，认真落实习近平总书记系列重要讲话精神和对云南的重要指示要求。牢固树立“绿水青山就是金山银山”的强烈意识，切实增强保护生态环境的责任感和使命感，把生态文明理念贯穿到经济社会发展始终。要加强个旧、金平等重金属污染防治重点区域的污染防治工作，稳步解决历史遗留问题，逐步消化重金属污染存量。加大矿山和采空区的生态恢复力度，不断修复受损的生态环境。加快推动禁养区、限养区内养殖户的搬迁工作，巩固异龙湖污染治理、森林和湿地建设工程的建设成果，加强施工扬尘监管，加快推进黄标车和老旧车的淘汰，持续推动大气污染联防联治工作，加强区域的大气污染预测预警，进一步改善环境空气质量。划定并严守生态保护红线，加强对各级各类自然保护区的建设和管理，科学开展自然保护区的规划编制工作，加大力度整治涉及自然保护区、风景名胜区、饮用水水源地等重点保护区域的环境违法问题。因地制宜稳妥解决保护区内林下种植问题。加快推进环境保护基础设施建设，解决生活垃圾和医疗废物处置问题，补齐环境保护短板，加大环境保护投入，进一步改善城乡人居环境。同时，对督察中发现的问题，要依法依规严肃责任追究。

云南省第三环境保护督察组强调，红河哈尼族彝族自治州委、州政府要根据《云南省环境保护督察实施方案（试行）》要求，结合云南省第三环境保护督察组提出的意见，抓紧研究制订整改方案，在30个工作日内报送云南省人民政府，整改方案和整改落实情况要按照有关规定及时向社会公开。督察组还对发现的问题线索进行了梳理，按有关规定向红河哈尼族彝族自治州委、州政府进行移交。红河哈尼族彝族自治州相关负责人表示，对督察组开出的环境保护“诊断书”，红河哈尼族彝族自治州主动认领、照单全收、扎实整改。红河哈尼族彝族自治州委、州政府将把整改落实督察反馈意见，作为旗帜鲜明讲政治的实际行动，严格实行整改责任制，全面压实责任，统筹推进整改总体方案实施，全力推进并保证问题整改到位。将以此次督察反馈问题整改为契机，深化环境保护体制机制改革创新，不断提高环境管理能力和推进治理体系现代化，保护“绿水青山”、守住“金山银山”。在云南省委、云南省人民政府的坚强领导下，树牢“四个意识”，坚定“四个自信”，采取更加有力、有效的措施保护好红河的生态环境，建设天更蓝、山更绿、水更清、空气更清新的团结进步美丽红河[①]。

2018年5月22日，云南省环境保护厅、住房和城乡建设厅联合组织召开2018年云南省黑臭水体整治工作推进会暨专项行动部署会。昆明市、昭通市、曲靖市、玉溪市、保山市、普洱市、丽江市、临沧市8个地级市、区政府分管领导，环境保护、住房和城乡建设部门负责同志参会。会议的主要目的是进一步解读政策、统一认识、明确任务、推动工作落实。会议由云南省住房和城乡建设厅城市建设处李平辉处长主持。云南省环境保护厅水环境管理处对《黑臭水体整治环境保护专项行动方案》进行了解读。会议决定，由云南省环境保护厅王天喜副厅长、云南省住房和城乡建设厅赵志勇副厅长分别对国家督查组即将到云南省开展的黑臭水体环境保护专项督查工作进行动员和部署。要求各市、区政府及有关部门，提高政治站位，加强组织领导和统筹协调，主动作为，认真配合国家督查组做好此次专项督查工作。最后，李平辉处长对本次会议进行了总结[②]。

2018年5月24—25日，云南省委常委、省委宣传部部长赵金到永胜县程海开展巡湖调研，并召开程海省级湖长会议。赵金一行在实地调研后召开会议，总结前段工作，分析存在问题，安排部署任务，强调要认真学习贯彻习近平生态文明思想，按照云南省委、云南省人民政府湖长制工作部署要求，结合程海实际，坚持问题导向、目标导向，增强忧患意识、危机意识，围绕保水位、保水质、保独特性，聚力加快推进给补水、水污染源治理、产业结构调整等工程项目建设。坚持规划引领，强化科技支撑，科学制定综合保护治理规划；加强宣传教育引导，树立干部群众人人有责的主动性、自觉性；加强组织领导，逐级压实责任，加强督导检查，严格执纪问责，确保程海保护治理各项措施落地见效[③]。

2018年5月28日，云南省在昆明召开了城市黑臭水体整治环境保护专项行动督查汇报会。在会上，督查组组长胡克梅讲话，明确了云南省城市黑臭水体整治环境保护专项行动的目的、形式和有关要求。云南省住房和城乡建设厅与昆明市、昭通市、玉溪市人民政府分别汇报了云南省和各自城市黑臭水体整治工作情况。云南省人民政府

① 胡晓蓉：《省第三环境保护督察组向红河州反馈督察情况》，《云南日报》2018年5月19日，第3版。

② 云南省环境保护厅水环境管理处：《云南省环境保护厅　云南省住房和城乡建设厅联合召开2018年云南省黑臭水体整治工作推进会暨专项行动部署会》，http://www.ynepb.gov.cn/zwxx/xxyw/xxywrdjj/201805/t20180523_180097.html（2018-05-23）。

③ 康平：《从严从实落实责任有力推进程海保护治理》，《云南日报》2018年5月28日，第2版。

副秘书长马文亮做了表态发言。马文亮强调，要全力支持配合国家督查，要提高政治站位，要抓好问题整改，要加快项目推进。会后，督查组将查阅资料，并奔赴 3 个城市实地督查[①]。

2018 年 5 月 30 日，云南省纪委印发《关于全力配合中央环境保护督察“回头看”工作进一步强化监督执纪问责和调查处置工作方案》，为云南省各级各部门配合做好环境保护督察“回头看”工作和各级纪委监察机关加强监督执纪问责工作“立规矩”，力求更好地推动立行立改、边督边改。省纪委专门成立了由省委常委、省纪委书记、省监察委员会主任陆俊华担任组长的问题调查处置和责任追究工作领导小组，下设办公室和责任追究工作组，负责加强环境保护督察“回头看”期间和边督边改中，监督执纪问责和调查处置工作的组织领导和统筹协调。领导小组将依法依纪依规查处督察组移交的案件，按照程序对“回头看”期间及边督边改中工作责任落实不到位、问题整改不力、推诿扯皮、包庇袒护、妨碍调查和阻碍整改，以及不作为、乱作为、抓环境保护工作不力的严肃追究有关人员责任，并对查办移交案件不力的单位和个人严肃问责。同时，按照中央环境保护督察组的要求，将查处情况向社会公开，回应社会关切和群众期待[②]。

2018 年 5 月 30 日，云南省环境保护厅、国土资源厅、农业厅联合召开云南省农用地土壤污染状况详查 2018 年第五次工作调度会。会议要求各详查任务承担单位要提高政治站位，积极抓好存在问题的整改落实，确保云南省农用地土壤污染状况详查工作按计划高效推进。调度会传达了全国农用地土壤污染状况详查工作推进与质量管理示范培训班主要精神和工作要求，听取云南省详查采样单位和检测实验室工作进展、存在问题及下一步工作措施等相关情况，对下一步详查工作进行了安排部署。云南省环境保护厅副厅长王天喜在调度会上强调，云南省各详查任务承担单位要提高政治站位，充分认识全国土壤污染状况详查的重要意义，周密部署，全力打赢农用地土壤污染状况详查攻坚战。一是加强组织领导，协调推进。针对瓶颈问题，认真研究，不等不靠，积极解决突破。二是统筹安排好农产品样品采集工作，提前研究部署数据汇总分析与成果集成。三是严格质量管理与监督检查，确保详查工作质量。四是尽快着手推进云南省重点行业企业用地调查工作。云南省环境监测中心站及16个州（市）环境监测站、云南省地质调查局、云南省农业环境监测站、自然资源部昆明矿产资源监督检测中心等承担详查采样、测试分析等任务的单位负责人参加了会议[③]。

2018 年 6 月 1 日，为了让社会各界和广大人民群众更好地了解云南省环境质量状

---

① 云南省环境保护厅水环境管理处：《国家启动对昆明昭通玉溪 3 城市黑臭水体整治环境保护专项行动督查》，http://www.7c.gov.cn/shjgl/zhgl/201805/t20180529_180269.html（2018-05-29）。

② 张寅：《为配合环境保护督察“回头看”工作“立规矩”我省强化监督执纪问责其中情形将问责追责》，《云南日报》2018 年 6 月 8 日，第 1 版。

③ 蒋朝晖：《云南抓实农用地土壤污染状况详查　严格质量管理与监督检查》，《中国环境报》2018年5月31日，第6版。

况，云南省环境保护厅召开新闻发布会，云南省环境保护厅副厅长、新闻发言人杨春明通报2017年云南省环境质量状况，并回答新闻媒体关心的环境保护问题。2017 年，通过云南省上下的共同努力，云南省环境质量总体保持优良。杨春明从五个方面介绍了云南省环境质量状况：水环境质量状况方面，主要河流国控、省控监测断面水质优良率达到82.6%，比2016年提高0.9个百分点；主要出境、跨界河流断面水质达标率为 100%；湖泊、水库水质优良率为 86.0%，与 2016 年相比提高 2.2%。九大高原湖泊水质总体保持稳定，地级城市集中式饮用水水源地水质达标率为 100%，县级城镇集中式饮用水水源地水质达标率为 97.7%，地下水水质保持稳定。大气环境质量方面，云南省空气质量总体保持良好，16 个城市优良天数比例在 95.3%—100%，云南省平均优良天数比例为98.2%。根据中国环境监测总站发布的 2017 年全国城市空气质量状况，云南省优良天数比例在我国 31 个省（区、市，不包括港澳台地区）中位居第一。丽江优良天数比例为100%。城市声环境质量状况方面总体为好，其中，云南省城市道路交通声环境质量总体为好；22 个城市的区域声环境质量总体为较好；21 个城市各类功能区昼间达标率96.2%，夜间达标率 84.6%。自然生态环境质量状况方面，森林质量得到明显提升，云南省森林面积 2273.56 万公顷，森林覆盖率 59.3%，森林蓄积 18.95 亿立方米，活立木蓄积 19.13 亿立方米。与 2016 年完成的第三次森林资源二类调查结果相比，云南省森林面积增加 117 万公顷，森林覆盖率从 56.24%提高到 59.3%。云南省有 4 处国际重要湿地、15 处省级重要湿地，申报建设国家湿地公园 18 个，建立各种级别的湿地类型自然保护区 17 处。云南省已建各种类型、不同级别的自然保护区 161 个（其中国家级 21 个、省级 38 个、州市级 56 个、区县级 46 个），总面积约 286 万公顷，占云南省总面积的7.3%。辐射环境质量状况方面，云南省辐射环境质量保持稳定，重点辐射污染源周围辐射环境水平正常。云南省生态保护指数排名全国第二。但是云南省的生态环境保护面临的形势依然严峻，局部地区生态环境恶化的趋势尚未得到完全遏制，九大高原湖泊水环境保护压力较大，部分城市周边黑臭水体的治理任务依然艰巨，部分县级以上集中式饮用水水源地存在环境安全隐患，水源区内农业、农村面源污染，养殖业污染等问题没有得到彻底解决，工业聚集区城市空气环境质量还不容乐观，大气、水、土壤等污染治理还不到位，环境监管能力不足的状况依然突出。良好的生态环境质量是争当全国生态文明建设排头兵的基础，我们必须以习近平新时代中国特色社会主义思想为指导，认真践行“绿水青山就是金山银山”的发展理念，以改善环境质量为核心，以保护生态环境为重点，以责任落实为抓手，以督察监察为手段，以能力建设为保障，按照云南省委、云南省人民政府和生态环境部的部署，结合云南工作实际，砥砺奋进，谱写好美

丽中国的云南篇章。在新闻发布会上，云南省环境保护厅有关职能处室的负责同志就云南省环境保护相关问题回答了媒体提问①。

2018年6月1日，经云南省委、云南省人民政府批准，云南省第二环境保护督察组向曲靖市委、市政府进行了反馈。云南省第二环境保护督察组指出：党的十八大以来，曲靖市委、市政府认真贯彻落实党中央、国务院和云南省委、云南省人民政府关于生态文明建设和环境保护工作的决策部署，坚持“生态立市”战略，紧紧围绕“生态文明建设走在云南省前列，争当生态文明建设排头兵”的目标任务，把生态文明建设和环境保护工作放在突出位置，结合曲靖经济社会发展和生态环境保护实际，加快推动产业转型升级，狠抓绿色发展和生态环境治理，生态文明建设和环境保护工作取得积极进展。但是，曲靖市生态环境保护与可持续发展的压力仍然巨大，环境保护工作和生态文明建设形势依然十分严峻。主要反映在对生态环境保护工作认识不深、落实不够，以涉危涉重为主的污染防治重点工作推进不力，自然保护区和饮用水水源地保护管理不完善等方面。云南省第二环境保护督察组要求，曲靖市各级党委和政府要坚持以习近平新时代中国特色社会主义思想为指导，深入学习党的十九大精神，学习习近平总书记在深入推动长江经济带发展座谈会和全国生态环境保护大会上的重要讲话精神，全面贯彻党中央、国务院和云南省委、云南省人民政府关于加强生态文明建设和环境保护的决策部署，进一步提高各级干部的思想认识，牢固树立绿色发展理念；坚决扛起生态环境保护和生态文明建设的政治责任，加强对生态文明建设的组织领导；细化、量化、实化生态环境保护责任指标，全面落实党政同责和一岗双责；优化重点区域、重点流域产业规划布局，严守环境质量底线和资源利用上限，加快重点流域环境基础设施建设；切实推进有关问题整改到位，提高环境监管能力，加大环境执法力度；对督察中发现的问题，依法依规严肃责任追究。

云南省第二环境保护督察组强调：曲靖市委、市政府要抓紧研究制订整改方案，在30个工作日内报送云南省人民政府。整改方案和整改落实情况要按照有关规定及时向社会公开。云南省第二环境保护督察组还对发现的问题线索进行了梳理，并按有关规定向曲靖市委、市政府进行移交。曲靖市相关负责人表示，对云南省第二环境保护督察组指出的问题，曲靖市照单全收、诚恳接受、坚决整改。曲靖市委、市政府将提高政治站位，全面深化对生态文明建设和环境保护工作重要性的认识，真正把思想和行动统一到党中央、国务院和云南省委、云南省人民政府以及督察组的要求上来，不折不扣贯彻落实生态优先、绿色发展理念；强化政治担当，以最坚决的态度、最坚决的措施，对云南省第二环境保护督察组反馈的问题彻底整改，确保所有问题全部整改到位，以整改的实

① 云南省环境保护厅法规处、云南省环境保护厅环境监测处、云南省环境保护宣教中心：《云南省环境保护厅召开2017年云南省环境状况公报新闻发布会》，http://www.ynepb.gov.cn/zwxx/xxyw/xxywrdjj/201806/t20180601_180418.html（2018-06-01）。

际行动坚决维护环境保护督察的严肃性、权威性，向云南省委、云南省人民政府和云南省第二环境保护督察组交出一份合格的答卷①。

2018年6月初，云南省环境保护厅、云南省委督查室、云南省人民政府督查室、云南省国土资源厅等9部门联合印发《云南省"绿盾2018"自然保护区监督检查专项行动工作方案》，将全面排查云南省21个国家级自然保护区、38个省级自然保护区和所有州县级自然保护区存在的突出环境问题。9部门将共同组织、协调开展专项行动，指导督促各级政府及相关部门落实专项行动各项任务，形成国家督查、省级检查和督导、州（市）和县（市、区）自查相结合的工作格局，着力开展好州县自查、省级督导检查和配合国家巡查督办3个方面工作。严格实施省级督导检查，在深入开展省级部门检查的同时，联合开展督导督查。云南省委督查室、云南省人民政府督查室对省级环境保护、国土资源、住房和城乡建设、农业、林业、水利、旅游7个部门工作开展情况进行监督检查，并会同上述7个部门对各州（市）、县（市、区）进行督导。对不认真组织排查、排查中弄虚作假、整改不及时不彻底、未严肃追责的行为，予以通报批评；问题突出、长期管理不力、整改不彻底的，对负有责任的自然保护区所在地州（市）、县（市、区）政府、相关主管部门和自然保护区管理机构进行约谈；梳理涉及自然保护区的违法违规案件，移交相关部门依法依纪调查处理。积极配合国家巡查督办，对国家通报、约谈、督办的重点问题及时制订整改方案，明确责任分工，严格整改；对移交的问题线索，进行及时查处、严肃追责②。

2018年6月5日，为贯彻落实生态环境部《禁止环境保护"一刀切"工作意见》精神，云南省委办公厅、云南省人民政府办公厅联合印发《关于禁止环境保护"一刀切"的通知》，坚决防止中央环境保护督察"回头看"期间出现"一律停工停业停产"的做法，确保人民群众生产生活正常稳定及"回头看"工作有序推进③。

2018年6月5日，中央第六环境保护督察组对云南省开展"回头看"工作动员会在昆明召开，督察组组长朱小丹、副组长黄润秋就做好督察"回头看"工作分别做了讲话，云南省委书记陈豪做了动员讲话，会议由云南省省长阮成发主持。朱小丹指出：党的十八大以来，以习近平同志为核心的党中央高度重视生态文明建设和生态环境保护工作，将生态文明建设纳入中国特色社会主义"五位一体"总体布局和"四个全面"战略布局。习近平总书记站在建设美丽中国、实现中华民族伟大复兴中国梦的战略高度，亲自推动，身体力行，通过实践深刻回答了为什么建设生态文明、建设什么样的生态文

---

① 胡晓蓉：《省第二环境保护督察组　向曲靖市反馈督察情况》，《云南日报》2018年6月3日，第3版。

② 胡晓蓉、蒋朝晖：《我省全面排查自然保护区突出环境问题》，《云南日报》2018年6月4日，第2版。

③ 段晓瑞、张寅：《省委办公厅省政府办公厅通知要求认真落实生态环境部部署　禁止环境保护"一刀切"》，《云南日报》2018年6月6日，第1版。

明、怎样建设生态文明的重大理论和实践问题，提出了一系列新理念、新思想、新战略，形成了习近平生态文明思想，成为全党全国推进生态文明建设和生态环境保护、建设美丽中国的根本遵循。建立并实施中央环境保护督察制度是习近平生态文明思想的重要内涵。

习近平总书记高度重视中央环境保护督察工作，亲自倡导并推动这一重大改革举措，在中央环境保护督察每个关键环节、每个关键时刻都做出重要批示指示，审阅每一份督察报告，要求坚决打好污染防治攻坚战，以解决突出生态环境问题、改善生态环境质量、推动经济高质量发展为重点，夯实生态文明建设和生态环境保护政治责任，推动环境保护督察向纵深发展。为进一步传导压力，压实责任，解决问题，党中央、国务院决定对第一轮中央环境保护督察整改情况开展“回头看”，并围绕打好污染防治攻坚战的重点领域，同步统筹安排环境保护专项督察。这次“回头看”总的思路是全面贯彻落实习近平新时代中国特色社会主义思想和党的十九大精神，以习近平生态文明思想为指导，牢固树立“四个意识”，坚持问题导向，敢于动真碰硬，标本兼治、依法依规，对第一轮中央环境保护督察反馈问题紧盯不放，一盯到底，强化生态环境保护党政同责和一岗双责，不达目的决不收兵。同时，通过重点领域环境保护专项督察，进一步拧紧螺丝，强化震慑，为打好污染防治攻坚战提供强大助力。

朱小丹强调：中央第六环境保护督察组这次进驻云南省，既是贯彻落实习近平生态文明思想和全国生态环境保护大会精神的一次实践过程，也是一次宣讲过程。这次“回头看”主要督察云南省委、云南省人民政府部署推动中央环境保护督察整改工作情况，省级有关部门整改责任落实和工作推进情况，地市级党委和政府整改工作具体落实情况。重点盯住督察整改不力，甚至“表面整改”“假装整改”“敷衍整改”等生态环境保护领域形式主义、官僚主义问题；重点检查列入督察整改方案的重大生态环境问题及其查处、整治情况；重点督办人民群众身边生态环境问题立行立改情况；重点督察地方落实生态环境保护党政同责、一岗双责、严肃责任追究情况。云南省各级党委和政府要牢固树立“四个意识”，积极配合督察组工作，确保环境保护督察各项工作能够顺利完成。

陈豪表示，开展环境保护督察“回头看”工作，是贯彻党的十九大精神、推动环境保护督察向纵深发展的重大举措，彰显了党中央、国务院加强生态环境保护、坚决打好污染防治攻坚战的坚定决心。云南省各级各部门要切实增强“四个意识”，充分认识深入贯彻习近平生态文明思想、开展环境保护督察“回头看”工作的重大意义，强化责任担当，自觉接受检验，从政治和全局的高度出发，全力支持配合好中央环境保护督察组开展工作。要严守政治纪律和政治规矩，实事求是地汇报工作和反映情况。要边督边改、立行立改，推动群众反映强烈的生态环境问题得到及时解决，确保督察工作取得实实在在的效果。要以环境保护督察“回头看”为契机，进一步夯实生态文明建设和生态环境保护责任，坚持生态优先、绿色发展，加快争当全国生态文明建设排头兵步伐，推动云南实现高质量跨越式发展①。

2018 年 6 月 5 日至 7 月 5 日，中央第六环境保护督察组进驻云南省开展督察“回头看”。云南省以此次“回头看”为契机，把水源地环境问题清理整治作为“回头看”一项重要内容，全面排查整治水源地问题，扎实推进饮用水水源地环境问题整治工作。在整治工作推进过程中，云南省明确全面排查要求，重点对水源保护区“划”“立”“治”等方面存在的问题开展排查，确保排查到位，不留死角。加快整治进度，对新发现的水源地问题，能立行立改的，立即组织进行整改。不能立行立改的，认真制订整改方案。明确整改责任单位和责任人，要求各地倒排工期，加速推进环境问题整治。与此同时，云南省对水源地环境问题整治排查不全面、整改进度缓慢、整改不彻底等问题进行通报和督办，督促各地加大水源地环境问题整治力度，强调了严格环境违法行为查处，严肃责任追究，做好信息公开、宣传报道等要求。各州（市）人民政府正按照“一个水源地、一套方案、一抓到底”的原则，抓紧推进水源地环境问题整治工作②。

2018 年 6 月 6 日，云南省顺利召开 2018 年农用地土壤污染状况详查第六次工作调度会。云南省环境保护厅周波处长、云南省国土资源厅地质勘查处申南玉主任、云南省农业厅马艳兰高级工程师，昆明市环境保护局董丽琼主任，以及各详查任务承担单位负责人和相关技术人员参加了会议。会议听取了各详查任务单位对工作进展、存在问题及下一步工作计划的汇报，通报了云南省详查工作进展及存在问题，强调了6月份重点工作。采样工作已进入尾声，制备工作也顺利完成，需做好采样等已完成工作的档案整理和工作总结，下一步需提高样品流转、分析测试及数据上报环节的进度及质量，抓好各环节的质量控制工作。会议指出，目前云南省样品采集工作已按进度基本完成，为云南省详查工作奠定了坚实基础。各单位要再接再厉，狠抓工作落实，做好下一步各项收尾工作。会议强调，各任务承担单位一是要继续按照月度计划任务倒排工期，科学安排，确保完成工作任务。二是针对分析测试与数据上报进度滞后的问题，各单位要应对难点、认真研究、突破瓶颈、及时解决，畅通分析测试与数据上报环节。三是重点行业企业用地调查试点工作推进顺利，下一步将统筹推进云南省重点行业企业用地调查工作③。

---

① 田静、张寅、段晓瑞：《中央第六环境保护督察组对云南省开展“回头看”工作动员会在昆明召开》，《云南日报》2018 年 6 月 6 日，第 1 版。

② 胡晓蓉：《我省以中央环境保护督察“回头看”为契机扎实推进饮用水水源地环境问题整治工作》，《云南日报》2018 年 7 月 7 日，第 3 版。

③ 云南省环境监测中心站：《云南省顺利召开 2018 年农用地土壤污染状况详查第六次工作调度会》，https://www.ynem.com.cn/news/a/2018/0611/1176.html（2018-06-08）。

2018年6月7日，中央第六环境保护督察组组长朱小丹一行在云南省委常委、昆明市委书记程连元，副省长王显刚的陪同下，督察调研滇池治理工作。督察组在现场听取昆明市工作汇报，深入了解滇池保护治理工作思路、做法和成效，并实地检查了滇池水质改善情况。针对2016年中央环境保护督察反馈意见，督察组还对污水处理、环湖截污等工作存在问题的整改落实情况进行了检查①。

2018年6月8—9日，中央第六环境保护督察组组长朱小丹一行在副省长王显刚陪同下，在昆明市现场检查"回头看"受理转办事项和第一轮督察转办事项。督察组先后前往昆明市各区，现场检查"回头看"受理转办事项——昆明市五华区四季堆如意苑垃圾中转站办理情况，官渡区榕园小区违建项目办理情况。现场检查第一轮督察转办事项——五华区西翥街道办事处砂靠村、河外村、三多大村小塑料作坊整治情况和五华区西翥街道办事处桃园社区破坏松树林地、侵占坝塘案件整改情况，海河黑臭水体整治情况，大观楼国际花卉园艺精品园项目整改情况。现场检查黑臭水体专项行动中被举报事项——官渡区广普大沟黑臭水体整治情况。在昆明市呈贡区，督察组现场检查昆明市呈贡信息产业园区污水处理厂，听取云南省工业园区污水集中处理设施有关情况汇报②。

2018年6月11日，根据中央第六环境保护督察组对云南省督察"回头看"下沉阶段工作安排，督察组将分组对云南省部分州（市）开展下沉督察。下沉督察将以查阅资料、走访询问、现场督察等方式开展。其间，督察组将前往昆明市、昭通市、曲靖市、玉溪市、楚雄彝族自治州、红河哈尼族彝族自治州、文山壮族苗族自治州、西双版纳傣族自治州、大理白族自治州、德宏傣族景颇族自治州和丽江市，重点就决策部署方面问题以及自然保护区管理、高原湖泊治理与保护、重金属污染防治等方面落实第一轮督察整改要求的情况进行深入督察。云南省环境保护督察工作领导小组办公室要求，被督察的州市要以高度的政治责任感和严肃认真的态度，按照《中共云南省委办公厅、云南省人民政府办公厅关于做好迎接中央环境保护督察"回头看"工作的通知》要求，扎实做好迎检准备，配合做好下沉督察工作。各地要严守政治纪律和政治规矩，实事求是地汇报工作和反映情况。边督边改，立行立改，及时解决群众反映强烈的生态环境问题，确保督察工作取得实效③。

2018年6月中旬，云南省环境保护厅发布的《2017年云南省环境状况公报》显示，云南省环境质量总体保持优良，生态保护指数位居全国第二，空气质量优良天数比例居全国第一。2017年，云南省环境保护工作紧紧围绕争当全国生态文明建设排头兵的目标，以改善环境质量为核心，以加快整改中央环境保护督察问题为契机，全面开展省级

---

① 胡晓蓉：《中央第六环境保护督察组督察滇池治理》，《云南日报》2018年6月8日，第1版。
② 胡晓蓉：《中央第六环境保护督察组督察昆明市》，《云南日报》2018年6月10日，第1版。
③ 胡晓蓉：《中央第六环境保护督察组将分组对我省部分州市开展下沉督察》，《云南日报》2018年6月11日，第1版。

环境保护督察、深化生态文明体制改革、强化污染防治和生态保护、严格环境监管执法，优化环境管理，拓展交流与合作，较好地完成了各项环境保护任务[①]。

截至2018年6月12日，云南省纪委、监委共接到中央第六环境保护督察组交办转办信访举报案件377件，云南省环境保护厅移送建设项目环境保护“未批先建”突出环境问题79个，均于收到相关案件的当天及时分办到有关州（市）、县（市、区）纪委、监委和云南省纪委、监委相关处室进行调查核实、督促整改和责任追究。截至6月12日，16个州（市）纪委、监委共上报各地办结的信访举报案件123件，问责15人，提醒谈话71人，批评教育12人，责令做出书面检查5人。云南省纪委、监委直接调查处置的信访举报案件办理进展情况为：截至6月12日，中央第六环境保护督察组分2批共交云南省纪委、监委直接查办信访举报案件6个，云南省纪委、监委确定直接查办的信访举报案件1件。云南省纪委、监委组成5个调查组，于交办当日分别到达举报问题所在地进行了调查核实，并加紧后续办理。云南省纪委、监委还列出了重点督办的信访举报案件，认真跟踪和督促办理。按照中央第六环境保护督察组的要求和云南省委、云南省人民政府的部署安排，云南省纪委、监委已组织安排督办检查组，开始深入各地，加大督办指导力度，加快直查快办进度，确保责任追究的时效和质量[②]。

截至2018年6月14日，中央环境保护督察“回头看”转办案件已办结161件。据悉，中央第六环境保护督察组向云南省移交的前9批转办案件共计519件，各州市上报累计已办结案件161件，涉及相关企业立案处罚36家、责令整改47家，罚款金额92.26万元，立案侦查4件、行政拘留1人、关停取缔8家。其中，已办结的前两批60件投诉举报案件已上报督察组，并将办理情况上传至中央环境保护督察信息化系统中。案件办理期间，云南纪检监察机关继续强化执纪问责。截至6月14日，云南省各级纪检监察机关已问责单位5个、个人28人，其中党纪处分6人[③]。

截至2018年6月16日，中央环境保护督察“回头看”转办案件已办结227件。据悉，中央第六环境保护督察组向云南省移交的前10批转办案件共计580件，各州市上报累计已办结案件227件，涉及相关企业责令整改113家、立案处罚47家，罚款金额109.84万元，立案侦查5件、行政拘留1人。其中，已办结的前3批127件投诉举报案件已上报督察组，并将办理情况上传至中央环境保护督察信息化系统中。云南省持续加大对中央环境保护督察“回头看”投诉转办案件责任追究力度。截至6月15日，云南省各级纪检监察机关共问责61人，其中，党纪处分16人、政务处分7人、组织处理2人、

① 胡晓蓉：《〈2017年云南省环境状况公报〉发布　全省环境质量总体保持优良生态保护指数据全国第二，空气质量优良天数比例全国第一》，《云南日报》2018年6月14日，第1版。

② 胡晓蓉：《我省严格执行“回头看”边督边改责任追究工作》，《云南日报》2018年6月14日，第1版。

③ 胡晓蓉：《中央环保督察“回头看”转办案件已办结161件》，《云南日报》2018年6月17日，第1版。

诫勉 20 人、通报 16 人[①]。

截至 2018 年 6 月 17 日，中央环境保护督察“回头看”转办案件已办结 346 件。据了解，中央第六环境保护督察组向云南省移交的前 12 批转办案件共计 683 件，各州（市）上报累计已办结案件 346 件，涉及的相关企业责令整改 169 家、立案处罚 110 家，罚款金额 226.96 万元，立案侦查 7 件、行政拘留 5 人、刑事拘留 2 人、关停取缔 9 家。其中，已办结的前 5 批共 255 件投诉举报案件已上报督察组，并将办理情况上传至中央环境保护督察信息化系统中。云南省持续加大对中央环境保护督察“回头看”投诉转办案件责任追究力度。截至 6 月 17 日，云南省各级纪检监察机关共问责单位 8 家。问责人员 94 人，其中，通报 27 人、诫勉 33 人、组织处理 5 人、党纪处分 20 人、政务处分 7 人、刑事拘留 2 人[②]。

截至 2018 年 6 月 19 日，中央环境保护督察“回头看”转办案件已办结 415 件。据了解，中央第六环境保护督察组向云南省移交的前 13 批转办案件共计 728 件，各州（市）上报累计已办结案件 415 件，涉及的相关企业责令整改 193 家、立案处罚 150 家，罚款金额 555.69 万元，立案侦查 7 件、行政拘留 5 人、刑事拘留 2 人、关停取缔 9 家。其中，已办结的前 6 批共 311 件投诉举报案件已上报督察组，并将办理情况上传至中央环境保护督察信息化系统中。云南省继续加大对中央环境保护督察“回头看”投诉转办案件责任追究力度。截至 6 月 18 日，云南省各级纪检监察机关共问责单位 8 家，问责人员 98 人。其中，通报 32 人、诫勉 31 人、组织处理 6 人、党纪处分 20 人、政务处分 7 人、刑事拘留 2 人[③]。

截至 2018 年 6 月 20 日，中央环境保护督察“回头看”转办案件已办结 484 件。据了解，中央第六环境保护督察组向云南省移交的前 14 批转办案件共计 768 件，各州（市）上报累计已办结案件 484 件，涉及的相关企业责令整改 207 家、立案处罚 161 家，罚款金额 576.94 万元，立案侦查 7 件、行政拘留 5 人、刑事拘留 2 人、关停取缔 9 家。其中，已办结的前 7 批共 377 件投诉举报案件已上报督察组，并将办理情况上传至中央环境保护督察信息化系统中。云南省加大对中央环境保护督察“回头看”投诉转办案件责任追究力度。截至 6 月 19 日，云南省各级纪检监察机关共问责单位 10 个，其中，检查 7 个、通报 3 个；问责个人 102 人，其他方式处理 359 人[④]。

截至 2018 年 6 月 21 日，中央环境保护督察“回头看”转办案件已办结 534 件。据了解，中央第六环境保护督察组向云南省移交的前 15 批转办案件共计 838 件，各州

① 胡晓蓉：《中央环保督察“回头看”转办案件已办结 227 件》，《云南日报》2018 年 6 月 18 日，第 1 版。
② 胡晓蓉：《中央环保督察“回头看”转办案件已办结 346 件》，《云南日报》2018 年 6 月 20 日，第 1 版。
③ 胡晓蓉：《中央环保督察“回头看”转办案件已办结 415 件》，《云南日报》2018 年 6 月 21 日，第 1 版。
④ 胡晓蓉：《中央环保督察“回头看”转办案件已办结 484 件》，《云南日报》2018 年 6 月 22 日，第 1 版。

（市）上报累计已办结案件 534 件，涉及的相关企业责令整改 228 家、立案处罚 177 家，罚款金额 593.94 万元，立案侦查 8 件、行政拘留 5 人、刑事拘留 2 人、关停取缔 11 家。其中，已办结的前 8 批共 458 件投诉举报案件已上报督察组，并将办理情况上传至中央环境保护督察信息化系统中。云南省加大对中央环境保护督察“回头看”投诉转办案件责任追究力度。截至 6 月 20 日，云南省各级纪检监察机关共问责单位 10 个，问责个人 112 人（114 人次，有 2 人同时受到两种问责）。其中，通报 34 人次、诫勉 43 人次、组织处理 6 人、党纪处分 20 人、政务处分 9 人、刑事拘留 2 人。其他方式处理 359 人①。

2018 年 6 月 22 日，中央环境保护督察“回头看”云南省边督边改工作推进会在昆明召开。云南省副省长王显刚出席会议并讲话。会议强调：要把生态环境保护作为云南省工作的重中之重，要把配合好中央环境保护督察“回头看”作为当前生态环境保护工作的重中之重，要把边督边改、责任追究作为配合好中央环境保护督察“回头看”工作的重中之重。会议要求：深入贯彻落实习近平生态文明思想，按照“最高标准、最严制度、最硬执法、最大举措、最佳环境”的要求，盯住重点领域、重点区域、重点问题，用突出重点来推动全面整改，用压实责任来推动扛起责任，用严字当头促进整改，用尽力而为来推动实事求是的整改，用严肃追责问责来保持整改的高压态势，用科学有效、综合治理的措施推动高原湖泊保护取得良好效果，确保问题不查清不放过、整改不到位不放过、责任不落实不放过、群众不满意不放过。在此基础上，用常态化的要求来保证整改工作久久为功②。

截至 2018 年 6 月 22 日，中央环境保护督察“回头看”转办案件已办结 589 件。据了解，中央第六环境保护督察组向云南省移交的前 16 批转办案件共计 885 件，各州（市）上报累计已办结案件 589 件，涉及的相关企业责令整改 288 家、立案处罚 185 家，罚款金额 590.2 万元，立案侦查 9 件、行政拘留 5 人、刑事拘留 3 人、关停取缔 12 家。其中，已办结的前 9 批共 519 件投诉举报案件全部办结，已上报督察组并将办理情况上传至中央环境保护督察信息化系统中。云南省持续加大对中央环境保护督察“回头看”投诉转办案件责任追究力度。截至6月21日，云南省各级纪检监察机关共问责单位 10个，问责个人 119 人（120 人次，有 1 人同时受到两种问责）。其中，通报 41 人次、诫勉 42 人、组织处理 6 人、党纪处分 20 人、政务处分 9 人、刑事拘留 2 人。其他处理方式 370 人，其中，提醒谈话 232 人、批评教育 60 人、责令做出检查 66 人、其他 12 人。通报了中央环境保护督察组进驻云南开展“回头看”以来，云南省各级纪检监察机

① 胡晓蓉：《中央环保督察“回头看”转办案件已办结 534 件》，《云南日报》2018 年 6 月 23 日，第 1 版。

② 胡晓蓉：《中央环境保护督查“回头看”我省边督边政工作推进会要求　强化责任担当　全力配合督察“回头看”》，《云南日报》2018 年 6 月 23 日，第 1 版。

关查处的 9 起生态环境损害责任追究典型案件[①]。

2018 年 6 月 28 日，为贯彻落实中共中央办公厅、国务院办公厅《关于深化环境监测改革提高环境监测数据质量的意见》以及云南省环境保护厅党组“严格监测，提高监测数据质量”的有关要求，进一步加强对社会环境监测机构监测质量的管理，云南省环境保护厅在昆明市举办2018年社会环境监测机构监测质量管理培训班。按照云南省环境保护厅党组的要求，云南省环境保护厅环境监测处负责人传达学习了《关于深化环境监测改革提高环境监测数据质量的意见》《环境监测数据弄虚作假行为判定及处理办法》等文件精神和要求，解读了环境监测体制改革的相关政策，通报了近期被查处的“陕西西安人为干扰环境空气监测数据”“山西临汾干扰国控站点空气质量数据”“江西欧兰宝公司弄虚作假、伪造监测数据”“云南省蒙自市国控站点受到人为干扰”“云南森雅环境保护科技有限公司冒名出具监测报告”等案件情况及处理结果，讲解了判定监测数据弄虚作假的 22 种情形。要求各机构以此为鉴，加强学习，牢固树立红线、底线思想，严格遵守国家有关规定，采取强有力措施，落实好监测质量管理各项具体要求，建立“谁出数、谁负责；谁签字、谁负责”的责任追究制度，切实提升监测管理和技术人员的质量意识和业务水平，提高监测数据质量。云南省环境监测中心站相关负责同志就“环境监测质量管理的新要求”“云南省环境监测质量管理存在问题”等方面做了专题培训和情况通报。培训期间，来自云南省各地的 39 家社会环境监测机构负责同志就发挥云南省社会环境监测行业协会的桥梁和平台作用，进一步提升各机构环境监测数据质量，强化监测质量管理，构建“公平竞争、行业自律”机制等方面进行了交流座谈。云南省 39 家社会环境监测机构法人、质量负责人、技术负责人共 120 余人参加了培训[②]。

2018 年 6 月 28—30 日，为加强云南省有毒有害气体泄漏环境应急监测管理，提高大气挥发性有机化合物监测技术能力，云南省环境监测中心站邀请一批来自国内知名科研院所，发达地区监测机构的专家、学者，讲解与环境应急监测及大气挥发性有机化合物监测业务相关的政策、方法、理论和技能，包括大气污染状况及臭氧污染成因分析、恶臭污染物的污染控制与监测、石油化工行业排放标准的解读与应用、环境应急监测管理体系构建等相关领域研究进展及前沿技术。云南省环境监测中心站大气环境及有毒有害气体应急监测技术人员、各州市环境监测机构及重点区县监测站人员、涉及上述污染物排放的重点监控企业环境保护工作负责人等 120 余人参加研修[③]。

---

① 胡晓蓉：《中央环保督察“回头看”转办案件已办结 589 件》，《云南日报》2018 年 6 月 24 日，第 1 版。

② 云南省环境保护厅环境监测处：《强化监管，不断提升环境监测数据质量—全省社会环境监测机构监测质量管理培训班在昆举办》，http://www.ynepb.gov.cn/zwxx/xxyw/xxywrdjj/201807/t20180702_181893.html（2018-07-02）。

③ 云南省环境监测中心站：《2018 年云南省有毒有害气体泄漏环境应急暨大气 VOC 监测技术研修班在昆成功举办》，https://www.ynem.com.cn/news/a/2018/0704/1184.html（2018-07-04）。

截至2015年6月26日，中央环境保护督察“回头看”转办案件已办结856件。据了解，中央第六环境保护督察组向云南省移交的前22批转办案件共计1350件，各州（市）上报累计已办结案件856件，涉及的相关企业责令整改402家，立案处罚352家，罚款金额1337.83万元，其中，立案侦查10件、行政拘留17人、刑事拘留8人、关停取缔20家。其中，交办昆明541件（含转办省直部门4件），办结337件；交办曲靖市132件（含转办省直部门2件），办结70件；交办昭通市129件（含转办省直部门1件），办结86件；交办大理白族自治州104件（含转办省直部门1件），办结76件；交办红河哈尼族彝族自治州83件（含转办省直部门2件），办结58件；交办楚雄彝族自治州75件（含转办省直部门1件），办结49件；交办文山壮族苗族自治州57件（含转办省直部门1件），办结39件；交办玉溪市53件（含转办省直部门1件），办结32件；交办西双版纳傣族自治州44件，办结22件；交办丽江市29件，办结23件；交办德宏傣族景颇族自治州28件，办结25件；交办普洱市26件，办结16件；交办怒江傈僳族自治州20件（含转办省直部门1件），办结11件；交办保山市15件，办结5件；交办迪庆藏族自治州7件（含转办省直部门1件），办结4件；交办临沧市7件，办结3件。云南省加大对中央环境保护督察“回头看”投诉转办案件责任追究力度。截至6月26日，云南省各级纪检监察机关共问责单位16个，其中，检查问责8个、通报问责8个；问责个人333人（340人次，其中有7人同时受到两种问责），从级别来看，县处级11人、乡科级148人、其他级别174人；从问责方式来看，通报问责126人次、诫勉问责132人次、组织处理19人次、党纪处分34人、政务处分27人次、刑事拘留2人。其他处理方式590人次，其中，提醒谈话423人次、批评教育69人次、责令做出检查78人次、其他20人次[①]。

2018年6月29日，云南省委副书记、省长阮成发在昆明约谈了有关州市政府和省直部门主要领导，强调要不折不扣抓好中央环境保护督察“回头看”反馈问题整改落实，坚决兑现云南省委、云南省人民政府向党中央做出的庄严承诺。在约谈会上，云南省迎接中央环境保护督察“回头看”工作领导小组边督边改组通报了有关州市及省直部门在中央环境保护督察“回头看”反馈问题、交办问题和群众投诉举报问题办理落实情况，以及环境问题整治方面存在的突出问题。昆明、昭通、曲靖、大理等州市政府及省工业和信息化委员会、公安厅、住房和城乡建设厅、农业厅、林业厅、水利厅主要负责同志作表态发言。阮成发指出：大家的发言态度端正、认识到位，都能诚恳接受批评，下一步要思想上再绷紧、措施上再加压、责任上再落实，绝不能在整改上再拖云南省后腿。阮成发强调，一要提高政治站位，充分认识生态环境保护工作的重要性、紧迫性、

① 胡晓蓉：《中央环保督察“回头看”转办案件已办结856件》，《云南日报》2018年6月29日，第4版。

艰巨性，坚决把是否保护好生态环境作为“四个意识”树得牢不牢、贯彻落实习近平生态文明思想到不到位的具体体现，始终把生态环境保护作为引领经济社会发展的首要前提，坚决把生态文明建设摆在全局工作的突出位置来抓。二要切实负起责任，以对党和人民高度负责的担当和态度，树立正确政绩观，牢记宗旨意识，切实履行职责，以“最高标准”为工作导向、“最严制度”为基本保障、“最硬执法”为重要手段、“最实举措”为工作着力点、“最佳环境”为目标，强力推进生态文明建设和生态环境保护工作。三要全面摸清问题底数，对 2016 年中央环境保护督察组反馈的整改问题、投诉举报问题以及此次“回头看”发现的问题进行认真梳理，逐一列出问题清单、建立整改档案，并举一反三，主动自查，对本地区、本部门的生态环境问题进行拉网式全覆盖检查，制订科学合理的整改方案。四要严肃认真整改，对中央环境保护督察“回头看”指出的问题、提出的要求，按照“一领域一清单”“一州市一清单”“一部门一清单”的要求，抓紧制订整改方案，点对点挂图作战、狠抓进度、对账销号，绝不能出现“表面整改”“假装整改”“敷衍整改”等情况。五要严厉追责问责，坚持“严”“准”“实”原则，切实把“板子”打到每一个责任人身上，不搞网开一面、下不为例，真正以严厉的问责唤醒领导干部保护生态环境的责任担当。六要建立完善长效机制，聚焦打好高原湖泊保护治理等 8 大标志性战役，建立污染防控、监测、治理的制度体系，健全网格化管理体制和 12369 投诉举报办理机制，加大宣传报道力度，切实解决好群众关心的突出环境问题①。

第二节　云南省生态监测建设事件编年（7—12 月）

2018 年 7 月 2 日下午，云南省委副书记、省长阮成发率云南省人民政府领导班子成员和省级相关部门负责人，在昆明市检查指导和现场督办中央环境保护督察“回头看”反馈问题整改落实情况时强调，要进一步提高政治站位，以习近平生态文明思想为指导，深入贯彻落实习近平总书记考察云南重要讲话精神，按照云南省委、云南省人民政府部署要求，坚决抓好中央环境保护督察“回头看”问题整改。阮成发一行首先来到昆明市西山区海口街道办事处马房三组豹子山片区磷矿偷采点和云南磷化集团尖山磷矿分公司采矿场，现场检查中央环境保护督察“回头看”期间群众反映强烈、问题较为突出

① 陈晓波：《阮成发约谈有关州政府和省直部门主要领导　要求坚决抓好中央环保督察“回头看”反馈问题整改落实》，《云南日报》2018 年 6 月 30 日，第 1 版。

的私挖乱采、露天开采、破坏生态等情况，认真听取昆明市对中央第六环境保护督察组"回头看"反馈问题整改落实和云南磷化集团尖山磷矿分公司采矿场生态环境修复情况。他指出：尖山磷矿分公司采矿场存在的问题暴露出企业环境保护措施缺失、部门监管不到位等问题。各级各部门一定要深刻反思，认真贯彻落实习近平总书记对云南提出的努力成为全国生态文明建设排头兵的要求，把生态环境保护责任扛在肩上，牢牢贯穿于企业生产管理全过程。他指出：尖山磷矿分公司采矿场地理位置环境特殊，保护重于开发，在下一步整改中要坚决退出滇池流域生态保护红线，绝不允许在保护区划定范围内开采作业；在保护区划定范围之外的开采，必须坚持"开发到哪里、保护到哪里、生态恢复到哪里"的原则，边开采、边治理，全面加快开采区生态恢复，确保生态修复力度大于开采力度，尽快补齐历史欠账。同时，要加强规划工作，明确目标任务，制定时间表、路线图、施工图，用最先进的技术做好磷矿开发开采，全力建设绿色矿山。阮成发一行还来到呈贡区时代俊园雨花路区域，现场检查群众长期以来反复投诉的小区防洪管道不畅、地面淹积水严重等问题，了解整改推进情况，要求昆明市高度重视民生问题，督促相关部门迅速制订整改方案，切实加大整改力度，限期整改落实到位，切实为民排忧解难。同时，昆明市及相关部门要举一反三，全面推进城市地下管网建设，把握轻重缓急，有序解决老旧小区管网配套落后、雨季容易造成淹积水等问题，逐步配套完善雨污分流工程，推进城市生态环境保护和市政设施建设再上新台阶。在检查指导和现场督办中，阮成发还强调，要紧盯中央环境保护督察"回头看"反馈的问题，挂图作战、狠抓进度、对账销号，加大督察督办力度，强化执纪问责，确保中央环境保护督察"回头看"反馈问题如期全面整改落实到位。宗国英、程连元、王显刚、董华、张国华、和良辉、李玛琳、高树勋、杨杰参加检查指导和现场督办①。

2018年7月5日，云南省委书记陈豪率调研组赴曲靖市现场检查督办中央环境保护督察"回头看"整改工作，调研脱贫攻坚工作。陈豪强调，污染防治、精准脱贫都事关全局、事关长远发展、事关人民福祉，是云南高质量发展路上必须跨越的重要关口，一定要以习近平新时代中国特色社会主义思想为指导，强化政治意识，压实工作责任，出思路、想办法、抓推进、勤督察，盯住问题，一抓到底，以严实作风打好打胜污染防治、精准脱贫攻坚战。调研组驱车深入曲靖市罗平县，进厂区、看现场，检查罗平锌电股份有限公司突出环境问题整改情况和罗平县工业园区污水处理厂建设情况。陈豪指出：中央环境保护督察"回头看"发现的问题，实事求是，令人警醒。各地党委、政府要认真吸取教训，深刻反思、举一反三，盯住问题、严改实改，以钉钉子精神把中央环境保护督察"回头看"指出的问题改到位、改彻底。要进一步提高思想认识，牢固树立

① 陈晓波：《阮成发率队在昆明市检查督办中央环保督查"回头看"反馈问题整改落实情况时强调　进一步提高政治站位　坚决抓好中央环保督察"回头看"问题整改》，《云南日报》2018年7月3日，第1版。

笃实践行“绿水青山就是金山银山”的理念，切实增强生态优先和绿色发展的政治自觉、思想自觉和行动自觉。要对暴露出的问题紧盯不放，一抓到底，不彻底解决问题决不收兵，以看得见的成效兑现承诺、取信于民。要动真碰硬，以严肃问责、追责倒逼责任落实，层层传递环境保护压力，让环境保护工作长出“钢牙”。在生态环境保护问题上，只要越雷池一步，就必须依法依规受到问责。要处理好生态环境保护和发展经济的关系，把解决突出生态环境问题作为民生优先领域，实现环境效益、经济效益和社会效益多赢，更好推动高质量跨越式发展，坚决保护好云南的绿水青山、蓝天白云、良田沃土，努力争当生态文明建设排头兵。调研组一行深入村寨、群众家中了解农村危房改造、农村人居环境整治、产业扶贫等情况，与群众代表座谈。在腊山街道办事处普妥居委会，陈豪称赞“爱心超市”是用心济困、激发群众内生动力、弘扬文明新风的好做法，要求总结经验宣传推广。在大水井乡小鸡登村水产养殖点，陈豪鼓励云南冰利水产品公司继续采取“企业+基地+贫困户”的发展模式，与贫困户建立利益联结机制，带动更多群众特别是贫困户增收致富。调研途中，陈豪反复强调：成事必有其道，干事须得其法。方法孕育成果。置身新时代，各级领导干部要学习掌握科学的思想方法和工作方法，既要牢固树立大局观念和全局视野，又要把重点工作、中心工作牢牢抓在手上，善于“弹钢琴”。云南脱贫任务很重，发展任务也很重，各地区既要以脱贫攻坚统揽经济社会发展全局，又要一刻也不耽误地谋发展、抓发展，以实际行动维护巩固提升好近年来云南省稳中有进、稳中向好的良好发展态势①。

2018 年 7 月 6—8 日，为推进农用地土壤污染状况详查工作，进一步强化详查工作质量管理，生态环境部联合自然资源部、农业农村部，由全国土壤污染状况详查办公室赵克强副主任带队，全国农用地组副组长王国庆、全国土壤污染状况详查办公室工作人员王磊、国家分析测试中心研究员张利飞、安徽省地质实验室研究所教授级高级工程师刘文长、农村农业部环境保护科研监测所高级工程师戴礼洪一行 6 人对云南省开展了土壤污染状况详查工作督导暨质量监督检查。云南省环境保护厅、财政厅、国土资源厅、农业厅、环境监测中心站、地质调查局、农业环境保护监测站及各检测实验室陪同参加了督导检查。在督导检查汇报会上，检查组观看了云南省土壤污染状况详查工作专题汇报短片，听取了云南省环境保护厅、财政厅、国土资源厅、农业厅等管理部门的工作介绍，并听取云南省环境监测中心站对工作进度、质量控制和质量管理工作情况、存在问题及下一步工作打算的详细汇报。

随后，检查组就详查工作中的问题与参会人员进行了深入的交流讨论，并对云南省采样、制样、流转、分析测试等工作的质量控制文档记录进行了详细检查。随后，检查

① 田静：《陈豪在罗平县督察环境问题整改调研脱贫攻坚时强调　强化政治意识　压实工作责任　坚决打好打胜污染防治精准脱贫攻坚战》，《云南日报》2018 年 7 月 6 日，第 1 版。

组前往云南省土壤污染状况详查临时土壤样品库和流转中心，对样品接收、编码、建包、发送、入库和保存等工作流程进行了现场检查，随机与工作人员就工作过程中存在的问题进行了沟通交流。并选取云南中检检验检测技术有限公司实验室、中国冶金地质总局昆明地质勘查院实验室开展现场检查，对实验操作、档案管理、数据样包审核等实验室内、外部质量控制开展了全流程检查。最后，检查组在意见反馈会上高度评价了云南省土壤污染状况详查工作。检查组指出，云南省详查工作组织得力，各部门积极配合，高标准推进，工作成效显著，取得了阶段性结果。检查组对该项工作给予高度评价并提出希望云南继续做好详查工作，加大数据上报质量保障，提前部署成果集成，做好各部门之间资料共享，充分解译云南省高背景值与污染的区域、范围及相关关系。王天喜副厅长及时做了工作表态，并对下一步工作做了现场部署，一是高度重视本次检查组提出的工作意见，认真梳理讨论并整改。二是坚持问题导向，各部门要共同配合，及早研究解决存在问题。三是进一步加强组织协调，提前谋划成果集成，实现数据及信息共享，做好做实云南省高背景值区域研究工作。云南省将按“质量优、进度优”的双优要求，认真完成本次农业用地土壤污染详查任务①。

2018 年 7 月 18 日，以生态环境部辐射源安全监管司正司级领导李国光为组长的第 29 检查组开始对云南省污染源普查清查工作进行检查。上午，检查组召开了云南省第二次全国污染源普查清查工作汇报会。李国光组长首先介绍了本次检查的目的和要求。云南省第二次全国污染源普查领导小组办公室主任、环境保护厅副厅长杨春明向检查组汇报了云南省污染源普查清查工作情况。随后，云南省环境信息中心就清查数据情况及信息化建设情况向检查组进行汇报，云南省辐射环境监督站就伴生放射性矿初测情况进行介绍并回答检查组提问。云南省普查领导小组成员单位及相关单位共18个单位的处级联络员、云南省环境保护厅相关处室负责人、云南省第二次全国污染源普查领导小组办公室技术支撑单位分管领导及相关技术人员、云南省第二次全国污染源普查办公室相关人员共计 56 人参加会议。下午，检查组通过云南省普查清查系统对云南省清查工作进行了详细检查，并认真检查了相关档案资料②。

2018 年 7 月 17—20 日，水利部长江委员会水资源保护局李峻副局长带队对云南省入河排污口整改落实情况开展督导检查，并对大理白族自治州、保山市开展实地检查。督察组在云南省水利厅召开了座谈交流会，听取了云南省水利厅副厅长胡荣关于云南省入河排污口整改提升工作情况的汇报。实地听取了大理白族自治州、保山市和腾冲市的

① 云南省环境监测中心站：《云南省顺利迎接生态环境部土壤污染状况详查工作督导暨质量监督检查》，https://www.ynem.com.cn/news/a/2018/0710/1186.html（2018-07-10）。

② 云南省第二次全国污染源普查领导小组办公室：《国家普查办第 29 检查组莅临云南省检查污染源普查清查工作》，http://www.ynepb.gov.cn/zwxx/xxyw/xxywrdjj/201807/t20180718_183148.html（2018-07-18）。

工作汇报，对大理市第一污水处理厂、保山市中心城区污水处理厂、腾冲市柏联和顺文化发展有限公司入河排污口等情况进行了现场督察，查阅了工作台账，督察组对云南省水利厅全力推进入河排污口整改提升工作给予肯定，指出了制约入河排污口整改提升工作的主要问题，对下一步工作提出了要求①。

2018年7月18日，云南省顺利召开2018年农业用地土壤污染状况详查第七次工作调度会。云南省环境保护厅周波处长、云南省国土资源厅地质勘查处申南玉主任、云南省农业厅马艳兰高级工程师，以及各详查任务承担单位负责人及相关技术人员参加了会议。会议通报了生态环境部土壤污染状况详查工作督导暨质量监督检查反馈意见以及云南省详查工作进展及存在问题，听取了各详查任务单位对工作进展、存在问题及下一步工作的汇报，强调了8月份重点工作。会议指出，目前云南省已全部完成土壤样品的采集、制备工作，分析测试工作能力满足月度进度要求，相关工作按计划有序推进，主要问题是测试数据上报工作相对缓慢，各分析测试单位要再接再厉，狠抓工作落实，持续做好样品分析检测工作。会议强调：一是各分析测试单位要尽快完成分析测试任务，8月中旬完成分析测试，8 月底完成数据上报。二是针对云南省部分地区农产品收割较晚的问题，需及早谋划，采取措施，不能因个别样品耽搁整体详查工作进度。三是全面启动重点行业企业用地调查工作，抓牢抓实重点行业企业用地基本信息采集，确保完成年度工作任务②。

2018年7月上旬，云南省水质在线监测及预警系统建设项目启动会召开，标志着云南省部分地区生活饮用水水质在线监测及预警系统建设项目工程正式展开。该工程能实现对生活饮用水水质状况的实时监测、动态掌握水质变化情况，有效预警水污染事件，确保生活饮用水卫生安全。云南省卫生监督局在前期调研、专家论证的基础上，结合云南省实际，选择在昆明市、玉溪市、曲靖市、大理白族自治州、怒江傈僳族自治州 5 个州（市）的 39 个供水点建设饮用水在线监测及预警系统，制定了《云南省生活饮用水在线监测及预警系统建设实施方案》，并通过公开招标的方式确定了承建单位。该项目工程预计2018年9月底建成并投入使用，届时将极大提升云南省生活饮用水卫生监督的质量和效益，并将逐年推广覆盖至云南省全境，更好地确保人民群众的生活饮用水卫生安全③。

2018年8月6日，为认真贯彻落实云南省委、云南省人民政府坚决打赢污染防治攻坚战和把云南建设成为中国最美丽省份的部署要求，云南省委常委、昆明市委书记程连

---

① 《水利部长江委到云南省督导检查长江入河排污口整改提升工作》，http://www.wcb.yn.gov.cn/arti?id=66283（2018-07-27）。

② 云南省环境监测中心站：《云南省顺利召开2018年农用地土壤污染状况详查第七次工作调度会》，https://www.ynem.com.cn/news/a/2018/0724/1189.html（2018-07-24）。

③ 陈鑫龙：《饮用水水质在线监测及预警系统项目启动》，《云南日报》2018年7月10日，第11版。

元，云南省委常委、曲靖市委书记李文荣率队联合巡查调研牛栏江（德泽水库）。巡查组一行实地检查了牛栏江起点、马过河水质自动监测站、牛栏江河口沙谷渡大桥、德泽水库等，详细了解水质及污染防治情况。两市提出：将强化区域联动，携手共治共护牛栏江。程连元指出，近年来，牛栏江流域水质总体稳定，但形势不容乐观，两市必须进一步增强责任感和紧迫感，坚持问题导向，提高工作标准，系统谋划、久久为功、标本兼治，在全流域建立生态补偿机制，抓好水土保持，优化产业结构，促进流域生态环境质量不断改善。同时，强化两市联防联治，建立协调领导小组、定期沟通机制以及联合检查调度考核制度，确保各项工作落到实处、取得实效。李文荣指出：要更加重视牛栏江流域水体水质的治理保护问题，让一江清水润泽昆明、曲靖大地。面对新形势，要坚持高标准、严要求。曲靖市水系发达，要把治水摆在第一位，坚持问题导向，加强分析研究，找出污染原因、拿出防治对策科学治水。要突出重点、分类治理，针对牛栏江流域不同区域不同污染分别施策，坚决守住珠江源头和长江上游的生态安全屏障①。

2018 年 8 月 15 日，昌宁县重点工作督查组对昌宁县右甸河城镇核心段流域综合治理项目和创建园林城市工作进行了专项督查，并进行专项评价通报，这是昌宁县加强生态环境保护众多措施中的行动之一②。

2018 年 8 月 16 日，牛栏江—滇池补水工程正式通过档案专项验收，档案综合评分为 98 分（满分 100），如此高分在云南省重大项目档案验收案例中实属少见，是数字化、规范化管理的优质、精品项目档案，为云南省水利行业档案建设管理树立了新标杆。牛栏江—滇池补水工程时间跨度长，投资规模大，工程情况复杂，在云南省水利水电建设史上堪为典范，形成档案 2.5 万余卷，数量之巨首屈一指。在现场调查、听取汇报并查阅档案资料后，验收专家组认为，工程建设项目档案完整、准确、系统，翔实记录了工程建设全过程及建设成果，能有效满足项目管理需要，给予通过验收。该工程是滇池流域水环境综合治理六大工程措施的关键性工程，在实施环湖截污、入湖河道整治等综合治理措施的基础上，工程实施可有效增加滇池水资源总量和提高水环境容量，加快湖泊水体循环和交换，对于治理滇池水污染、改善滇池水环境具有十分重要的作用。工程投入运行 3 年来，发挥了向滇池补充生态水量、为昆明城市供水提供应急备用水源等综合功能作用③。

2018 年 8 月 23 日，云南省顺利召开 2018 年土壤污染状况详查第八次工作调度会。云南省环境保护厅土壤环境管理处、云南省环境监测中心站、各州（市）环境保护局重点行业企业用地调查工作负责同志及各州（市）技术组负责人，10个农业用地详查检

---

① 谭雅竹：《昆明曲靖携手巡查牛栏江》，《云南日报》2018 年 8 月 7 日，第 2 版。

② 吴再忠、穆华平：《昌宁：强化生态环境保护监督检查》，《云南日报》2018 年 8 月 16 日，第 10 版。

③ 王淑娟：《牛栏江—滇池补水工程高分通过档案专项验收》，《云南日报》2018 年 8 月 17 日，第 3 版。

测实验室负责人参加了会议。会议听取了各州（市）环境保护局和监测站技术负责人关于云南省重点行业企业用地调查基础信息核查工作的进展及存在问题，听取了10个农业用地详查检测实验室近期工作汇报及下一阶段的工作计划。针对任务承担部门汇报内容中存在的问题，会议统一进行了答疑，并通报了云南省详查工作进展情况，进一步强调了下一阶段各单位工作重点。会议指出，目前云南省重点行业企业用地调查工作正紧张有序开展；农用地样品分析、数据上报工作将在 8 月底顺利完成，相关分析单位应做好有关材料的整理、归档工作。会议要求：一是各州（市）要在进一步完善现阶段工作的基础上，有力推进云南省重点行业企业用地调查工作。二是各农用地详查检测实验室要再接再厉、科学统筹，确保按时按质量完成工作任务[①]。

2018 年 8 月 24 日，为进一步贯彻落实中央和云南省委、云南省人民政府治理淘汰黄标车和环境保护督查工作决策部署，切实推进云南省黄标车淘汰报废回收和提升行业环境保护治理能力，云南省工业和信息化委员会在昆明组织召开了云南省报废汽车回收拆解行业黄标车治理淘汰和环境保护专项排查整治工作会议。各州市分管领导和科室负责人、云南省各报废汽车回收拆解企业和省资源再生二手车行业协会负责人等近 80 人参加了会议。在会上，云南省工业和信息化委员会袁国书副主任对云南省报废汽车回收拆解行业黄标车淘汰回收拆解和环境保护排查整治方面进行了工作安排部署，要求将黄标车淘汰回收工作作为一项重大工作来抓，精心组织，多措并举，全力回收和拆解黄标车辆，确保云南省黄标车治理淘汰工作顺利开展和圆满完成；要求组织开展行业的环境保护排查整治，建设完善环境保护设施设备，建立健全环境保护管理制度，推进行业环境保护意识和能力不断提高。会议还邀请云南省治理淘汰黄标车工作办公室和云南省环境保护厅相关负责同志到会对工作进行了指导。[②]

2018 年 9 月 9 日，根据“绿盾 2018”自然保护区监督检查专项行动总体部署，国家巡查组对云南省开展为期一周的自然保护区巡查。巡查内容包括：2017 年以来自然保护区新增的违法违规问题核查整改情况；“绿盾 2017”自然保护区监督检查专项行动问题整改情况“回头看”；国家级自然保护区勘界立标、机构建设、人员保障和资金保障情况；“绿盾 2018”自然保护区监督检查专项行动问题台账的建立和销号制度执行情况[③]。

作为非损伤性的取样技术，红外相机技术正广泛应用于兽类和地栖性鸟类的研究，所获取的图像数据可以用来分析野生动物的物种组成、分布、种群数量、行为等基础信

① 云南省环境监测中心站：《云南省顺利召开 2018 年土壤污染状况详查第八次工作调度会》，https://www.ynem.com.cn/news/a/2018/0827/1195.html（2018-08-27）。

② 云南省工业和信息化委员会交通与物流处：《全省报废汽车回收拆解行业黄标车治理淘汰和环境保护专项排查整治工作会议在昆召开》，http:// www.ynetc.gov.cn/Item/18543.aspx?from=singlemessage（2018-08-27）。

③ 《“绿盾 2018”自然保护区监督检查专项行动巡查组进驻云南公告》，《云南日报》2018 年 9 月 9 日，第 3 版。

息，从而为野生动物保护管理和资源利用提供重要的参考资料。为全面、系统掌握哀牢山大型哺乳类动物及地栖鸟类的组成和活动范围，哀牢山生态站和西双版纳植物园动物行为与环境变化组于2018年8月在哀牢山生态站周边约50平方千米范围的森林内放置了60多台红外相机，主要针对兽类或地栖鸟类活动进行监测。本次安放的红外相机拟于2019年2—3月收回，获取的图像及视频数据将对哀牢山兽类及地栖鸟类的组成和活动范围等情况有重要揭示作用，并为哀牢山野生动物的保护管理提供科学依据。连续多年，在西双版纳热带植物园动物行为与环境变化研究组和群落构建与物种共存研究组的支持下，哀牢山生态站一直在尝试红外相机监测野生动物的试验，获取了大量的珍贵图像及视频资料。在前期监测试验的基础上，哀牢山生态站将建立野生动物常态监测计划，以摸清本地资源、常规监测和生态保护作为重点，并综合其他常规监测项目，建设大中型动物观测、森林动态样地综合观测等生态保护综合观测系统，为全面掌握哀牢山生物多样性及重要动物种群动态变化奠定基础①。

2018年9月20日，云南省十三届人大常委会第五次会议召开联组会议，结合审议云南省人民政府关于2017年度环境状况和环境保护目标完成情况的报告，进行专项工作评议。云南省人大常委会常务副主任和段琪主持会议并讲话。2017年云南省空气环境、水环境、土壤环境情况如何？构筑长江上游重要生态安全屏障云南有何作为？环境保护督察整改取得了哪些成效？云南省人大常委会委员张绍雄、朱旗、任锦云、拉玛·兴高、迪友堆、徐昌碧、张静及在滇全国人大代表杨晓雪围绕云南省推动长江经济带绿色发展、环境保护督察整改、九大高原湖泊保护治理、大气污染防治等8个主题进行了重点评议发言。随后，云南省人大常委会组成人员对云南省人民政府2017年度环境保护工作进行测评，并现场公布测评结果为“良好”。和段琪在讲话中指出：云南省人大常委会连续第三年听取和审议云南省人民政府年度环境报告，继续开展工作评议和测评，目的是深入学习贯彻习近平生态文明思想，坚决贯彻落实中央和云南省委关于全面加强生态环境保护，坚决打好污染防治攻坚战的重大部署，推动云南努力成为我国生态文明建设排头兵。希望云南省人民政府及有关部门以这次工作评议为契机，认真研究办理审议意见和评议意见，进一步加强和改进生态环境保护工作，努力把云南建设成为中国最美丽省份。云南省副省长王显刚到会听取评议意见。他表示，云南省人民政府及有关部门将以习近平生态文明思想统领生态环境保护各项工作，认真吸纳此次评议提出的问题和建议，进一步加强和改进工作，保护好云南的蓝天碧水和青山净土。云南省人大常委会副主任杨保建、李培、王树芬、纳杰、杨福生，秘书长韩梅出席会议并参加测评②。

---

① 陈云芬：《应用红外相机“监测”哀牢山生物多样性》，《云南日报》2018年9月12日，第7版。

② 瞿姝宁：《省人大常委会评议我省2017年度环保工作　努力把云南建设成为中国最美丽省份》，《云南日报》2018年9月21日，第1版。

2018 年 9 月 25—26 日，根据原环境保护部办公厅、财政部办公厅《关于加强“十三五”国家重点生态功能区县域生态环境质量监测评价与考核工作的通知》，为全力做好 2019 年云南省 46 个县国家重点生态功能区县域生态环境质量监测、评价与考核工作，云南省环境保护厅在昆明举办 2018 年国家重点生态功能区县域生态环境质量监测、评价与考核工作培训班。各考核县人民政府分管领导、环境保护局负责人以及昆明、玉溪、昭通等 12 个国家考核县涉及的州市及 46 个国考县技术负责人共 180 余人参加了培训。云南省环境保护厅环境监测处负责人通报了云南省 2018 年县域生态国家考核结果，并指出了各县存在的问题，同时对下一步做好考核工作提出了要求；财政厅预算局有关同志就生态转移支付相关政策进行了解读。针对 2018 年考核工作提出的新要求、新内容，中国环境监测总站刘海江研究员就 2018 年全国考核情况和“十三五”考核实施细则及变化要求进行讲解；中国科学院地理科学与资源研究所崔凯博士就数据填报规范及软件使用要求进行讲解。通过培训，各县（市、区）对国家生态功能区县域生态环境质量监测评价与考核实施有了进一步的理解，对通报存在的问题，各县（市、区）表示将切实做好整改工作，同时认真开展 2019 年考核工作，按时按质上报整改情况及考核报告，确保 2019 年考核取得好成绩①。

2018 年 9 月下旬，生态环境部督查调研组赴陆良县检查调研工业集聚区水污染防治工作。督查调研组现场检查了陆良县第二污水处理厂建设和运行情况，调查了云南鸿泰博化工股份有限公司、云南欧罗汉姆有限公司、云南新千佛茧丝绸有限公司 3 户企业的污水收集及处理情况。督查调研组对陆良县工业园区水污染集中治理工作给予肯定，并提出了工作要求和建议。督查调研组强调，污水处理工作是一项重要的民生工程，陆良县委、县政府务必高度重视，扎实抓好污水处理厂运行管理工作，不断提高污水处理能力和水平，要充分发挥污水处理厂在减排工作中的作用，加速推进水生态文明建设②。

2018 年 10 月 19 日，记者从云南省第二次全国污染源普查领导小组办公室获悉，云南省第二次全国污染源普查工作开展以来，在云南省各级各部门的共同努力下，目前已完成了入户调查前期准备工作，最终确定全面入户调查对象的数量为 50 928 家。按照国家要求，11 月 30 日前，云南省各级普查机构将完成入户调查数据采集和审核工作。据了解，下一步，入户调查将围绕企业基本信息和产业活动水平进行深入全面调查。依据国家要求，11 月 30 日前，各级普查机构将完成入户调查数据采集和审核工作。2019 年 1 月 31 日前，完成数据质量核查。2019 年 3 月 31 日前，完成污染物排放量核算及汇总

① 云南省环境保护厅环境监测处：《云南省环境保护厅举办 2018 年云南省国家重点生态功能区县域生态环境质量监测评价与考核工作培训班》，http://www.ynepb.gov.cn/zwxx/xxyw/xxywrdjj/201809/t20180929_185038.html（2018-09-29）。

② 胡晓蓉：《生态环境部督查调研组到陆良县检查水污染防治工作》，《云南日报》2018 年 9 月 22 日，第 1 版。

工作。2019 年 5 月 31 日前，完成普查数据定库工作[①]。

2018 年 10 月 24 日，云南省委办公厅、云南省人民政府办公厅印发的《深化环境监测改革提高环境监测数据质量实施方案》明确提出：到 2020 年，通过深化改革，理顺环境监测体制，全面建立环境监测数据质量保障责任体系，健全环境监测质量管理制度，建立环境监测数据弄虚作假防范和惩治机制。《深化环境监测改革提高环境监测数据质量实施方案》明确了厘清环境监测数据质量责任、规范环境监测行为、严厉惩处环境监测数据弄虚作假行为、加强环境监测协作、提高环境监测质量监管能力 5 项主要任务。从强化防范和惩治、建立约谈和问责机制、严肃查处监测机构和人员弄虚作假行为、严厉打击排污单位弄虚作假行为、推进联合惩戒、强化社会监督 6 个方面，提出了严厉惩处环境监测数据弄虚作假行为的具体办法。在强化防范和惩治方面，进一步明确情形认定，规范查处程序，细化处理规定，重点解决各级党政领导干部和有关部门工作人员利用职务影响，指使篡改、伪造环境监测数据，限制、阻挠环境监测数据质量监管执法，影响、干扰对环境监测数据弄虚作假行为查处和责任追究，以及给环境监测机构和人员下达环境质量改善考核目标任务等问题[②]。

2018 年 10 月下旬，云南省人大常委会组织部分在滇全国人大代表开展代表小组活动，专题视察滇池保护治理工作。代表们前往星海湿地视察了智慧河道建设情况，实地检查滇池水质，在滇池水务公司检查全市水质净化厂运行情况，代表们对滇池保护治理取得的成效给予肯定，并建议要进一步总结经验，统筹协调、整合资源，建立科学、长效的保护治理机制。近年来，滇池保护治理进入流域系统治理新阶段，全面实施了以“六大工程”为主线的综合治理体系。目前，滇池流域截污治污体系已基本形成，对滇池水质改善起到了重要作用[③]。

2018年10月25日，云南省生态环境厅召开生态环境监测网络建设情况新闻发布会，发布云南省生态环境监测网络建设情况。至此，云南省已建成一支以省环境监测中心站为中心、16 个州（市）环境监测站为骨架、115 个县级环境监测站为支撑的生态环境监测机构和队伍；县级环境监测机构较“十二五”末期增加 12.6%，云南省环境监测站的标准化率为58.3%。已建成的省级生态环境监测网络站点基本覆盖了云南省全境，其中，农村生态环境质量监测点 14 个、省级重点监控污染源 913 家[④]。

---

① 胡晓蓉：《云南第二次全国污染源普查工作稳步推进　确定全面入户调查对象的数量为 50928 家》，《云南日报》2018 年 10 月 20 日，第 1 版。

② 蒋朝晖：《云南深化环境监测改革　力争建立数据弄虚作假防范和惩治机制》，《中国环境报》2018 年 10 月 25 日，第 2 版。

③ 瞿姝宁、黄喆春：《部分在滇全国人大代表专题视察滇池保护治理工作并建议——建立科学长效的保护治理机制》，《云南日报》2018 年 10 月 22 日，第 8 版。

④ 云南省环境保护厅环境监测处：《云南省生态环境厅召开生态环境监测网络建设情况新闻发布会》，http://www.ynepb.gov.cn/zwxx/xxyw/xxywrdjj/201810/t20181030_185627.html（2018-10-30）。

2018年11月1日，云南省人民检察院召开新闻发布会，为坚决保护好长江上游的绿水青山、蓝天白云，确保一江清水流出云南，云南省人民检察院加强与省河长制办公室及水利、林业、国土资源等部门衔接合作，决定从2018年8月至2020年12月，以金沙江流域（云南段）所涉及的7个州市及昆明铁路运输检察机关为重点，开展为期两年半的金沙江流域（云南段）生态环境和资源保护专项监督行动。云南省人民检察院侦查监督处负责人张维婷介绍，专项活动启动2个多月来，云南省共批准逮捕金沙江流域（云南段）破坏环境资源类案件12件20人，监督公安机关立案100件；发现环境资源保护公益诉讼案件线索182件，立案178件，办理诉前程序案件107件，提起公益诉讼2件。同时，不在金沙江干流的其他9个州市检察院围绕九大高原湖泊保护治理、六大水系保护修复等问题开展工作，以打击非法采石采砂、网箱养鱼、占用林地河道等违法行为为重点，紧密结合各地实际部署开展专项活动，治理生态环境保护领域的突出问题。当前，云南省人民检察院正与贵州、四川、重庆等省（市）检察院探索建立省际联动协作机制。在省内，进一步与法院、公安及生态环境综合执法机关建立信息共享、案情通报、案件移送、重大案件会商督办等制度，探索开展跨行政区环境公益诉讼案件办理工作，用严密法治呵护长江上游一江碧水、两岸青山[①]。

2018年11月5—6日，云南省、市污染源普查入户调查阶段调研检查组到墨江哈尼族自治县检查指导第二次全国污染源普查工作。云南省、市污染源普查入户调查阶段调研检查组听取了墨江哈尼族自治县第二次全国污染源普查工作开展情况汇报。根据云南省第二次全国污染源普查领导小组办公室下达的名录库，涉及墨江哈尼族自治县工业企业及产业单位402家、畜禽养殖场332家、集中式污染治理3家、入河排污口12家、生活源锅炉25家，根据国家、云南省第二次全国污染源普查实施方案和清查技术规定，按照“全面覆盖，应查尽查，不重不漏”及全过程质量控制的工作原则，全面开展“拉网式”实地清查、筛选，经过审核后墨江哈尼族自治县最终纳入入户普查的工业企业64家、集中式污染治理设施2家、入河排污口2家、生活源锅炉1家，规模化畜禽养殖场131家，在墨江哈尼族自治县全国第二次污染源普查领导小组办公室及第三方的共同努力下，墨江哈尼族自治县境内排放污染物的工业企业和产业活动单位、农业源养殖、生活源锅炉、集中式污染治理设施、入河排污口的入户调查工作基本完成。检查期间，检查组对墨江哈尼族自治县污染源普查工作中手持移动终端升级、空间信息采集上报和环境保护专网存在问题进行了处理、反馈，对相关普查材料进行了现场检查指导，并就下一步加强“两员”普查技术业务培训，提高普查报表的完整性、合理性、逻辑性等方面工作提出了明确要

① 尹瑞峰：《云南检察机关开展金沙江流域（云南段）生态环境和资源保护专项监督行动　用法治呵护一江碧水两岸青山》，《云南日报》2018年11月10日，第3版。

求。同时，检查组一行还深入墨江哈尼族自治县污水处理厂、墨江哈尼族自治县洪森虫胶有限公司、墨江哈尼族自治县地道酒业有限公司污染源普查点进行现场检查和核查，为确保墨江哈尼族自治县高标准、高质量、高水平完成第二次全国污染源普查工作起到了积极的指导、帮助和促进作用①。

2018 年 11 月 12—13 日，云南省委书记、全省总河（湖）长、抚仙湖河长陈豪率调研组在玉溪市督促检查抚仙湖、星云湖、杞麓湖保护治理工作。他强调：要深入学习贯彻习近平生态文明思想和习近平总书记近期重要批示精神，牢记习近平总书记的殷殷嘱托，提高政治站位，认真履行河（湖）长制责任，扎实推进中央环境保护督察“回头看”及高原湖泊环境问题专项督察反馈意见整改工作，坚决抓好九大高原湖泊保护治理。调研组深入核心保护区、面湖石漠化山区，现场检查整治工作。通过退耕还林，澄江县路居镇红石岩村石漠化荒山绿意渐浓，预计到2028年，正在实施的森林抚仙湖项目将使抚仙湖径流区林木绿化率达到 60%。在调研中，陈豪主持召开座谈会，听取玉溪市、江川区、通海县、澄江县、抚仙湖管理局和省里有关部门关于“三湖”保护治理和问题整改工作情况汇报。他指出，要深刻认识保护治理的重要性、紧迫感、艰巨性，以实际行动交出合格的整改答卷。要提高政治站位，正视问题抓整改，增强学习贯彻习近平生态文明思想的政治自觉、思想自觉和行动自觉，切实解决存在的站位不高、认识不深、整改不实、规划滞后、创新不够等问题。要聚焦突出问题，精准施策抓治理，注重源头管控，强化标本兼治，创新保护治理体制机制，借鉴成功经验，探索引入第三方参与生态建设和环境保护监督，走出一条政府与市场力量有机结合的新路子。要知责履责尽责，强化责任抓保护，各级各部门要上下协同形成合力，各级河（湖）长要切实做到巡河巡查、发现问题、整改落实“三个到位”，在高质量发展中实现高水平保护，在高水平保护中促进高质量发展。要严守生态红线，科学规划抓发展，对相关规划再优化、再提升，引导各类要素科学配置，坚定不移走生态优先、绿色发展路子。要坚持依法治湖，动真碰硬抓管理，让制度长牙、让铁规发力，以刚性制度守护青山绿水。陈豪强调，生态文明建设事关战略全局、事关长远发展、事关人民福祉。各级各部门特别是党政一把手要紧盯目标任务，拉高标杆，自加压力，以咬定青山不放松的态度持之以恒抓好各项工作；要加强教育引导，让广大群众成为保护环境的参与者、建设者、监督者，共同为把云南建设成为我国生态文明建设排头兵和中国最美丽省份而努力奋斗②。

---

① 普洱市环境保护局：《省、市污染源普查入户调查阶段调研检查组到墨江县检查指导第二次全国污染源普查工作》，http://www.7c.gov.cn/zwxx/xxyw/xxywzsdt/201811/t20181113_185971.html（2018-11-13）。

② 田静：《陈豪在玉溪市督促检查高原湖泊保护治理时强调　提高站位压实责任 坚决抓好九大高原湖泊保护治理》，《云南日报》2018 年 11 月 15 日，第 1 版。

“11·3”金沙江白格堰塞湖泄流洪峰流经迪庆藏族自治州，给迪庆藏族自治州造成了较大灾情，同时也对生态环境产生了较大影响。全州环境保护系统积极行动起来，主动作为应对灾情，取得阶段性成效。从11月3日金沙江白格堰塞体附近山体再次垮塌开始，环境保护部门密切关注，并及时制订下发有关工作方案，开展应急工作。一是迅速开展环境风险排查和应急准备工作。环境保护部门由州县环境保护局领导带队，组织精干人员开展环境风险排查，重点抓好水电站、加油站、水泥厂等企业风险源排查；加大污水处理厂、垃圾填埋场等重点污染治理设施的监管，严查排污单位趁机违法排污；督促指导相关企事业单位开展隐患排查和防治；对沿江一线的所有加油站、垃圾填埋场采用全球定位系统海拔测量仪进行定位，对可能受泄流洪峰影响的区域采取应急措施。二是积极开展应急监测。迪庆藏族自治州环境监测站成立应急监测工作组，制订监测方案，10 月 13—15 日，开展金沙江贺龙桥断面洪水水质监测；11 月 16—18 日对金沙江贺龙桥断面开展灾后水质监测工作，密切关注水质变化情况。为了全面掌握“11·3”金沙江白格堰塞湖泄流洪峰对迪庆藏族自治州生态环境造成的损害情况，科学制订生态环境整治修复计划和方案，迪庆藏族自治州环境保护局党组及时研究并积极向上级主管部门汇报争取关心支持，并委托生态环境部环境规划院开展迪庆藏族自治州金沙江流域“11·3”泄流受灾区域环境污染和生态损毁状况调查、生态环境损害鉴定评估、灾后生态环境综合治理项目实施方案编制 3 项工作。生态环境部环境规划院于 11 月 26 日组织云南省环境科学研究院、昆明理工大学、云南华博工程设计有限公司等单位专家和技术人员组成的工作组赴现场开展灾情调查与评估①。

2018年11月20—21日，为有效推进生态环境部饮用水督查组在督查渔洞水库时交办问题的整治进展，由昭通市环境保护局副局长虎尊鹏带队，对渔洞水库保护区及径流区开展了环境监察，仔细核查了相关问题的整治情况。11月20日，检查组分别检查了鲁甸县新街镇、龙树镇和水磨镇三个垃圾热解项目的建设情况。针对当前情况，虎尊鹏要求，一是要加快建设，尽快投入使用，确保问题如期整治完成。二是项目建设中存在的问题，乡镇及有关负责部门要加强沟通协调，攻坚克难，保障项目顺利推进。11 月 21日，检查组检查了昭阳区苏甲乡临时垃圾堆放点和洒渔镇一级保护区农业种植问题处理情况。针对当前进度，虎尊鹏要求：一是昭阳区要坚持“一个水源地、一套方案、一抓到底”的原则继续推进问题整治。二是严格执行生态环境部《关于答复全国集中式饮用水水源地环境保护专项行动有关问题的函》，结合实际落实整治措施。三是突出“划、立、治”的工作重点，尤其是在“立”和“治”上下足功夫。四是坚持问题导向，紧盯

① 迪庆藏族自治州环境保护局：《迪庆州环境保护局及时开展金沙江“11·3”白格堰塞湖泄流洪灾生态环境影响调查评估》，http://www.7c.gov.cn/zwxx/xxyw/xxywzsdt/201812/t20181224_186968.html（2018-12-24）。

2018年12月底前完成整改任务的目标，以时不我待的精神解决全部问题。五是进一步细化农业种植指导方案和退耕还林工作方案，切实指导农民科学种植，逐步推进退耕还林工作。六是要加强监管，特别是2019年春耕季节，防止随水而耕的情况再出现。七是建立健全渔洞水库水源保护长效机制，坚持“谁污染、谁治理，谁破坏、谁恢复”，明确各部门及乡镇职责，严防“复耕、复堆”的问题出现。针对当前的整治工作进展，市环境保护局将继续跟踪进展，确保问题整治有序推进，保障群众饮水安全[①]。

2018年11月23—24日，生态环境部土壤生态环境司调研组到会泽县调研环境保护工作。调研组先后到者海镇土地修复综合防控工程、污水处理厂、驰宏会泽冶炼分公司等地调研。调研组认为：会泽县委、县政府高度重视生态环境保护工作，牢固树立“绿水青山就是金山银山”的理念，积极构建政府、企业、公众共治共享的环境治理体系，认真贯彻落实环境保护法律法规制度，紧扣“大气、水、土壤”污染防治采取强有力措施，开展专项整治，工作成效明显。调研组要求：会泽县要进一步贯彻落实环境保护有关法律法规，加强领导，强化措施，狠抓落实，实行最严格的环境保护制度。云南省生态环境厅土壤环境管理处主任仝斌、曲靖市环境保护局副局长柳江陪同调研，副县长朱培成汇报了会泽县环境保护工作[②]。

2018年11月26日，云南省委书记陈豪赴大理白族自治州督促检查洱海保护治理工作和中央生态环境保护督察“回头看”及高原湖泊环境问题专项督察反馈意见整改工作。他强调，要深入学习贯彻习近平总书记近期重要批示精神，进一步提高政治站位，强化责任担当，从忠诚践行“四个意识”“两个维护”的高度，从对人民负责、对子孙后代负责的高度，坚持科学治理、依法治理、综合治理，打好洱海保护治理这场攻坚战。陈豪一行先后到大理市上登凝灰岩矿区、海东新区秀北山森林公园，检查边坡生态修复治理、海东绿化和海东新区规划调整情况。在随后召开的座谈会上，陈豪指出，洱海污染是多年经济高增长积累的环境问题，其治理保护形势依然严峻，不能掉以轻心。一定要认真学习贯彻习近平生态文明思想，站位全局、对标对表，进一步清醒认识洱海保护治理的艰巨性、复杂性、紧迫性，增强洱海保护治理的政治自觉、思想自觉和行动自觉，坚持问题导向，举一反三，不折不扣把中央环境保护督察整改任务落实到位。陈豪强调，系统开展洱海流域生态文明建设，必须标本兼治、整体推进。要坚持规划引导，立足长远、统筹兼顾，抓好大理市城乡建设总体规划和洱海流域保护发展规划，全面加强流域空间管控；要统筹山水林田湖草等生态要素，因地制宜全力实施生态修复和

① 昭通市环境保护局：《强化渔洞水库环境监察、有效推进问题整治》，http://www. ynepb.gov.cn/zwxx/xxyw/xxywzsdt/201811/t20181127_186339.html（2018-11-27）。

② 曲靖市环境保护局：《生态环境部土壤生态环境司到会泽调研环境保护工作》，http://www.ynepb.gov.cn/zwxx/xxyw/xxy wzsdt/201811/t20181126_186310.html（2018-11-26）。

环境保护工程；要科学治理、多管齐下，把改善提升洱海水质作为首要任务，在环湖截污、入湖河道治理、农村人居环境治理上狠下功夫；要坚持绿色发展，加快产业转型升级，大力推进生态产业化、产业生态化①。

2018 年 11 月 28—30 日，根据生态环境部生态环境监测司《关于协助开展 2019 年国家重点生态功能区县域生态环境质量监测评价与考核无人机核查工作的函》的要求，云南省生态环境厅派出云南省环境监测中心站考核技术组对洱源县生态变化斑块进行了无人机现场核查。由于国家的协查函给出了生态变化斑块的坐标位置和面积大小，技术组利用高分卫星遥感影像对坐标进行了定位并对斑块面积进行了复核，运用历年卫星遥感影像对该斑块的变化过程及周边生态环境情况进行了比对分析，发现该斑块位于洱源县邓川至凤羽公路的改扩建工程施工区域。技术组在斑块现场用 GPS 复核了斑块位置，同时结合无人机核查技术得到了时相性好、清晰度高的斑块现状影像。技术组除了获取及时影像资料之外，同时也召集县域各相关部门进行了沟通，了解到该生态变化斑块涉及的邓凤公路改扩建工程属于国家扶贫特困县集中连片特困地区县乡道改造扶贫民生工程。通过对生态变化斑块基本信息等资料的收集，最后形成了完整、翔实的现场核查报告上报生态环境部生态环境监测司。卫星遥感监测的历史记录性和无人机低空飞行获取精准影像资料的优势得到充分应用，云南省环境监测中心站利用天地一体化监测手段高质量完成了国家协查任务②。

2018年12月11日，为顺利完成2018年县域生态环境质量监测评价与考核及大气、水污染防治工作，墨江哈尼族自治县人民政府主持召开了县域生态环境质量监测评价与考核及污染防治工作会议。在会上，张雪梅副县长传达了10月12日云南省环境保护厅组织召开的 2018 年县域生态环境质量监测评价与考核工作动员部署会议精神，通报了 2017 年县域生态环境质量监测评价与考核结果，并针对2018年县域生态环境质量监测评价与考核及大气、水污染工作提出明确要求：一是明确目标、压实责任。二是严明纪律、强化督查。确保各项数据准确可靠，证明材料完整规范，并于 12 月 20 日前将相关材料经单位主要领导审核签字后提交到县环境保护局。在会上，墨江哈尼族自治县环境保护局有关股室负责人针对 2018 年县域生态环境质量监测评价与考核工作及大气、水污染防治工作进行了具体的业务讲解、任务分解及相关指标解释。通过此次会议，各有关单位进一步统一了思想，明确责任，强化措施，狠抓落实，为墨江哈尼族自治县实现科学发展、绿色发展、跨越发展做出新的更大贡献，着力推进墨江哈尼族自治县生态环

---

① 蒋朝辉：《云南省委书记陈豪督促检查洱海保护治理 要把改善洱海水质作为首要任务》，《中国环境报》2018 年 11 月 27 日，第 1 版。

② 云南省环境监测中心站：《云南省环境监测中心站开展洱源县生态变化斑块无人机现场核查》，https://www.ynem.com.cn/news/a/2018/1206/1211.html（2018-12-06）。

境保护工作更上一个新的台阶①。

2018年12月下旬，按照《云南省环境保护厅关于印发2018年全省环境监察工作要点的通知》要求，为确保年底按时完成工作任务，云南省环境监察总队在玉溪市元江县召开了云南省滇中片区第四季度环境监察工作推进会。在会上，昆明市、玉溪市、楚雄彝族自治州环境保护局参会领导对所属辖区 2018 年环境监察工作任务完成情况及存在的困难做了总结发言。黄杰总队长对三州市今年环境监察执法工作所取得的成绩给予了肯定，并就当前环境监察工作面临的形势和下一步工作任务做了强调和要求。黄杰总队长强调，今后一段时期的环境监察工作会越来越繁重，工作任务会更加困难艰巨，同时也是强化环境监管、加强行政执法及法规、监测标准等进一步完善的关键时期。他要求：一是要不折不扣完成环境保护督察、污染防治攻坚、饮用水源地整治、九湖生态环境监管等重点工作任务。二是要加强环境保护宣传工作，形成工作氛围，环境监察工作要做到尽职尽责。三是要真抓实干，做好和完善环境监察基础性工作。部分县区环境保护局、大队参会人员还做了交流发言②。

2018年12月27日，为提高生态环境监测技术水平及生态环境监测质量，提升生态环境监测数据综合分析对生态环境保护与管理决策的支撑能力，金平县环境监测站与蒙自市环境监测站开展了生态环境监测技术交流会。在会上，双方各自介绍了开展生态环境监测工作的现状、区域工作重点。双方从实验室管理体系运行情况、实验室项目分析经验、现场采样监测技术、应急环境监测、县域生态考核工作经验、空气及水质自动监测站运行管理6个方面进行探讨，并实地参观了金平县环境监测站实验室及国家考核断面那发出境水质自动监测站。两站通过技术交流，各自都有了很大收获，互相取长补短，对进一步打好县域污染防治攻坚战，深入开展水环境、土壤环境、大气环境监测工作，提升环境监测数据质量，确保环境监测数据“真、准、全”具有助推作用③。

---

① 普洱市环境保护局：《墨江哈尼族自治县召开 2018 年县域生态环境质量监测评价与考核及污染防治工作部署会》，http://www.7c.gov.cn/zwxx/xxyw/xxywzsdt/201812/t20181214_186769.html（2018-12-14）。

② 玉溪市环境保护局：《云南省滇中片区第四季度环境监察工作推进会在玉溪元江召开》，http://www.7c.gov.cn/zwxx/xxyw/xxywzsdt/201812/t20181225_187015.html（2018-12-25）。

③ 红河哈尼族彝族自治州环境保护局：《红河州金平蒙自两县市开展生态环境监测技术交流》，http://www.7c.gov.cn/zwxx/xxyw/xxywzsdt/201901/t20190103_187212.html（2019-01-03）。

第七章　云南省生态治理与修复事件编年

生态治理与修复是生态文明建设的重要实践，其重点围绕“生态美、环境美、山水美”，保护山水林田湖生态系统。云南有良好的生态优势，由于一些不合理的生产生活实践活动，造成了资源环境承载压力，必须坚持节约优先、保护优先、自然恢复为主的方针，以九大高原湖泊保护治理、以长江为重点的六大水系保护修复、水源地保护、城市黑臭水体治理、农业农村污染治理、生态保护修复、固体废物污染治理、柴油货车污染治理为重点治理与修复对象，保护水源、森林、湿地自然生态系统。2018 年，云南省在持续推进农村环境综合整治、九大高原湖泊流域治理、湿地保护、环境卫生整治、环湖治理、农业面源污染防治、水污染综合防治、水土保持、生物多样性保护、森林植被恢复等方面取得了一定成效，为打赢蓝天碧水净土三大保卫战做出了贡献。

第一节　云南省生态治理与修复事件编年（1—6 月）

2018年1月1日是保卫抚仙湖“雷霆行动”开展的第29天，据玉溪市“雷霆行动”市县联合工作组介绍，中央和省级主流媒体的宣传报道有力地推动了工作。保卫抚仙湖“雷霆行动”持续开展以后，一级保护区和牛摩河 3 户规模畜禽养殖场顺利退出；抚仙湖径流区餐饮住宿业全面停业整改。截至当时，保卫抚仙湖“雷霆行动”100 项责任清单验收销号，其中包括沿湖居民“两污”整治，规模畜禽养殖隐患整治，河道、湿地整治，径流区工矿企业隐患整治工作，保护 区内临违建筑隐患整治，环境卫生综合整治，旅游行业综合整治，优化空间管控，“四退三还”和企事业单位退出工作和监管能力方面等25项。2018年1月2日，央广网以《“雷霆行动”百日攻坚还抚仙湖原貌》为标题，对玉溪市委、市政府开展保卫抚仙湖“雷霆行动”百日攻坚进行了详细报道，充分肯定了玉溪市加大力度治理抚仙湖的措施和取得的成效①。

2018年1月3日，记者从日前召开的云南省全面推行河（湖）长制新闻发布会上获悉，云南省采取多种措施确保河（湖）长制落地生根见实效，全省河湖库渠面貌明显改善，重要江河湖泊水环境治理初见成效。截至当时，全省河长制四级工作方案全部到位，组织体系全面建立，配套制度建立健全，巡河监督形成常态。云南省河湖库渠全部实现了有人管、有制度管。省、州（市）、县（市、区）、乡（镇）、村5级共明确62 729名河长。云南省7127条河流、41个湖泊、7103座水库、7992座塘坝、4549条渠道全部纳入河（湖）长制，实现河湖库渠全覆盖。据了解，云南省先行推行河（湖）长制的昆明市滇池流域、玉溪市抚仙湖流域和大理白族自治州洱海流域，取得了明显的成效。目前，抚仙湖稳定保持Ⅰ类水质，洱海全湖水质为2000年以来同期最好水平，滇池全湖水质由劣Ⅴ类好转为Ⅴ类。2017年，云南省河流总体水质为良好。在253个国控省控断面中，水质达到或优于Ⅲ类标准的断面比例为83%，比2016年提高1.3个百分点；劣Ⅴ类断面比例为5.5%，比2016年下降0.1个百分点。26个出境、跨界河流监测断面均达到或优于Ⅲ类标准②。

2018年1月6日，大理市洱海环湖截污工程的首座再生水厂——双廊再生水厂全面完成清水联动调试，正式进入接纳污水试运行阶段。正式投入使用后，双廊的污水处理能力将得到全面提升，实现生活污水全处理和零排放。据介绍，该再生水厂采用了目前较为先进的下沉式厂房设计和污水处理工艺，以及复合生物除臭系统等先进的环境保护技术。污水处理规模近期可达每天0.5万立方米，远期可达每天1万立方米。工程服务范围覆盖整个双廊镇，服务面积达3.03平方千米，服务人口4.72万人。该工程2015年6月开工，计划工期3年，目前已实现提前半年完工并投入运行，这也是大理市洱海环湖截污工程6座再生水厂建设中首个完成建设并投入运行的再生水厂。据了解，除双廊再生水厂外，目前建设的古城、挖色、上关、喜洲和湾桥5座下沉式再生水厂也将在年内陆续投入运行③。

2018年1月9日，云南省大理白族自治州委书记陈坚在大理白族自治州委八届三次全体会议上做报告时要求：2018年，大理白族自治州要全力抓好洱海保护治理，确保

① 余红：《保卫抚仙湖“雷霆行动”受到媒体持续关注　变“靠水吃水”为“养水吃水”》，《云南日报》2018年1月3日，第1版。

② 蒋朝晖：《江湖库渠全部实现了有人管、有制度管　云南6万多名河长盯牢水质》，《中国环境报》2018年1月4日，第2版。

③ 杨峥、雷桐苏：《大理洱海环湖截污工程　首座下沉式再生水厂试运行》，《云南日报》2018年1月7日，第1版。

洱海水质稳定保持Ⅲ类，其中6个月为Ⅱ类，推动应急性抢救保护治理逐步向全流域系统科学保护治理转变。陈坚指出：2017年，在国家和云南省的大力支持下，大理白族自治州超常施策保护治理洱海取得阶段性成效，完成年度项目投资63.65亿元，是“十二五”期间投入的2.3倍。洱海全年总体水质保持稳定，实现了水质6个月Ⅱ类、6个月Ⅲ类，不发生规模化蓝藻水华的目标。陈坚强调：2018年，大理白族自治州在突出洱海保护治理中，要全面统筹与重点推进相结合，流域综合治理与湖体水质管控相结合，工程措施治理与体制机制创新相结合，深入推进“七大行动”，确保入湖污染负荷明显下降、蓝藻水华得到有效控制。如期完成环湖截污工程并投入运行；全面实质性开展农业面源污染防治行动，加快流域产业调整步伐；加快推进“三线”划定落地，2018年要取得明显成效；做好民宿客栈提标恢复和规范经营，形成有品质的绿色环境保护与健康休闲体验的民宿客栈体系；推进洱海周边人口疏减和洱源西湖生态移民，加快主要入湖河口、湖岸生态湿地建设，全面实施海东面山绿化造林重大工程建设；全面推进河（湖）长制，实现入湖河道水质明显改善①。

2018年1月初，德宏傣族景颇族自治州自然生态保护服务队志愿者郑山河，在芒市轩岗乡野拍时，意外遇到一大群世界濒危物种、国家一级重点保护野生动物菲氏叶猴，经过他现场统计和对拍摄到的影像资料比对，该种群数量在200只以上，是目前全国发现的最大种群的菲氏叶猴。中国林业生态摄影协会会长、北京林业大学博士生导师陈建伟介绍：菲氏叶猴是猴科疣猴亚科乌叶猴属的一种，主要生活在海拔2700米以下的原始阔叶林中，生活在德宏傣族景颇族自治州的菲氏叶猴属于滇西亚种，主要分布在中国云南西部（怒江以西）和缅甸东部和北部。菲氏叶猴在中国分布区域狭窄，通常猴群大小不超过30只，最多可达60只至80只。这次在德宏傣族景颇族自治州发现200只左右的大种群实属罕见，是国内发现的最大稳定种群。德宏傣族景颇族自治州已着手对该种群和栖息地开展严格保护措施。经过多年，德宏傣族景颇族自治州坚持把生态环境作为最优质的资源、最宝贵的财富，着力在保护生态环境上下苦功、做实事、求实效。德宏傣族景颇族自治州森林面积1152万亩，森林覆盖率68.78%②。

2018年1月10日，龙陵小黑山省级自然保护区管护局揭牌成立。小黑山自然保护区总面积5805公顷，据调查统计，自然保护区内生物种类达3662种，占云南生物种类数量的12.5%，高等植物和高等动物种类分别超过2000种和300种。有蕨类以上植物205科、895属、2492种，有哺乳类、两栖类、爬行类和鸟类等野生动物468种。小黑山自然保护区周边区域涉及龙山、镇安、龙江等六个乡镇，是高黎贡山重要的链接纽带

---

① 蒋朝晖：《大理州委书记要求全力抓好洱海保护治理　确保洱海水质稳定保持Ⅲ类》，《中国环境报》2018年2月12日，第6版。

② 刘祥元、郑彬、朱边勇：《德宏发现菲氏叶猴全国最大种群》，《云南日报》2018年1月15日，第1版。

和“生物走廊带”，也是龙陵县边境线上重要的“天然基因库”和“水源涵养区”，对促进生态文明建设和维护生态平衡具有重要作用[①]。

2018年1月12日，丽江市坚持全面规划、积极保护、科学管理、永续利用的方针，以生物多样性和生态系统保护为根本，以建立和完善保护地体系为重点，不断提高生物多样性保护的科学化、规范化，截至当时，丽江基本形成生物多样性保护网络体系[②]。

2018年1月中旬左右，随着3号、4号脱水场区开始实施道路工程建设，《星云湖流域水环境保护治理“十三五”规划》的重大项目——星云湖污染底泥疏挖及处置工程项目加快推进。江川区计划清除星云湖重污染区污染底泥 728.79 万立方米，确保2018年底消除星云湖劣Ⅴ类水质。多年来，玉溪市和江川区累计投入约11亿元用于星云湖的治理，制订和编制了《云南省星云湖保护条例》《星云湖流域水环境保护与水污染防治规划》等相关政策法规，按照“外源与内源治理并举、工程项目与管理措施并重、重点突破与整体推进结合”的思路，投资 27.06 亿元，实施星云湖环湖截污治污、污染底泥疏挖及处置、水体置换、农业高效节水减排、两污建设等 15 项治理工程，同时推进产业结构调整，发展生态旅游业，持续抓好抓实星云湖流域水环境保护治理。积极争取山水林田湖生态保护修复试点支持，开展矿山修复等工作，确保 2018 年底消除星云湖劣Ⅴ类水质，2020 年实现Ⅴ类偏好，力争达到Ⅳ类水质，重现星云湖“山秀水美、人湖和谐”。据悉，该项目计划总投资 8.5 亿元，工程预计可清除星云湖底泥中总氮9190吨、总磷6075吨，此外，将有助于水生生物多样性的恢复和数量的增加，促进星云湖水生生态系统及湖泊功能的恢复[③]。

国家林业局印发的《关于 2017 年试点国家湿地公园验收情况的通知》，公布了2017年试点国家湿地公园验收结果，有84处试点国家湿地公园通过验收，其中，云南省的普者黑喀斯特国家湿地公园、普洱五湖国家湿地公园名列其中。至此，云南省已有18个国家湿地公园。被誉为“天边梦境人间瑶池”的普者黑喀斯特国家湿地公园，是全国22个重点国家湿地公园之一。公园规划面积 1107.4 平方千米，湿地率达66.37%。湿地公园现有维管植物823种、鱼类89种、两栖动物6种、爬行动物10种、兽类16种、鸟类208种，生物多样性十分丰富。普洱五湖国家湿地公园由洗马湖、梅子湖、野鸭湖、信房湖和纳贺湖 5 个湖泊构成，5 个湖泊通过思茅河连接在一起，是我国西南山地森林涵养湿地的典型代表。根据历次普查和监测，普洱五湖国家湿地公园共记录到植物1039种。湿地公园及周边共分布有哺乳动物30种、鸟类206种、两栖动物15

---

① 贾云巍、郁云江：《龙陵小黑山保护区管护局揭牌成立》，《云南日报》2018年1月11日，第11版。
② 和茜、何俊祥：《丽江基本形成生物多样性保护网络体系》，《云南日报》2018年1月12日，第12版。
③ 余红：《星云湖加快污染底泥疏挖　年底消除星云湖Ⅴ类水质》，《云南日报》2018年1月13日，第3版。

种、爬行动物21种[①]。

2018年1月23日，入滇河道宝象河流域排水收集系统改造项目经过前期准备工作已获得批复，将在2018年开工建设，工期预计4年。改造后宝象河流域经开区段可实现污水全收集、全处理。据了解，宝象河流域排水收集系统计划将新建排水管24.907千米，包括新建宝象河流域沿线管道17563米、铜牛寺水库片区管道4149米、世行干管—云大西路泵站片区管道1690米，同时配套建设河道管网检测系统、3座调蓄池和1座泵站，项目拟采取PPP模式实施，估算投资约7.3亿元。建成后将进一步打通支流沟渠，增加宝象河流域污水收集量，解决雨季污水溢流问题[②]。

2018年1月23日，玉溪市保卫抚仙湖雷霆行动的第51天，100项责任清单已完成37个问题整改，其中25个已销号、12个待验收、30项正在验收，保卫抚仙湖雷霆行动实现时间过半、任务过半。50天来，保卫抚仙湖雷霆行动在关停拆退、保护治理、环湖截污和河长制推进等工作方面取得新成效、实现新突破。全面完成22家中央、省、市、县属企事业单位退出抚仙湖一级保护区工作，共退出土地面积954.73亩、建筑面积13.17万平方米。径流区1544户餐饮住宿服务业正在实施分类整治，其中一级保护区内425户已关停整改、二级保护区内1119户正限期整改。在澄江县海口镇海镜社区塆子村，占地4.2亩的空心砖厂已经一次性拆除退出，十余名村民正在对该地块进行生态修复[③]。

2018年1月底，随着昆明市富民工业园区哨箐片区污水处理厂正式投产运行，昆明市7个涉及相关问题的工业园区已按要求完成了部分园区未配套建设集中式污水处理设施问题的整改工作。据富民县环境保护局相关负责人介绍，该污水处理厂建设项目总投资1243万元，净用地面积4.32亩，设计处理规模为每天500立方米，能满足目前及今后一段时间工业园区的污水处理需求。经过处理的水质完全达到排放标准。该污水处理设施建成投入运行后，富民工业园区3个片区的集中式污水处理设施均按要求完成整改[④]。

2018年1月初，国家发展和改革委员会、财政部、国家林业局、农业部、国土资源部联合下发了《关于下达2018年退耕还林还草任务的通知》，下达云南省2018年度新一轮退耕还林还草任务330万亩，其中还林300万亩、还草30万亩，任务量居全国首位。《关于下达2018年退耕还林还草任务的通知》要求，各地要优先安排基础工作扎实、前期任务完成好的地方，争取集中连片，并向深度贫困地区、革命老区倾斜。要及时组织实施，严格事中事后监管，将退耕还林还草的目标、任务、资金、责任层层分解

---

① 胡晓蓉：《普者黑和普洱五湖入选国家湿地公园　至此我省国家湿地公园升至18个》，《云南日报》2018年1月14日，第1版。

② 张雁群：《宝象河流域排水收集系统年内改造》，《云南日报》2018年1月23日，第12版。

③ 余红：《保卫抚仙湖雷霆行动实现时间过半任务过半》，《云南日报》2018年1月24日，第3版。

④ 李竞立：《昆明市7个工业园区　按时完成污水处理设施整改》，《云南日报》2018年1月28日，第2版。

落实，定期报告工作进度，确保工程建设如期完成[①]。

截至2018年2月1日，昆明市晋宁区完成绿化造林29万亩，滇池流域面山植被恢复成效显著。在滇池流域面山植被恢复治理工作中，晋宁区以区域内林业生态建设为重点，有针对性地实施了滇池流域“五采区”植被恢复、主要交通沿线面山绿化景观提升改造项目，扎实组织实施好“省市联动・绿化昆明・共建春城”义务植树活动，全区森林资源实现稳步增长[②]。

2018年2月初，经云南省林业科学院专家蒋宏反复鉴定后，最终确定在云南大围山国家级自然保护区内发现的兰科植物为宽距兰属植物印度宽距兰，分布于印度东北部、不丹、越南等地。印度宽距兰首次在该自然保护区内被发现并采集到标本，被确认为大围山新记录种[③]。

2018年2月初，水利部长江水利委员会督导检查工作组到云南省督导检查入河排污口整改提升及规范化建设、监督管理、水功能区达标建设等工作。检查组实地检查了安宁市、呈贡区污水处理厂和滇池环湖截污及排污口治理工作，听取了安宁市、西山区、呈贡区政府及相关部门情况介绍，查阅了相关文件及资料，与云南省水利厅、环境保护厅等有关部门（单位）进行了座谈。检查组认为，云南省水利、环境保护、住房和城乡建设部门合作较好，云南省水利厅高度重视入河排污口整改提升工作，及时上报了整改方案，及时安排开展了入河排污口整改提升工作。入河排污口工作有序推进，入河排污监测信息化平台建设、水功能区水生态修复工作成效明显，滇池治理得到广泛认可。检查组强调，要进一步提高政治站位，加强组织领导，深刻认识做好长江入河排污口整改提升工作的重大意义，根据督导检查工作要求及安排，进一步贯彻落实整改提升工作任务。抓紧实施入河排污口规范化建设，分时分类规范符合水功能区等要求的入河排污口设置审批；对减排项目，环境保护部门审查通过的，要简化补办手续，对不符合水功能区要求的，并已停用、无效的，要督促拆除、注销；根据纳污能力状况及保护发展的需要，可置换排污项目；按照入河排污口规划设置指南，积极推动入河排污设置，注意涉水工程防洪、生态、水功能区要求，在厂区外设置明渠段或取样井，树立公示牌，建立在线监控，切实加强监管；“两江一源”规划的核查，要根据最新情况及时调整方案。水利部门要与环境保护等部门加强沟通，协调加强入河排污口设置事中审批、事后综合执法，利用河长制平台推进入河排污口整改工作[④]。

---

① 胡晓蓉、杨晓莹：《国家下达我省新一轮退耕还林还草任务330万亩　其中还林300万亩、还草30万亩，任务量居全国首位》，《云南日报》2018年1月29日，第2版。

② 张雁群、陆晓旭、瞿杨富：《晋宁区新增绿化造林29万亩》，《云南日报》2018年2月1日，第9版。

③ 李树芬、何永明：《稀有印度宽距兰“现身”大围山自然保护区》，《云南日报》2018年2月2日，第5版。

④ 王淑娟：《长江水利委督导检查工作组来滇　督查长江入河排污口整改提升工作》，《云南日报》2018年2月3日，第2版。

昆明20座污水处理厂（水质净化厂）2017年共处理污水52 000余万立方米。随着城市扩展，人口增加，城市生活污水已成为滇池的主要污染源之一。加强对城市污水的集中收集处理，是滇池治理不可缺少的“技术”手段。昆明市主城第一至第八水质净化厂、经济技术开发区倪家营水质净化厂、呈贡污水处理厂，以及东川、富民、禄劝、寻甸、晋宁、阳宗、石林、嵩明、安宁污水处理厂和阳宗集镇污水处理厂，总设计处理能力为每日133.6万立方米[①]。

2018年2月3日，云南省昆明市市长王喜良在昆明市第十四届人民代表大会第三次会议上做政府工作报告时强调：2018年，昆明市要着力打好污染防治攻坚战，全力推进以滇池为重点的水环境治理，实施滇池保护治理三年攻坚行动，实现35条入湖河道水质达标。王喜良指出：2017年，昆明市狠抓滇池治理并取得新突破，生态环境保护取得新成效。建立“四级河长五级治理体系”，设立河长3489名，6个湿地项目加快建设；滇池流域生态补偿金达4.86亿元，实施滇池保护治理项目100个，25条入湖河道水质达标，滇池全湖水质稳定保持在Ⅴ类；滇池流域及西山重点区域“五采区”关停采矿、采砂、采石点72个；新增城市绿地360.8公顷；全市环境空气质量达到国家二级标准；石林成为国家生态文明示范县。王喜良强调：2018年，昆明市要着力打好污染防治攻坚战，狠抓滇池保护治理，建设生态良好美丽家园。要强化落实河长制，全面推行湖（库）长制，突出抓好管网建设、主要入湖河道及支流沟渠治理、面源及内源污染治理、湿地生态环境效能提升等工作，加快推进草海及入湖河口清淤等43个重点项目，完成第十三水质净化厂建设等20个重点项目，实现35条入湖河道水质达标，滇池草海水质达到Ⅳ类、外海水质保持Ⅴ类。同时，要持续开展阳宗海、牛栏江等重点流域水污染防治工作，加强松华坝、清水海、云龙水库等饮用水源地保护，确保全市水环境安全[②]。

2018年2月6日，由西双版纳傣族自治州河长制办公室成员单位及渔政监督管理部门组成的澜沧江河道整治行动组，在景洪电站库区开展澜沧江河道整治活动。据了解，每年的2月1日至4月30日是景洪市的禁渔期，期间禁止一切网捕作业。禁渔期内，西双版纳傣族自治州渔政部门除了加大宣传和执法力度，打击违规作业和电、炸、毒鱼等违法行为外，还加大相关天然水域的治理工作，还青山绿水于大地，还鱼虾成群于江河[③]。

2018年2月初，昆明市政府下发的《滇池保护治理三年攻坚行动实施方案（2018—2020年）》明确提出：全市将通过实施滇池保护治理三年攻坚行动，努力把滇池打造成生态之湖、景观之湖、人文之湖。2018年滇池草海水质（含雨季）消除劣Ⅴ类，全

---

① 浦美玲：《去年20座污水处理厂净化污水52000余万立方米》，《云南日报》2018年2月6日，第7版。
② 蒋朝晖：《昆明明确滇池保护治理目标　35条入湖河道今年要达标》，《中国环境报》2018年2月9日，第2版。
③ 戴振华：《西双版纳开展澜沧江河道整治活动》，《云南日报》2018年2月7日，第4版。

年水质达到Ⅳ类。实施滇池保护治理“三年攻坚”行动，是打赢污染防治攻坚战的有力举措。《滇池保护治理三年攻坚行动实施方案（2018—2020 年）》提出滇池保护治理“三年攻坚”的水质目标为：2018 年滇池草海水质达到Ⅳ类水标准，2020 年滇池外海水质稳定达到Ⅳ类水标准。其中，2018 年滇池草海水质（含雨季）消除劣Ⅴ类，滇池草海旱季逐月水质优于Ⅳ类水标准，雨季（5—10 月）逐月水质优于Ⅴ类水标准，全年水质达到Ⅳ类；滇池外海全年水质达到Ⅴ类。2019 年滇池草海水质稳定达到Ⅳ类；滇池外海水质稳定达到Ⅴ类。2020 年滇池草海和外海水质均稳定达到Ⅳ类。2016 年，滇池草海、外海水质全年由劣Ⅴ类提升为Ⅴ类，成为近 20 年来水质最好的一年。2017 年，滇池全湖水质继续保持在Ⅴ类，同时，昆明市在云南省率先出台《关于全面深化河长制工作的意见》，全面构建起“四级河长五级治理体系”。2018 年，昆明启动实施滇池保护治理“三年攻坚”行动，采取控制城市面源和雨季合流污染、治理主要入湖河道及支流沟渠、完善流域截污治污系统、优化流域健康水循环、提升湿地生态环境效能等一系列措施，努力实现滇池水质目标与总量削减目标。《滇池保护治理三年攻坚行动实施方案（2018—2020 年）》明确了 4 项重点任务：入湖污染负荷削减、河道双目标控制管理、科技支撑、实施评估；明确了治理路径：以“科学治滇、系统治滇、集约治滇、依法治滇”为指导，通过调查研究、量化分析，综合运用工程技术、生物技术、信息技术、自动化控制等各种技术手段，实施污染源头控制、河道综合整治、河口末端治理以及河道、管网、污水处理厂、环湖截污系统、雨污调蓄系统联动运行，实现精准治污和科学治理滇池①。

2017 年，德宏傣族景颇族自治州不断筑牢生态安全屏障，逐步建立生态补偿机制，完成人工造林 99.4 万亩，巩固退耕还林 31.5 万亩，陡坡地生态治理 2.8 万亩，防治林业有害生物 84.2 万亩，一批珍稀濒危野生动植物得到保护。推广农村省柴节煤灶 2.5 万户、太阳能热水器 1.7 万台。节能减排任务全面完成。连续 19 年无重特大森林火灾，森林覆盖率提高到 68.8%②。

2018 年 3 月初，大理洱海环湖截污工程“百日攻坚大会战”动员会在大理市大理镇召开，动员各施工方压实责任，苦战实干 100 天，确保 6 月底前工程投入运行。据了解，大理洱海环湖截污工程项目，按照“依山就势、有缝必合、管渠结合、分片收集、集中处理”的原则，计划投资 34.9 亿元，在环洱海周边铺设污水管（渠）、尾水输水管、污水提升泵站等设施；在挖色、双廊、上关、湾桥、喜洲、大理古城新建 6 座污水处理厂，设计总规模为每天处理污水 5.4 万立方米。服务范围 60 余平方千米，涉及人口 65 万余人。截至当时，双廊、挖色、上关、喜洲 4 个污水处理厂已进污水，湾桥、古城 2 个污

① 浦美玲：《滇池草海水质力争年内达Ⅳ类》，《云南日报》2018 年 2 月 13 日，第 7 版。
② 刘祥元：《保护生态环境下苦功求实效》，《云南日报》2018 年 2 月 28 日，第 10 版。

水厂主体工程已经完成，进入设备安装阶段，计划3月31日进行污水处理。环湖截污主干管、干渠完成94千米，剩余4.5千米；支管及尾水管完成100千米，剩余8千米[①]。

2018年，云南省将进一步发挥绿色生态的核心优势，推动"森林云南"建设再上新台阶，全年力争完成林业投资85亿元以上，完成营造林800万亩以上。2018年内，云南省将以绿色引领产业发展，以提供更多优质生态产品为目标，进一步深化林业供给侧结构性改革，着力构建现代化林业产业体系、生产体系、经营体系和林产品质量检验检测体系，实施规模化、标准化、品牌化的产业发展战略，重点推进木本油料、观赏苗木、林下经济、野生动物人工繁育、森林生态旅游、森林康养等林业特色产业，推动林业产业由传统数量增长型向现代质量效益型转变，力争云南省林业行业总产值达到2100亿元。为进一步巩固和提升云南省以核桃为主的优势产业，重点解决核桃精深加工和销售等问题，2018年，云南省林业部门将扶持培育一批有特色、有优势、产业关联度大、带动能力强的大型龙头企业，大力培育林业专业大户、家庭林场、林农专业合作社、林业龙头企业和专业化服务组织等新型林业经营主体，促进林业第一、二、三产业融合发展，不断提高林产业创新力、竞争力和全要素生产率[②]。

2018年3月13日，永胜县正式启动了程海沿湖螺旋藻企业退出程海一级保护区拆除工作，依法拆除程海一级保护区内4家螺旋藻企业的螺旋藻养殖池及附属设施5万多平方米。一位螺旋藻生产基地负责人表示，将根据永胜县螺旋藻养殖基地整合外迁规划，在积极做好退出拆除工作的同时，尽快完成企业转型升级，大力发展康体、养身、休闲、养老等产业，促进程海保护和产业转型发展实现"双赢"。永胜县正在通过落实省市县领导挂帅任湖长制，推进农业转型，控制农业面源污染，努力把程海流域建设成为高效生态农业示范区、农业面源污染防治示范区。走进位于程海东岸的丽江程海玫瑰庄园有限公司玫瑰园，一个农旅结合、绿色种植的玫瑰基地展现在记者眼前。"这个玫瑰园，将绿色种植与田园观光旅游有机结合起来，全程进行绿色有机种植，成为发展高效生态农业的一个示范点。"永胜县副县长、程海管理局局长关永明介绍：传统农作物种植污染大、效益差，通过推行有机种植玫瑰和观光旅游相结合，既减少了面源污染源，又提升了产业效益。目前，永胜县委、县政府正在加快推进实施抢救性保护程海"九大专项行动"，重新划定了程海一级保护区禁养畜禽范围，对原有畜禽养殖场全部进行拆除。同时，在程海流域的农贸市场、超市、商店、学校、医院等重点区域，全面开展"禁磷""禁白"工作；着力加快实施县城至程海绿色通道、程海环湖公路绿色走廊、程海湖滨林带、程海面山绿色屏障四大工程。至此，农旅结合、绿色生态种植已在程海流域全面推开；沼气配套、有机肥生产等粪污综合利用工程大面积推广；谁污染、

① 管毓树：《洱海环湖截污工程将于6月底前投入运行》，《云南日报》2018年3月4日，第5版。
② 胡晓蓉：《推动森林云南建设　今年将完成林业投资85亿元以上》，《云南日报》2018年3月7日，第1版。

谁防治理念在湖区深入人心[①]。

2018年3月14日，云南省昆明市政府办公厅下发《关于进一步落实工地扬尘污染防治责任的通知》，明确各部门、各方主体责任，要求齐抓共管形成合力，加强工地扬尘污染防治，确保3月底前所有建筑工地纳入网格化管理，并达到扬尘污染防治工作要求[②]。

2018年3月中旬，江城哈尼族彝族自治县嘉禾乡举行"河长清河行动"暨"推行河长制、保护母亲河"志愿服务活动启动仪式，乡村两级党员干部和扶贫工作队80余人参加志愿清河服务。在落实河长制方面，嘉禾乡及时成立了工作领导小组，先后对辖区10条河、2个水库和1个电站开展了巡、制、管、护专项行动，乡级河长累计巡河170余次，村级河长累计巡河350余次；关闭了非法采沙点2个。同时，联合县级相关部门，利用赶集日，通过悬挂横幅、设置咨询台、发放宣传单等方式向群众进行宣传，提高广大群众的环境保护意识。开展发放宣传单、集中宣传、进校园宣传等形式多样的活动。此外，在嘉禾中学，宣传活动以"大手拉小手，小手牵大手"的方式向全校师生发放各类法律宣传资料1000余份，同学们纷纷表示，要从身边小事做起，以实际行动守护家乡的每条小河[③]。

2018年3月下旬，云南省副省长王显刚率队到玉溪市巡查抚仙湖、星云湖保护治理工作时强调，要坚持问题导向，以全面实施河湖长制为抓手，因湖施策、对症下药，驰而不息、久久为功，坚决打赢新时期抚仙湖、星云湖保卫战。王显刚对玉溪市近年来在抚仙湖、星云湖、杞麓湖保护治理工作中取得的成效、付出的努力给予高度肯定。王显刚强调，要把抚仙湖、星云湖周边的空间管控作为生态环境保护的第一措施，做好"减负"工作，切实做到抓治理更要抓保护，抓末端更要抓源头；玉溪市政府要主动作为，积极教育和引导群众参与到抚仙湖、星云湖保护治理工作中来；要进一步深化在生态环境建设和保护方面的改革性探索，确保"抚仙湖长期保持Ⅰ类水质"和"星云湖到2018年底消除劣Ⅴ类水质、力争2020年达到Ⅳ类水质"目标的实现[④]。

2018年3月21日，云南省副省长王显刚率领省环境保护厅、住房和城乡建设厅、农业厅、水利厅等相关部门负责人组成的督导组，到大理白族自治州督导洱海保护治理工作。王显刚先后来到大理洱海科普教育中心、洱海湖心、大理镇才村藻水分离站、湾桥镇古生村、喜洲镇美坝村、上关镇洱海沙坪湾、双廊下沉式再生水厂，现场检查洱海

---

① 李秀春、和茜、康平：《程海：保护优先绿色发展》，《云南日报》2018年4月30日，第1版。

② 蒋朝晖、陈克瑶：《昆明强化工地扬尘污染防治 676个工地纳入网格化监管》，《中国环境报》2018年4月2日，第6版。

③ 李玉洁、沈浩：《嘉禾乡开展"河长清河行动"》，《云南日报》2018年3月21日，第10版。

④ 蒋朝晖：《云南副省长巡查湖泊保护治理工作时强调把空间管控作为保护第一措施》，http://www.ynepb.gov.cn/zwxx/xxyw/xxywrdjj/201803/t20180322_177651.html（2018-03-22）。

水质，实地督导截污治污、蓝藻防控、村落污水收集、“三库连通”等工作推进情况，并在大理白族自治州洱海保护治理“七大行动”指挥部召开座谈会。王显刚在座谈会上指出，大理白族自治州坚持综合治理、整体发力，截污治污取得决定性进展，临时应急措施效果突出，农业面源污染治理迈出坚实步伐，“两违”整治持续深入推进，洱海水质现在总体保持稳定，初步遏制了下滑的趋势。王显刚强调，对大理而言，洱海保护治理既是一项重大的生态战略，又是一项重大的政治任务，工作永远在路上，没有休止符。王显刚要求，大理白族自治州要全力做好洱海保护治理各项工作，当好云南生态文明建设排头兵、举旗人。要突出源头治理，抓好洱源县各项工作，有效削减洱海源头污染负荷；以抓“三库连通”的干劲，加快推进海东面山绿化和生态修复；以壮士断腕的决心，抓实流域空间管控；认真总结经验，查缺补漏，补齐短板，提高工作效率①。

云南省五级河湖库渠名录体系已全面建立。截至 2018 年 3 月底，云南省已明确 67928 名河（湖）长，7127 条河流、41 个湖泊、7103 座水库、7992 座塘坝、4549 条渠道纳入河长制保护治理范围。目前，云南省各地因地制宜，积极推进河（湖）长制各项工作，按期完成了云南省委、云南省人民政府确定的目标任务。昆明市在滇池流域河道率先实行生态补偿机制，大理白族自治州启动全民保护洱海等“七大行动”，玉溪市统筹抚仙湖保护治理方案实施“四退三还”，昭通市采取无人机参与河湖监控，德宏傣族景颇族自治州具有民族特色的河长公示牌成为河湖库渠边的一道亮丽风景，丽江、保山、普洱等市引入“企业河长”“民间河长”“学生河长”等方式参与落实河长制②。

2018 年 3 月 29 日，抚仙湖综合保护治理三年行动计划启动。在启动大会上，记者了解到，截至 3 月 28 日，百日攻坚雷霆行动取得了阶段性成效，抚仙湖保护治理 10 个方面 100 个突出问题全部完成整改验收销号。在抚仙湖综合保护治理三年行动计划启动大会上，玉溪市委、市政府认真总结保卫抚仙湖百日攻坚雷霆行动开展情况，深入分析当前抚仙湖保护治理存在的困难和问题，要求全市上下聚焦问题、精准施策，奋力开创抚仙湖综合保护治理新局面。

玉溪市委、市政府要求各地各部门认真践行绿色发展理念，加大截污治污力度，构建流域生态屏障，严格执行好《云南省抚仙湖保护条例》，全面落实抚仙湖流域湖长制网格化管理方案，严格执行“日巡查、周检查、月查处”制度，全面加大抚仙湖水政、环境保护、渔政、水运及海事等综合行政执法力度，对各类环境违法违规行为“零容忍”，坚决遏制住抚仙湖流域范围内违规建设行为。同时加强监督执纪问责，坚决整治领导干部不作

---

① 蒋朝晖：《云南副省长督导洱海保护治理工作时强调　有效削减洱海源头污染负荷》，《中国环境报》2018 年 3 月 27 日，第 2 版。

② 王淑娟：《我省积极推进五级河（湖）长制》，《云南日报》2018 年 3 月 28 日，第 1 版。

为、慢作为、乱作为和“庸懒散”等问题，确保各项措施落实、任务完成、目标实现①。

2018年3月29—30日，为切实抓好云南省人民政府督导组关于《洱海保护治理工作存在的主要问题》的整改落实，云南省环境保护厅厅长张纪华带领厅长助理徐璇以及办公室、环境监测处、湖泊保护与治理处、水环境管理处、云南省环境科学研究院有关负责人对洱海保护治理工作进行调研。张纪华厅长一行实地检查了洱海监控预警系统和大庄污水处理厂建设，之后召开了洱海保护治理工作座谈会。大理白族自治州委、州政府负责同志，洱海保护“七大行动”指挥部有关部门负责人参加了座谈会。在听取大理白族自治州人民政府副州长傅希对洱海保护治理工作的情况介绍后，徐璇助理代表参加调研的各处室和单位就有关洱海保护治理的具体事项和技术工作进行了发言，张纪华厅长对大理白族自治州洱海治理工作给予了充分肯定，并对下一步工作提出了要求。

张纪华厅长认为：大理白族自治州在云南省委、云南省人民政府的领导和省直有关部门的指导下，在洱海保护治理工作方面，各级单位重视程度之高、各方工作力度之大、保护治理措施之硬、工程建设项目之多、工作成绩成效之明显都是前所未有。洱海保护有了一定的基础，污染的负荷在逐步减少，水质改善在向好的方向发展，管理的机制和设施在逐步完善。张纪华厅长指出，洱海保护虽然取得了一定成绩和成效，但洱海水质持续稳定向好的基础还不牢固，蓝藻防控面临巨大压力，洱海保护治理形势依然十分严峻，保护治理任务仍然十分艰巨，工作量非常大。张纪华厅长希望大理白族自治州下一步在8个方面进行强化：一要抓提高认识，强化思想治湖。二要抓机制建设，强化管理治湖。三要抓空间格局，强化管控治湖。四要抓项目建设，强化工程治湖。五要抓结构调整，强化生态治湖。六要抓案件查处，强化依法治湖。七要抓监测研判，强化科学治湖。八要抓问题整改，强化精准治湖。张纪华厅长明确表示：云南省环境保护厅将一如既往地对洱海保护治理予以支持，对大理白族自治州提出的需云南省环境保护厅协调解决的事项认真进行研究，和大理白族自治州委、州政府共同做好洱海保护治理工作。大理白族自治州委书记陈坚表示，云南省环境保护厅在洱海保护治理上做了大量工作，给予了大力支持、指导和帮助。大理白族自治州将不折不扣落实云南省委、云南省人民政府的决策，坚决落实洱海保护治理“七大行动”，并适时根据新情况、新变化，调整工作，相机采取应变措施。虽然大理白族自治州在洱海保护治理上做了一些工作，取得了一些成绩，但也认识到洱海保护治理的严峻性、复杂性、艰巨性和长期性。洱海保护治理既是攻坚战，更是持久战，当前的任务是稳住水质，防止蓝藻暴发；远期任务是进行生态修复，实现良性健康的水循环，进行标本兼治。希望云南省环境保护厅给予

---

① 余红：《“雷霆行动”责任清单完成整改验收　抚仙湖保护治理三年计划启动》，《云南日报》2018年3月30日，第1版。

洱海保护治理更多的支持、指导和帮助[①]。

2018 年 3 月 30 日，玉溪市政府在澄江县召开的抚仙湖径流区耕地休耕轮作新闻发布会上表示，玉溪市全力推进耕地流转休耕轮作，自 2018 年 2 月 23 日启动抚仙湖径流区耕地休耕轮作以来，目前已完成土地流转 1.7 万亩，2018 年 6 月底前将全面完成 5.35 万亩土地流转。据介绍，抚仙湖径流区共有 26 万亩耕地，靠近抚仙湖坝区 5.35 万亩水田常年种植蔬菜，复种指数达 400%。据专家测算，抚仙湖污染 70%为农业面源污染，通过对坝区 5.35 万亩蔬菜种植耕地实施土地流转和种植结构调整优化，预计每年可以就地削减纯氮约 4500 吨、减少 78%，削减纯磷约 700 吨、减少 63%，将极大地减少抚仙湖径流区农业面源污染[②]。

2018 年 4 月上旬，红河哈尼族彝族自治州政协组成 7 个专项督察组，先后深入个旧、蒙自、红河、元阳、绿春、金平、屏边、河口 8 县市，对红河、南溪河、盘龙河、李仙江、五里冲水库、马堵山电站等重点河流、重点湖泊水库的河长制推行情况进行现场督察。就如何进一步贯彻落实全面推行河长制工作，加强河、湖、库、渠管理保护，督察组提出了意见和建议：一是牢固树立“长期作战”的思想，坚持问题导向，切实在常态长效上持续用力、久久为功，认真履行“管、治、保”三项职责，摸清底数，找准症结，把深入推进“五治”工程和集中打好“水污染防治战役”有机结合起来，抓紧细化形成问题、目标、任务、责任“四张清单”，按时间节点全面完成“一河一策”“一河一档”治理及管理保护方案。二是牢固树立“一盘棋”思想，严格按照“岸上与岸下齐抓、上游与下游共管、河道与塘库一体、治标与治本同步”的工作思路，建立完善多方参与的联防、联控工作机制与共管、共治工作模式，全面加强联动协作，切实形成推动工作开展的整体合力。三是抢抓中央支持环境保护水利基础设施建设的重大政策机遇，进一步加大向上争取项目力度，力争每年都有一批重大环境保护项目纳入上级财政“盘子”，加快建设一批固根本、管长远、惠民生的重大水利设施和环境保护基础设施。四是坚持加强领导，确保马堵山电站水库专项整治取得实效[③]。

2018年4月9日，云南省污水处理规模最大的企业——昆明滇池水务股份有限公司（下称“滇池水务”）在香港召开 2017 年度业绩发布会，该公司 2017 年实现总收入12.24亿元，同比增长约33.8%，公司污水处理设计规模增加到每天228万立方米。据介绍，目前，公司污水处理规模占云南省设计污水处理能力的 34.0%，实际处理量的44.2%，占昆明市设计污水处理能力的93.7%，污水实际处理量的95.0%。滇池水务稳步

---

① 云南省环境保护厅办公室、云南省环境保护厅湖泊保护与治理处：《云南省环境保护厅厅长张纪华调研洱海保护治理工作》，http://www.ynepb.gov.cn/zwxx/xxyw/xxywrdjj/201804/t20180402_177959.html（2018-04-02）。

② 王云瑞：《抚仙湖径流区耕地休耕轮作有序推进　目前已完成对流转1.7万亩》，《云南日报》2018年4月2日，第1版。

③ 付田跃：《红河州政协　现场督察河长制推行情况》，《云南日报》2018 年 4 月 9 日，第 7 版。

推进科技创新成果落地，进一步提升生产经营管理的精细化、标准化、信息化水平，污水处理技术和运营管理继续保持行业先进。2017 年，公司平均吨水耗电量低于全国平均水平约23.33%；氨氮、COD（化学需氧量）、TP（总磷）和TN（总氮）等主要出水指标分别比国家一级 A 标准排放限值低 90.64%、76.02%、54.42%和 34.27%。再生水销售增长强劲，全年实现再生水经营收入 2005 万元，同比增长 53.64%。2017 年获得 2 项发明专利、2 项实用新型专利、2 项软件著作权。滇池水务通过提升国内外市场资源整合能力，丰富项目储备，与昆明市五华区、度假区、西山区、石林彝族自治县、寻甸回族彝族自治县，以及老挝金三角经济特区签订投资合作框架协定，未来五年计划投资 150 亿元，开展水资源、水环境、水文化等项目合作①。

2018 年 4 月 28 日，云南省环境保护厅召开新闻发布会，就云南省 2017 年以来水污染防治工作情况及2018年工作打算进行了通报。云南省各地各部门认真贯彻落实国务院印发的《水污染防治行动计划》，按照“保护好水质优良水体、整治不达标水体、全面改善水环境质量”的总体思路，深入实施《云南省水污染防治工作方案》和《碧水青山专项行动计划》；加强对水污染防治工作的领导，积极推动各级政府主体责任落实，各项工作取得积极进展。全面完成了纳入国家考核的18个不达标水体达标方案编制工作并抓好组织实施；建立了考核断面水质按月通报制度；在南盘江流域开展跨界河流水环境质量生态补偿试点工作；12 条黑臭水体整治工作时序进度达到国家考核要求，其中昆明市海河已完成整治并销号；组织开展长江经济带地级以上城市饮用水水源地环境保护执法专项行动，督促存在饮用水水源地突出环境问题的州市进行整改，确保饮用水水源安全；《水污染防治行动计划》实施以来，累计完成了 1741 个建制村的农村环境综合整治，共争取 111 505 万元中央环境保护专项资金用于农村环境综合整治试点示范；持续推进省级以上工业聚集区水污染治理。截至 2018 年 3 月底，云南省纳入国家考核的 62 个工业园区中，有 41 个工业园区完成了水污染集中治理工作，完成率达 66%。

2018 年 5 月 3—4 日，为贯彻落实《云南省土壤污染防治工作方案》要求，积极探索土壤污染防治的云南模式，创建省级土壤污染综合防治先行区，生态环境部固体废物管理中心与云南省固体废物管理中心联合组成调研组，赴澄江县开展调研活动。调研组一行先后前往轮作休耕农田、香根草种植点、磷化工企业以及历史遗留污染场地等进行实地调研，沿湖检查了抚仙湖入湖河道整治及截污、治污工程项目，详细了解澄江县农业种植、工业生产现状及已开展的土壤污染防治工作。调研组在澄江县人民政府会议室召开了座谈会，玉溪市人民政府、玉溪市环境保护局、

① 浦美玲：《滇池水务污水处理技术行业领先》，《云南日报》2018 年 4 月 26 日，第 1 版。

澄江县人民政府、澄江县环境保护局等相关部门代表参加了座谈。生态环境部固体废物管理中心陈瑛主任对土壤污染防治相关政策、标准进行了宣讲，分享了广西河池市、广东韶关市等国家级土壤污染综合防治先行区建设模式及经验做法，并结合澄江县实地调研情况，提出了初步的工作思路；云南省固体废物管理中心介绍了云南省土壤污染综合防治先行区创建要求，并对澄江县土壤污染综合防治先行区建设工作提供了建议；玉溪市人民政府、澄江县人民政府表示将积极推动土壤污染综合防治先行区建设工作。会议就如何推进澄江县土壤污染综合防治先行区建设进行了深入研讨，与会代表一致认为澄江县土壤污染综合防治先行区建设工作要与抚仙湖保护行动协同推进，要以“土水共治”构建抚仙湖生态系统屏障为主线，系统推进山水林田湖生态保护修复工作①。

2018 年 5 月上旬，普洱市及下辖 10 县（区）在全国率先完成了生物多样性和生态系统服务价值评估工作。此举不仅摸清了“青山绿水”的家底和潜在经济价值，同时也为加快“普洱国家绿色经济试验示范区”建设，探索绿色发展体制机制及绿色考评体系，提供了有力支撑。生态系统与生物多样性经济学（TEEB）是由联合国环境规划署主导的生物多样性与生态系统服务价值评估、示范及政策应用的综合方法体系。通过生态系统服务价值评估，将森林、湿地、农田、草地等生态系统为人类提供的服务和产品货币化，并将评估结果纳入决策、规划以及生态补偿、自然资源有偿使用等，同时为生物多样性保护和可持续利用决策与行动提供依据和技术支持。生态系统与生物多样性经济学项目评估工作，对全市的生物多样性提出了科学的保护对策建议，对于推动普洱市的经济社会可持续发展具有现实意义；为建立绿色政绩考核体系、制定自然资源资产负债表、建立领导干部离任审计制度、建立和完善生态补偿制度，以及制定科学的生物多样性保护战略与行动计划提供了依据②。

2018 年 5 月 15—17 日，云南省委常委、省委政法委书记张太原在宁蒗彝族自治县调研脱贫攻坚和泸沽湖保护治理工作。张太原深入贫困户家中了解情况，与群众座谈并强调，一定要围绕“两不愁三保障”，深入持续实施精准识别，分类施策，强化产业导入，做实做强村集体经济，注重扶贫与扶智、扶志相结合，倒排工期，压实责任，做实做细工作，确保如期脱贫摘帽。张太原在检查泸沽湖保护治理工作时要求，要坚持规划引领，完善制度机制，积极推动与四川建立泸沽湖共同保护治理制度，形成科学管理模式和更大工作合力。要全面落实好河（湖）长制要求，监管好入湖河道，持续做好环湖

① 云南省环境保护厅固体废物管理中心：《生态环境部固管中心与云南省固管中心赴澄江县开展土壤污染防治先行区建设调研活动》，http://www.ynepb.gov.cn/zwxx/xxyw/xxywrdjj/201805/t20180514_179775.html（2018-05-14）。

② 朱绍云：《普洱市在全国率先完成生物多样性和生态系统服务价值评估　加快“绿色经济试验示范区”建设》，《云南日报》2018 年 5 月 11 日，第 1 版。

治污截污、亮化美化绿化工作，确保泸沽湖长期保持一类水质[①]。

2018年5月17日，红河哈尼族彝族自治州召开异龙湖保护治理三年达标“冲刺行动”专题会。通过目前推进情况与《红河哈尼族彝族自治州异龙湖水体达标三年行动方案（2016—2018年）》进行对照，经过相关部门10余次碰头研究出来的10项专项整治行动的50个具体问题，在会上被一一揉碎吃透、部署落实，又给项目推进注入一股新的动力。一个个环境治理目标、一个个环境保护项目让“生态”“环境保护”这一类的字眼，高频出现在红河哈尼族彝族自治州的各个角落[②]。

2018年5月19日，生态环境部派驻云南省16个州（市）的督查组全部抵达，对云南省地级城市饮用水水源地开展“回头看”督查，对县级城市地表水型饮用水水源地开展督查。5月20日，为加快解决饮用水水源地突出环境问题，生态环境部在全国同步启动集中式饮用水水源地环境保护专项行动督查，6月2日完成督查任务。云南省16个州（市）人民政府高度重视，按时按质召开了专项督查工作座谈会，积极准备迎检材料，配合保障做好现场核查工作，并在地方党报、政府门户网站、政务微博等当地主流媒体和新媒体上宣传报道督查开展情况、督查发现问题及其整改情况。本次督查，有力促进了地方政府和有关部门提高认识，压实地方政府的饮用水水源地环境保护主体责任。在云南省县级城市集中式饮用水水源地环境保护专项行动中，16个州（市）人民政府组织排查出的78个县（市、区）126个饮用水水源地存在341个不同程度的环境问题，各地正按照“一个水源地、一套方案、一抓到底”的原则和本次督查的要求，积极推进环境问题的整治工作，截至2018年5月31日，已整治完成59个环境问题，占341个环境问题的17.3%，云南省将采取督查督办等方式督促各地加快推进原已排查发现问题的整改。同时，对督查组新发现的交办问题，各地主动认领，能立行立改的，立即组织进行整改；不能立行立改的，制定整改方案，明确整改措施和整改时限，确定责任单位，科学妥善消除饮用水水源地环境安全隐患[③]。

2018年5月22日，为进一步推进黑臭水体整治工作，云南省住房和城乡建设厅、云南省环境保护厅联合对昆明市、昭通市、玉溪市、保山市等4个黑臭水体整治工作进展滞后的地级城市政府和相关区政府进行了约谈。会议首先由云南省住房和城乡建设厅赵志勇副厅长对4个城市在城市黑臭水体整治工作中存在的主要问题，以及2017年度上报黑臭水体整治工作初见成效但仍存在的突出问题进行了通报，并提出下一步整改要求。昆明市、昭通市、玉溪市和保山市政府分别做了表态发言，明确了下一步加强推进

---

① 和茜：《张太原在宁蒗调研时强调压实责任精准发力　确保如期实现脱贫摘帽全面落实河（湖）长制要求》，《云南日报》2018年5月18日，第2版。

② 岳晓琼：《护好绿水青山　收获生态红利》，《云南日报》2018年6月22日，第9版。

③《压实政府责任　以督查促整改　各地积极推进饮用水水源地环境问题整治》，《云南日报》2018年6月9日，第3版。

黑臭水体整治以及落实本次约谈会整改要求的具体措施。最后，云南省环境保护厅王天喜副厅长做了会议总结，再次强调明确责任，落实任务，要求各城市要全力推进城市黑臭水体整治工作[①]。

2018年5月下旬，结合着扶贫攻坚工作，纳板河流域国家级自然保护区管理局为进一步营造环境优美、清洁文明、整洁有序的农村人居环境，提高农村居民的文明卫生意识，形成好风气，养成好习惯，全局 28 名帮扶责任人分别走进帮扶的四个贫困村，与全体村民共同参加脱贫攻坚环境卫生整治活动。各村村民和贫困户积极响应此次活动，对村内道路、公共场所旁的杂草、垃圾、门前屋后堆放的杂物等进行了彻底的清理。小糯有上寨帮扶的9名干部职工还组织了村小组的党员干部，一同对流经村内的小河河道进行了清理。通过开展本次脱贫攻坚环境卫生整治活动，进一步引导帮扶群众积极参与农村环境卫生整治工作，努力营造人人参与、自觉维护村容村貌、共创美好家园的良好氛围，大大提高了各村居民的凝聚力，农村人居环境条件得到有效改善，村民幸福指数得到了提升，有力推动了脱贫攻坚行动[②]。

2018年6月初，记者来到大理市湾桥镇古生村采访，发现以往当地村民在河道溪流中洗菜的场景不见了。在大理市海西农业片区，过去农业生产带来的污染成为洱海重要的污染源，特别是农户在连通洱海的河道、溪流和沟渠中洗菜，洗菜后的泥水对水质有污染。记者此次看到，围绕生态保护建设，古生村建成4个生态多塘系统对农业生产区用水进行拦污截污和生态沉淀，可以有效净化农田尾水。村里还建起了专门的环境保护专用洗菜池，农户在农田边就可以清洗蔬菜，洗菜水进入生态多塘系统进行沉淀净化，符合环境保护要求后，才进入连通洱海的河道。当地农民高兴地表示：“‘洗菜池工程’既解决了群众的洗菜难题，又保护了洱海。”[③]

2018年6月19日，记者从大理白族自治州有关部门获悉，1至5月，洱海水质达Ⅱ类，全湖水生植被面积达32平方千米，占湖面的12.7%。近年来，大理白族自治州全力推进洱海流域“两违”整治、村镇“两污”治理、面源污染减量、节水治水生态修复、截污治污工程提速、流域综合执法监管和全民保护洱海“七大行动”，全面统筹与重点推进相结合，流域治理与湖体水质管控相结合，盯住点、连成线、护出面。通过一系列“组合拳”措施，2017年实现了“洱海水质综合类别6个月Ⅱ类，6个月Ⅲ类，全年不发生大规模蓝藻水华”的年度目标[④]。

---

① 云南省环境保护厅水环境管理处：《云南省环境保护厅　云南省住房和城乡建设厅　约谈黑臭水体整治工作滞后城市》，http://www.ynepb.gov.cn/zwxx/xxyw/xxywrdjj/201805/t20180523_180096.html（2018-05-03）。

② 纳板河流域国家级自然保护区管理局：《加强农村环境整治　助力脱贫攻坚行动》，http://nbhbhq.xsbn.gov.cn/81.news.detail.dhtml?news_id=969（2018-05-28）。

③ 杨峥、雷桐苏：《“洗菜池工程”不让污水流入洱海》，《云南日报》2018年6月5日，第11版。

④ 庄俊华：《洱海水质1至5月达Ⅱ类》，《云南日报》2018年6月20日，第9版。

2018年6月27日，云南省人民政府在昆明举行新闻发布会表示，云南省河（湖）长制工作实现良好开局，有力推动了生态文明排头兵建设。据通报，云南省河（湖）长制组织责任体系已全面建立，河（湖）长制已覆盖云南省7127条河流、41个湖泊、7103座水库、7992座塘坝、4549条渠道。云南省六大水系及牛栏江、九大高原湖泊设立省级河（湖）长，云南省67 928名河（湖）长全面到位并相继开展了巡河巡湖，2017年各级河（湖）长共巡河巡湖318 530人次。其中，省级河（湖）长共巡河巡湖42人次，先后召开省级河（湖）长会议76次，引领带动各州（市）、县（市、区）、乡镇、村级河（湖）长巡河巡湖58.6万次。云南省7127条河流、41个湖泊、7103座水库、7992座塘坝、4549条渠道实现河（湖）长制全覆盖。到2017年底，省、州（市）、县、乡四级工作方案及中央规定的河长制6项配套制度全部出台，省、州（市）、县、乡镇、村五级河长和省、州（市）、县三级河长制办公室组织体系全面构建①。

2018年6月30日，云南省委书记陈豪、省长阮成发、省委副书记李秀领等党政军领导在昆明市参加义务植树活动。上午9时30分，陈豪等集体乘车来到滇池度假区大渔街道湖滨湿地植树点，与省市机关干部，驻滇解放军、武警官兵一同悉心栽下一棵棵滇润楠、香樟、球花石楠等树苗。林业部门同志边植树边汇报生态绿化工作，得知2018年云南省森林覆盖率将突破60%，陈豪和大家都十分高兴。他嘱咐一定要贯彻落实好习近平总书记在参加首都义务植树活动时的重要讲话精神，处理好保护与发展的关系，真正树牢像对待生命一样对待生态环境的理念，广泛开展国土绿化行动，持续开展全民义务植树活动，不断增加绿化面积，着力构筑绿色生态屏障，切实提升生态系统质量和稳定性，以实际行动为建设七彩美丽家园做出贡献。远眺一泓湖水，陈豪关切地询问滇池保护治理工作的新近进展，反复叮咛昆明市负责同志环湖生态带是控制污染入湖的最后一道防线，要发挥好生态湿地、生态廊道功能，坚决保护好滇池；要大力整治提升城乡环境，进一步擦亮春城名片，让人民群众共享生态文明建设成果②。

第二节　云南省生态治理与修复事件编年（7—12月）

2018年7月21日，央视《新闻联播》以2分55秒的时长，报道云南省深入贯彻落

① 王淑娟：《省政府在昆举行新闻发布会　我省河（湖）长制工作实现良好开局有力推动生态文明排头兵建设》，《云南日报》2018年6月28日，第1版。

② 盛廷：《陈豪在昆明市参加义务植树活动时强调　构筑绿色生态屏障　建设七彩美丽家园》，《云南日报》2018年6月30日，第1版。

实习近平生态文明思想，守护长江源头、划定红线，守住生态屏障，像保护眼睛一样保护生态环境，让长江经济带的绿色从“头”开始取得的积极成效。从丽江到昆明，报道全面展示了生态优先的理念在云南的生动实践。深入报道昆明市加快推进环湖截污、入湖河道整治、湿地建设，从 2018 年起打响的滇池保护治理的 3 年攻坚战，计划投资 75.99 亿元，实施市级 64 个滇池治理重点项目。云南省高原湖泊众多，随着经济社会快速发展，湖泊治理成为生态保护和建设的重中之重、难中之难。针对这个热点问题，此次报道深入介绍了云南省针对九大高原湖泊保护的专项治理和采取的一湖一策：抚仙湖、洱海、泸沽湖，突出流域管控与生态系统恢复；阳宗海和程海，继续强化污染监控和风险防范；滇池、星云湖、杞麓湖和异龙湖，通过开展全面控源截污、入湖河道整治等措施进行综合治理。持续多年，云南省不断完善生态文明建设体制。建立了河长制、环境污染第三方治理、生态环境损害责任追究等制度。云南省森林覆盖率达到 59.7%，国际重要湿地 4 处，自然保护区 161 个。围绕这些重点和亮点，报道组深入走访，点面结合，生动展示了云南守住生态保护红线，筑牢长江上游生态屏障，让长江清水滚滚东流的决心和信心①。

2018 年 7 月中旬，由昆明市滇池管理局所属的昆明市西园隧道工程管理处、昆明市滇池水利管理处整合组建的昆明市滇池水生态管理中心正式挂牌成立。昆明市滇池管理局相关人员介绍，滇池流域水资源紧缺，为切实提高水资源利用效率，充分整合西园隧道工程管理处、滇池水利管理处各自负责的滇池草海及滇池外海防汛任务，进一步提升滇池水量、水质统一管理效能，昆明市滇池管理局 2018 年初向市委编办提交了成立滇池水生态管理中心的请示。经批复，昆明市西园隧道工程管理处、昆明市滇池水利管理处整合组建为昆明市滇池水生态管理中心。据介绍，昆明市滇池水生态管理中心主要承担协调滇池流域内主要入湖河道及滇池水体内水闸等工程设施，对滇池流域水资源进行统一调配等职责任务。通过该中心的日常管理，将有利于加强滇池入湖河道水闸的运行调度管理，充分运用水闸在置换水体、改善河道水质方面的功能作用，发挥河道的综合效益，更好地改善滇池流域水环境，确保防汛安全②。

2018 年 7 月中旬起，曲靖经济开发区上西山水厂每天将 100 立方米清水注入白石江，每年注入的清水约3.6万立方米。原水经过自来水厂的提纯处理后，可饮用的水进入千家万户，但在获取饮用水的过程中，必然会产生泥渣污水，这些污水主要来自于沉淀池排污时所产生的泥水。“虽然叫污水，但它并没受过化学污染，准确地说应该是泥水。”曲靖经济开发区公用事业公司总经理杨忠斌介绍，自来水厂在生产过程中，必须

---

① 胡晓蓉：《央视〈新闻联播〉报道我省守护长江上游所取得的积极成效　云南守住生态屏障建设美丽家园》，《云南日报》2018 年 7 月 22 日，第 1 版。

② 浦美玲：《滇池水生态管理中心成立》，《云南日报》2018 年 7 月 22 日，第 3 版。

经过“絮凝”“沉淀”等工艺，“絮凝”就是把水中悬浮微粒集聚变大，或形成絮团，从而加快粒子的聚沉，达到泥水分离的目的。不少自来水厂把污水直接排入河道，长年累月淤泥会抬高河床，影响河道的行洪排涝能力。上西山水厂的做法，则是把分离出来的“泥水”，进行二次沉淀分离，得到清水后再排入河道。“经二次处理过的污水，不会对白石江水体造成任何负面影响，水质绝不输于河流里的水。”水厂相关负责人如是说。“泥水二次沉淀”的关键是需要有沉淀池。距上西山水厂数百米外，便有一座现成的沉淀池。2009年上西山水厂投入使用后，修建于20世纪80年代的老水厂停止使用。老水厂沉淀池、斜管滤池仍具备使用条件，只需要把新水厂的污水，用管道引入老水厂，经过沉淀后清水排入河道，淤泥集中处理。经过二次沉淀，既降低了污水的浊度、色度等水质感观指标，又可以对水厂排污增加监控环节。与其被动应付检查，不如主动从根子上解决问题，上西山水厂以思维转变促绿色发展，让一座废弃了10年的老水厂，焕发出新的生机和活力，通过“一吞一吐”，污水“变”成了清水[①]。

2018年8月2日，云南省委书记陈豪履行河（湖）长职责，率队到玉溪市澄江县检查抚仙湖保护治理及区域规划建设等工作。陈豪强调，抚仙湖是珠江源头第一大湖，也是我国重要的战略性水资源，还是国内水质最好的天然湖泊之一。云南省委、云南省人民政府深入贯彻习近平总书记对云南高原湖泊水环境综合治理的重要指示精神，把保持抚仙湖Ⅰ类水质作为重大政治任务，云南省委书记陈豪亲自担任云南省总河长和抚仙湖河长，多次实地调研督导、暗访检查；对面临的各种疑难杂症不回避，亲力亲为，望闻问切、对症下药。调研组深入抚仙湖保护区，一路走一路看，详细了解澄江县山水林田湖草综合治理、土地流转休耕轮作、抚仙湖一级保护区内企事业单位退出及生态修复等情况。得知治湖护湖各项工作如期推进，深得群众理解和支持，陈豪由衷高兴。他说：“抚仙湖是当地百姓世世代代繁衍生息的地方，保护好抚仙湖，就是保障广大人民群众的根本利益。一定要呵护好这湖清水，绝不能让她的好生态在我们这代人手里失去。”要以和谐共存、科学可持续的观念，正确处理好经济发展与环境保护的关系，让良好生态环境成为人民群众福祉，把绿水青山真正变成金山银山。

玉溪市在抚仙湖径流区调整种植结构，对常年种植蔬菜的坝区耕地实施休耕轮作，种植香根草等节肥节药型经济植物，不但提高了土壤生态涵养功能，而且减少农业面源污染。对此陈豪予以充分肯定，他指出，要坚持走生态优先、绿色发展的新路子，在产业结构优化上狠下功夫，大力发展生态文化旅游和大健康产业，在云南省叫响“健康生活目的地”品牌。站在广龙小镇展示中心的沙盘前，一座产城融合特色小镇规划图景直观地呈现在眼前。听取规划编制情况汇报后，陈豪表示，要认真总结借鉴广龙小镇规划

---

① 薛永壁、张雯：《“一吞一吐”污水变清泉》，《云南日报》2018年7月25日，第12版。

经验。

调研中，陈豪主持召开专题会议，听取玉溪市、澄江县、抚仙湖管理局工作汇报。陈豪强调，抚仙湖是玉溪的“眼睛”、云南的名片。抚仙湖保护治理，最能体现把云南建设成为中国最美丽省份的成效，也关乎云南努力建设成为全国生态文明建设排头兵的水平。要坚持依法治湖、铁腕执法，严格落实河（湖）长责任制，加强各方监督，形成齐抓共管合力，让“百里湖光小洞庭，天然图画胜西湖”的胜景永驻人间①。

2018年8月2日，云南省委书记陈豪赴玉溪市澄江县检查抚仙湖保护治理及区域规划建设等工作。他在检查中指出，要坚持以习近平生态文明思想为指导，按照“保护第一、治理为要、科学规划、绿色发展”的总体思路，全力抓好抚仙湖保护治理工作，让抚仙湖Ⅰ类水质世世代代留存下去。陈豪指出，保护好抚仙湖，就是保障广大人民群众的根本利益。要把保护作为第一位任务，对抚仙湖周边所有开发建设经营项目实行最严格环境准入。要统筹推进抚仙湖、星云湖、杞麓湖保护治理，以山水林田湖草生态保护修复为重点，着力打造抚仙湖生态圈。要对抚仙湖流域保护治理、开发建设有关专项规划进行再审视、再优化、再提升，进一步调整完善土地利用规划、禁止开发控制区规划、城镇发展规划、产业发展规划，切实做到生态、生活、生产空间布局合理。陈豪强调，“共抓大保护、不搞大开发”既是推动长江经济带发展的总要求和根本遵循，也是流域经济可持续发展和流域环境综合治理的战略性指导思想，为抓好抚仙湖等九大高原湖泊及其他水系保护治理开出了“药方”。要坚定贯彻这一战略导向，全面加强流域空间管控，加快推进流域生态修复、截污治污、农业面源污染防治、入湖河道综合整治，完善管理体系，加强能力建设，全面构建健康生态屏障，提升生态环境品质。要立足打造国际旅游城市、国际健康养生城市、国际会议中心城市的定位要求，协调推进抚仙湖流域新型城镇化和美丽乡村建设②。

2018年8月15日，云南省检察院、水利厅、河长制办公室召开协调推进会，就推进水资源保护、服务长江经济带发展工作进行研究和部署。记者从会上获悉，云南省各级各部门将进一步创新密切配合和支持机制，形成依法治水管水兴水的工作合力，筑牢长江上游生态安全屏障。省水利厅相关负责人表示，云南处于长江上游，云南段出口断面平均径流量约占长江总水量的15%，保护好长江流域生态环境，对服务长江经济带发展意义重大。在下一步工作中，各级有关部门将加强协作配合，通过强化各级河（湖）长责任担当，推进督查问责落实，加强涉水领域案件查办力度，进一步深入抓好河

① 盛廷：《陈豪在玉溪市检查抚仙湖保护治理工作时强调坚决贯彻共抓大保护不搞大开发战略导向　扛起政治责任强化使命担当　让抚仙湖Ⅰ类水质世代留存下去》，《云南日报》2018年8月4日，第1版。

② 蒋朝晖：《云南省委书记陈豪检查抚仙湖保护治理等工作　抓好保护治理让好水世代留存》，《中国环境报》2018年8月6日，第1版。

（湖）长制工作。同时，全力打好九大高原湖泊保护治理攻坚战，以长江为重点的六大水系、牛栏江保护修复攻坚战，水源地保护攻坚战等，深入推进水污染治理、水生态修复和水资源保护工作取得实效。在推进河湖综合整治方面，云南省将以流域面积 1000 平方千米以上河流、水面面积 1 平方千米以上湖泊、九大高原湖泊主要入湖河流、流经城镇河流、重要饮用水水源地、群众反映问题突出的河湖以及设立州（市）、县级以上河长的河湖库渠为重点，对乱占、乱采、乱堆、乱建等突出问题开展为期一年的“清四乱”专项清理整治行动，发现一处、清理一处、销号一处，确保河湖面貌明显改善。为充分发挥检察机关法律监督在环境保护中的重要作用，云南省检察院印发了《云南省人民检察院关于充分发挥检察职能服务和保障生态文明建设的实施意见》，并决定于 2018 年 8 月至 2020 年 12 月期间，在长江流域云南段所涉及州市及昆明铁路运输检察机关开展“金沙江流域（云南段）生态环境和资源保护专项监督行动”，充分发挥刑事、民事、行政检察和公益诉讼多元智能作用，集中办理一批有影响的案件，实现惩治犯罪与修复生态、纠正违法与源头治理、维护公益与促进发展相统一。同时，检察院、法院、河长制办公室、水利、林业、环境保护、国土资源等部门将增强联席会议、工作通报、信息共享、线索移送、办案协作、联合调研培训等机制的实效，形成金沙江流域生态环境修复和法治化治理工作合力，为建设美丽云南保驾护航①。

2018 年 8 月 24 日，云南省玉溪市召开的全市生态环境保护大会明确提出，要进一步树牢“薄冰”意识、“底线”意识、“担当”意识，坚定不移实施生态立市战略，争当云南省生态文明建设排头兵，全力建设自然生态宜居的美丽玉溪。玉溪市委书记罗应光在会上强调，要在环境保护督察问题整改上聚力攻坚，坚决做到问题不查清不放过、整改不到位不放过、责任不落实不放过、群众不满意不放过。要在守护蓝天碧水净土上聚力攻坚，坚决打赢蓝天保卫战，着力打好碧水保卫战，扎实推进净土保卫战。以抚仙湖、星云湖、杞麓湖、南盘江、元江“三湖两江”保护治理为重点，打赢新时代抚仙湖保卫战，打好星云湖精准治理脱劣攻坚战和杞麓湖精确调理持久战。要在产业结构调整上聚力攻坚，坚持走生态优先、绿色发展的新路子。同时，要在生态修复治理上聚力攻坚，加快森林玉溪建设步伐，筑牢生态安全屏障。要在城乡人居环境综合整治上聚力攻坚，加强农村环境综合治理，提高人民群众生活幸福指数。玉溪市委副书记、市长张德华要求，要在思想认识、措施手段、制度保障 3 个层面着力，解决好思想认识问题、工作力度和效率问题、责任落实问题，把生态文明建设各项任务落到实处。要把绿色发展理念作为生态环境保护工作的基石，把强化空间管控作为生态环境保护的根本性措施，突出重点推动全面工作。始终坚持改革创新，开创全市

① 尹瑞峰：《省检察院省水利厅省河长办召开协调推进会　形成依法治水管水兴水合力筑牢长江上游生态安全屏障》，《云南日报》2018 年 8 月 16 日，第 2 版。

生态环境保护工作新局面[①]。

2018 年 8 月 28 日，记者从德宏傣族景颇族自治州林业局获悉，在充分应用遥感技术的基础上，德宏傣族景颇族自治州森林资源数据更新取得突破，从原来的10年出数提高到年度出数。据了解，森林资源实现年度出数，对进一步摸清森林资源家底，对生态文明建设、绿色发展、县域经济考核评价有着重要意义，为林地保护、谋划林业发展提供可靠依据。德宏傣族景颇族自治州林业局以云南省“一张图”为基础，建立健全“天上看、地下查”常态化的监督和执法机制，逐步实现森林资源监测、核查、执法“三个全覆盖”，确保破坏森林资源违法行为及时发现、查处和整改。截至目前，德宏傣族景颇族自治州森林覆盖率高达 68.78%，森林面积 1152 万亩。自然保护区 1 个，达 51 651 公顷[②]。

2018 年 8 月 28 日，云南省怒江傈僳族自治州召开全州生态环境保护大会。怒江傈僳族自治州委书记纳云德要求，抓实生态环境保护、污染防治攻坚战和中央环境保护督察“回头看”反馈问题整改工作，全面提升生态文明建设水平。纳云德强调，要把生态文明建设和环境保护的重大部署、重要任务落到实处。要坚持问题导向，以最严格的要求确保各项整改任务落实到位，着力推动中央环境保护督察“回头看”整改工作取得新成绩。聚焦重点难点，全力抓好以长江为重点的六大水系保护修复等六大标志性战役和“三江”（怒江、澜沧江、独龙江）沿岸生态修复等八大行动，坚决打好蓝天碧水净土保卫战，着力推动污染防治攻坚战取得新成效。同时，加强生态修复，健全生态保护红线管控机制，推行生态补偿机制，建立健全生态环境保护片长制，强化“三江”沿岸等地生态保护修复，着力推动生态屏障建设取得新进展。统筹城乡发展，补齐农村环境基础设施建设短板。坚持改革创新，落实好环境监测、监察执法机构改革，深化生态环境保护体制机制改革，健全多元环境保护投入机制和生态环境监管体系，严格生态环境保护责任追究，着力推动环境治理综合体系得到改善[③]。

截至 2018 年 8 月 30 日，官渡区共完成“退田退塘”5902 亩，“退人”1298 人，拆除建筑物 27.18 万平方米，累计种植乔木 44.92 万株、灌木 50.75 万株、水生植物 230.76 万丛、芦苇 141.5 万丛，为滇池新增水域面积 108.82 万平方米，新增绿地面积 6690 亩，逐步恢复了滇池湖滨的生态平衡和生物多样性，已有30余种鸟类在湿地内栖息。该区已建成的10个湿地无统一管理机构和管理模式，湿地管理中项目建设方自行管理、辖区街道管理等多种模式并存。为进一步加强湿地管理和保护，该区在全市率先探索实施

① 蒋朝晖：《玉溪市生态环境保护大会要求全力治理保护“三湖两江”》，http://www.ynepb.gov.cn/zwxx/xxyw/xxywrdjj/201809/t20180903_184346.html（2018-09-03）。

② 管毓树：《全州森林资源实现年度出数》，《云南日报》2018 年 8 月 29 日，第 7 版。

③ 蒋朝晖、杨琳娟：《建立健全片长制强化“三江”沿岸修复　怒江坚持问题导向促整改》，《中国环境报》2018 年 9 月 26 日，第 5 版。

将湿地纳入环卫一体化PPP项目管理。目前，该区已将宝丰湿地、星海半岛湿地、海东湖内湿地以及老盘龙江、大清河、海河3个入湖口湿地统一移交PPP项目中标公司进行运营管理，并对系统不完善、设施设备老化的湿地进行全面提升改造，以充分发挥湿地的生态效益。同时，按照“日常检查、月考评、季度考核”的方法，加强湿地管护考核，湿地管护经费按季度核拨管护单位，季度考评总分在 90 分以下不合格的，按10 000 元/分（90 分以下至 85 分）、20 000 元/分（85 分以下至 80 分）、40 000 元/分（80 分以下）的不同标准扣减相应的管理维护费①。

2018年9月3日，云南省红河哈尼族彝族自治州召开全州生态环境保护大会。红河哈尼族彝族自治州委书记姚国华在会上强调，要始终坚持保护优先、发展优化、治污有效的工作思路，以解决突出生态环境问题为抓手，着力打好以异龙湖为重点的湖（河）库水污染综合防治、个旧等地区固体废物及重金属污染防治、滇南中心城市大气污染联防联治、“散乱污”企业排查整治、以“两污”为重点的农业农村污染防治和柴油货车污染治理6个标志性战役，切实抓好中央环境保护督察“回头看”反馈问题整改工作。姚国华指出，要坚持把高质量发展的鲜明导向放在绿色发展上，坚持产业生态化、生态产业化，通过优化空间布局、优化产业结构、优化资源利用、优化技术标准、优化服务保障，推动全州绿色发展、高质量发展。坚决打好污染防治攻坚战，加快推进生态环境保护基础设施的加强和改善。加快生态保护与修复，巩固提升城市森林公园、湿地公园的管理服务水平，持续提升城乡人居环境。同时，努力增强全民生态文明意识，大力推广绿色健康生活和工作方式，全力开展绿色生态创建，推动形成生态文明建设共建共治共享的治理格局。不断提高现代化的生态环境治理能力，建立健全生态环境保护管理体制和工作机制，加快生态环境监测网络建设，强化环境监管执法，切实推动污染防治联防联控联治②。

2018年9月底，云南水投牛栏江珍稀特有鱼类增殖放流仪式在德泽水库举行。这是牛栏江—滇池补水工程建设以来第7次开展增殖放流活动。此次放流活动，在德泽水库下游的沾益、宣威两县交界的牛栏江江边和坝前码头，共放流8万尾滇池金线鲃和短须裂腹鱼鱼苗，放流的鱼苗全部由德泽水库鱼类增殖站培育。目前，云南水投牛栏江滇池补水工程有限公司已向牛栏江投放滇池金线鲃与短须裂腹鱼共计 50 余万尾。为有效保护工程建设区域的水生态环境，云南水投牛栏江滇池补水工程有限公司委托云南省渔业科学研究院就放流鱼苗进行品种鉴定，委托中国科学院昆明动物研究所对放流鱼苗进行标记。此次放流共标记鱼苗36 000尾，其中耳石标记滇池金线鲃30 000尾、短须裂腹鱼

① 茶志福：《官渡区10年建成4750亩湿地》，《云南日报》2018年8月30日，第7版。

② 蒋朝晖、韦晓丹：《红河州召开生态环境保护大会着力打好污染防治六个标志性战役》，http://www.ynepb.gov.cn/zwxx/xxyw/xxywrdjj/201809/t20180920_184814.html（2018-09-20）。

5000尾，荧光标记短须裂腹鱼1000尾，用于今后检测放流效果[①]。

2018年10月12日起，由国土资源、环境保护、水务、安监、林业、森林公安、白马雪山保护区德钦分局等部门组成的砂石场核查清理工作组严格按照德钦县政府于10月10日召开的砂石场清理部署会议精神，对白马雪山保护区、三江并流遗产地等敏感区内存在的采石、挖砂等破坏自然资源和生态环境的违法行为进行专项整治。此次检查在各部门原来摸底排查的基础上逐一对涉及敏感区内的29处采石、挖砂点进行复查清理，工作组对砂石加工用电进行断电处理，各部门按照职能职责对现场责任人进行了相应的法律法规政策讲解并下达责令整改通知书，要求限期拆除生产设备，及时清理堆存的砂石料。工作组拟定于2018年10月23日再次对相关点位进行复查，对未按要求拆除设备或私自接入生产用电的砂石场进行严厉处罚[②]。

2018年10月下旬，为贯彻落实昆明市官渡区滇池治理与保护“三年攻坚”行动实施方案，官渡区纪检监察部门将全区30家滇池治理与保护责任单位纳入执纪问责部门，推动全区滇池治理与保护工作再上新台阶。据介绍，官渡区现有滇池流域面积128.85平方千米，占全区总面积的100%。辖区滇池湖岸线长17.6千米，河道（沟渠）25条，长145.8千米。为扎实做好滇池治理与保护工作，官渡区纪检监察部门坚持“监督的再监督、检查的再检查”原则，对标《官渡区滇池保护治理“三年攻坚”行动实施方案（2018—2020年）》及“一河一策”工作任务，将区环境保护局、水务局、园林绿化局等30家相关责任单位纳入执纪问责部门，建立滇池治理与保护履职尽责监督检查问责机制，常态化开展滇池治理与保护“三年攻坚”行动监督检查。采取明察与暗访相结合、随机抽查与重点检查相结合等形式，从严从实开展监督工作，对在滇池治理与保护工作中责任落实不力，不作为、慢作为、乱作为等突出问题，将运用监督执纪“四种形态”快查快处、严查严处，推进问题整改落实到位[③]。

2018年10月24—25日，为加快推进玉溪市已获中央资金支持的中国传统村落环境综合整治项目的实施工作，根据《云南省环境保护厅云南省住房和城乡建设厅关于委托审查中国传统村落环境综合整治项目实施方案的函》（云环函〔2015〕369号）及相关项目资金下达文件要求，玉溪市环境保护局以集中审查的方式对项目实施方案进行严格的审查把关。玉溪市环境保护局联合市财政局、市住房和城乡建设局，组织省、市专家及相关部门人员，特邀请省环境保护厅水环境管理处领导到会，对峨山县5个传统村落环境综合整治项目实施方案进行了集中审查。会议成立了审查专家组，对5个项目村进

---

① 张雯：《德泽水库放流8万尾　牛栏江珍稀特有鱼类》，《云南日报》2018年9月30日，第1版。

② 迪庆藏族自治州环境保护局：《德钦县开展砂石场专项整治工作》，http://www.7c.gov.cn/zwxx/xxyw/xxywzsdt/201811/t20181109_185886.html（2018-11-09）。

③ 赵元刚、田秀：《官渡区将30家单位纳入执纪问责部门　推动滇池治理与保护》，《云南日报》2018年10月22日，第4版。

行实地踏勘，对实施方案进行了审查。针对村落实际情况，专家组对方案编制规范、环境现状及主要环境问题的分析、整治内容的确定、治理措施的比选等方面进行了充分讨论、认真审查，针对村落实际情况提出了修改完善意见。省环境保护厅水环境管理处领导对玉溪市传统村落环境整治工作给予了肯定，并对下一步工作提出了指导意见。2018年，玉溪市环境保护局先后组织四次集中审查会，对 13 个传统村落环境综合整治项目实施方案进行了审查。审查通过后的方案，由县环境保护、财政、住房和城乡建设部门联合批复，项目所在乡镇按程序尽快组织实施①。

2018年10月25日，云南省生态环境厅、黑龙江省生态环境厅正式挂牌。云南省副省长张国华、黑龙江省副省长聂云凌分别为云南省生态环境厅、黑龙江省生态环境厅揭牌。云南省副省长张国华指出，这次机构改革在污染防治上改变过去“九龙治水”的状况，为打好污染防治攻坚战提供支撑；在生态保护修复上强化统一监管，坚决守住生态保护红线；在生态文明建设上，推进生态环境领域治理体系和治理能力现代化。这次机构改革，对于贯彻落实习近平总书记对云南提出的努力成为我国生态文明建设排头兵的战略定位，担负起把云南建设成为中国最美丽省份的时代使命，筑牢国家西南生态安全屏障等具有重大意义。新成立的云南省生态环境厅要切实扛起保护生态环境的政治责任，推动习近平生态文明思想在云南落地生根。要圆满完成这次机构改革各项任务，在新的起点上，继往开来，奋力开创云南省生态环境保护工作新局面②。

2018年10月26日，玉溪市环境保护局副局长黄朝荣率湖泊保护与治理科、市环境监测站相关人员到江川区，与江川区有关部门负责人座谈，研究星云湖 2018 年脱劣应急措施工作落实情况。区级有关部门介绍了星云湖 2018 年脱劣应急措施工作落实情况及下一步工作建议，黄朝荣要求抓好 5 项工作，一是继续抓实脱劣应急措施落实。二是深化“六清”行动。三是封堵入湖入河排污口，并加大环境执法力度。四是及时反映应急脱劣措施工作落实情况。五是启动超常规措施③。

2018 年 10月底，由官渡区水务局党委组织的万名党员“保护母亲湖·你我共参与”主题活动启动，全区 8 个街道、80 余个社区的万名党员庄严承诺：“滇池清 昆明兴”，积极主动当好保护滇池的志愿者。活动中，党员志愿者走大街、串小巷，积极开展河长制、节约用水、水环境保护、海绵城市建设等宣传，发放宣传资料 2 万余份，以多种形式营造保护滇池浓厚氛围。志愿者与社区群众共同观看了昆明滇池阳光艺术团保

① 玉溪市环境保护局：《玉溪市环境保护局对传统村落环境综合整治项目实施方案进行集中审查》，http://www.7c.gov.cn/zwxx/xxyw/xxywzsdt/201811/t20181102_185718.html（2018-11-02）。

② 蒋朝晖、吴殿峰：《云南黑龙江两省生态环境厅挂牌 实现生态保护统一监管》，《中国环境报》2018年10月26日，第2版。

③ 玉溪市环境保护局：《玉溪市环保局与江川区研究 2018 年星云湖脱劣应急措施工作落实情况》，http://www.7c.gov.cn/zwxx/xxyw/xxywzsdt/201811/t20181102_185712.html（2018-11-02）。

护滇池专场精彩文艺演出，引导群众树立保护滇池、美化家园的责任感、使命感，争做关爱滇池的支持者、倡导者和践行者，形成全社会关爱滇池、积极参与保护滇池的强大力量[①]。

2018年11月6日，玉溪市环境保护局联合市公安局水务治安分局一行7人组成联合督导组，在市环境保护局副局长李春文带领下对元江县人民政府开展督导工作。督导组采取现场检查、查阅资料、听取汇报和召开会议的形式对元江县2018年集中式饮用水水源地环境问题整治情况、云锡元江镍业有限责任公司甘庄精炼厂危险废物处置情况、元江县非煤矿山安全生产专项整治情况和元江县垃圾焚烧厂环境问题整改情况等进行了督导。督导组要求元江县：一是要以高度的政治责任感和严肃的工作态度，按照国家、省、市集中式饮用水水源地环境保护专项行动工作方案及近期几次的通报要求，切实加大饮用水水源地环境问题整改工作力度，加快整改工作进度，确保2018年底前完成整改任务。二是要严格按照国家危险废物法律法规管理要求，督促做好危险废物的污染防治和处置工作，彻底消除环境安全隐患。三是要严格按照国家、省、市非煤矿山安全生产专项整治行动工作要求，加大整治力度，加快整治进度，确保按期完成整治任务。四是要按照国家、省、市督办要求，加快垃圾焚烧厂环境问题整改进度，切实做好整改期间县城生活垃圾的收集和处置工作，避免造成污染。通过督导，元江县人民政府明确表态，一定会提高政治站位，高度重视，科学统筹，认真整改，确保按期完成各项整改任务，彻底消除环境安全和污染隐患[②]。

2018年11月7日，为确保玉溪市集中式饮用水水源地环境问题整改任务全面按期完成，针对峨山县未完成整治问题较多，整治进度滞后的情况，玉溪市环境保护局副局长李春文带领相关人员到峨山县开展饮用水水源地环境问题整改情况现场督导工作。督导人员针对峨山县尚未完成整改的饮用水水源地环境问题进行了现场检查，详细了解了工作开展情况及存在的困难。要求峨山县一定提高政治站位，以高度的政治责任感和严肃的工作态度，按照国家、省、市集中式饮用水水源地环境保护专项行动工作方案及近期几次的通报要求，切实加大饮用水水源地环境问题整改工作力度，加快整改工作进度，特别是玉河水库一级保护区内双龙村存在生活面源污染和农田种植等农业面源污染的问题，应当认真研究，确保2018年底前完成整改任务。峨山县明确表态，一定会提高政治站位，高度重视，科学统筹，认真整改，积极采取措施，争取资金，特别是对玉河水库一级保护区农村生活污染源、农业面源污染问题，尽快形成报告及时向省级相关部门汇报，制定整治方案逐项落实，确保供水前严格按照《集中式饮用水水源地规范化

① 赵元刚：《官渡区万名党员志愿者开展保护滇池活动》，《云南日报》2018年11月14日，第4版。

② 玉溪市环境保护局：《玉溪市开展重点区域重点环境问题督导工作》，http://www.7c.gov.cn/zwxx/xxyw/xxywzsdt/201811/t20181112_185923.html（2018-11-12）。

建设环境保护技术要求》的规定，确保蓄水前所有环境问题整改到位，全面按期完成整治任务，及时上报国家、省完成问题销号①。

2018年11月19日，华宁县环境保护局召开专题学习会议，主要传达了省委书记陈豪同志调研玉溪高原湖泊保护治理工作时的讲话精神。在会上，华宁县环境保护局局长李艳萍原文传达了省委书记陈豪同志调研玉溪高原湖泊保护治理工作时的重要讲话精神，要求全体干部职工贯彻落实，并与当前华宁县环境保护工作结合起来，融会贯通，认真推进各项工作落到实处。一是要提高政治站位，以习近平生态文明思想为指导，切实做到看齐对标、化为行动，牢固树立“四个意识”、践行“两个维护”和贯彻落实新发展理念。二是要精准施策抓治理，对中央、省级环境保护督查反馈的意见要积极行动、主动担当，做到一个问题、一套方案，挂账督办、跟踪实效，以实实在在的整改成效取信于民。三是要严守生态红线，科学规划抓发展，要以“共抓大保护、不搞大开发”的战略导向，坚持“保护第一、治理为要、科学规划、绿色发展”的要求，把保障人民健康和改善环境质量作为更具约束性的硬指标，发挥好考核指挥棒的作用，树立起坚持生态优先、绿色发展的鲜明导向，为实现华宁县绿色发展，争当全市生态文明建设排头兵做出新的更大贡献！②

2018年11月25日，列为中国科学院战略性先导项目“美丽中国”研究示范基地的“高原湖库水生态修复研究中心”在通海县举行揭牌仪式。高原湖库水生态修复研究中心由中国科学院昆明动物研究所、通海县杞麓湖保护管理局和云南亚美湖泊水质治理有限公司联合成立，旨在保护杞麓湖生态环境，构建结构完整、功能完善的湖泊生态系统，提高湖泊自净能力，以先进科研力量与技术优势，为杞麓湖综合治理提供支撑。据了解，中心将在杞麓湖目前的生态基础上，通过投放杂食性和碎屑食性鱼类，摄食各种浮游动植物藻类吸收营养盐类，取代饵料喂养，与中上层的滤食性鲢鳙鱼形成一套立体的以渔净水“碳汇”渔业，将有利于恢复杞麓湖水生生物种群结构和保护水生生物的多样性。同时，还将开展土著鱼类种群恢复的研究，进一步保护杞麓湖珍贵的种群资源，推动土著生物群落的恢复，促进水生态系统健康发展。中心成立当天还开展了“杞麓鲤”增殖放流活动③。

2018年11月28日，记者从云南省生态环境厅获悉，云南省针对集中式饮用水水源地环境保护专项行动中自查和督查发现的问题，采取督促指导、督办通报、约谈问效、致信督办等多种措施，确保问题整治工作落地见效。下一步，云南省将紧密结合各州

① 玉溪市环境保护局：《玉溪市环境保护局对峨山县饮用水水源地整治情况进行现场督导》，http://www.7c.gov.cn/zwxx/xxyw/xxywzsdt/201811/t20181112_185925.html（2018-11-12）。

② 玉溪市环境保护局：《华宁县环保局专题传达省委书记陈豪同志调研玉溪高原湖泊保护治理工作讲话精神》，http://www.7c.gov.cn/zwxx/xxyw/xxywzsdt/201811/t20181123_186246.html（2018-11-23）。

③ 郑海燕：《高原湖库水生态修复研究中心在通海成立》，《云南日报》2018年11月26日，第1版。

（市）问题整治进展情况，采取继续加强督办通报、加大督促整改力度、加强技术指导等举措，全力以赴确保按时限要求完成整治销号工作[①]。

2018 年 12 月 6 日，玉溪市委副书记、市长张德华到江川区召开星云湖保护治理工作推进专题会，贯彻落实中央和省、市关于湖泊保护治理的各项决策部署，对星云湖脱劣面临的形势和问题进行再研究、再部署。张德华强调，各级各部门要全面落实河（湖）长制，进一步深化湖情认识，突出精准施策治污，结合当前实际调整思路、完善方案、明确措施，扎实推进星云湖保护治理工作。张德华指出，2018年以来，市、区对中央、省环境保护督察和省级河（湖）长制工作督察指出的问题整改以及重点任务进行了认真研究，全面实施了 2018 年星云湖脱劣六项应急措施，快速推进农业面源污染治理，流域内禁养区畜禽规模养殖场已全部搬迁。同时，“十三五”规划项目与山水林田湖草生态保护修复试点工程等 19 个项目建设提速推进，南岸“乡村振兴”示范区建设已完成方案制定，各项工作都取得了积极进展。

在肯定成绩的同时，张德华指出，2018 年 1—11 月，星云湖水质虽然有所改善，但总磷、pH 值等指标一直在高位波动，脱劣任务艰巨。各级各部门必须要进一步深化湖情认识，压实责任，全面落实河（湖）长制，坚持以问题为导向，采取针对性措施，以更严的要求、更高的标准、更实的举措、更高的效率，突出精准施策治污，结合当前实际调整思路、完善方案、明确措施，扎实推进星云湖保护治理工作。

张德华强调，要压实河（湖）长制责任，持续推进星云湖脱劣应急措施，加快“十三五”规划项目实施及截污治污工程建设，落实好“清塘、清库、清河、清沟、清四乱、清湖滨湿地及湖泊淤泥”六清行动要求，深入开展入湖沟渠“一河一策”整治。要持续深化基础研究，对星云湖水体置换方案做进一步的细化研究，客观评价2018年补水效果，科学谋划好2019年的补水时间节点和多点补水布局，稳步推进星云湖水体置换，实施精准调度。要动真碰硬，持续推进环境保护督察问题整改，加快实施流域村镇生活污水应急处理行动，把握关键，有序推进，科学谋划好2019年的重点工作，抓好湖泊外源和内源污染治理，最大限度减少入湖污染负荷。要继续强化流域相关规划和空间管控，借鉴抚仙湖、洱海流域休耕轮作经验，按照绿色农业、现代农业的要求，加快星云湖流域种植结构调整，探索实施“田间三包”等模式，限期完成各类工程治理措施，降低农业面源污染。要按照“标本兼治、长短统筹”的原则，不断深入研究加快脱劣的措施，根据治理效果及时调整优化方案。市直有关部门和江川区要认真履行职能职责，加强资金、机构、人员保障，分工协作、共同发力，真正

① 蒋朝辉：《云南整治集中式饮用水水源地问题 截至 10 月底整治完成率达 84.9%》，《中国环境报》2018 年 11 月 29 日，第 5 版。

做到守湖有责、守湖尽责①。

2018 年 12 月 6 日，云南省红河哈尼族彝族自治州委书记姚国华到石屏县调研异龙湖水体三年达标行动推进情况时强调，各级各部门要抓紧对 3 年工作进行评估梳理，总结经验成效，找出存在问题。加快推进“两个规划、一个条例、一个园区、一个行动”，完成《异龙湖流域生态环境保护空间规划》，修订完善《石屏县城市总体规划》，修订《红河哈尼族彝族自治州异龙湖保护管理条例》，建好石屏豆腐文化产业园区，推进退田退塘拆除违章建筑行动。同时，要把异龙湖水体达标行动作为州委、州政府生态文明建设的标志性工程，一抓到底。要完善专人专班工作机制，扎实推进好相关工作。要上下联动，层层压实责任，环境保护局、水务局、农业局、林业局等部门要各司其职，确保工作落到实处，坚决实现异龙湖水体目标②。

2018 年 12 月 7 日，玉溪市建设“森林抚仙湖”植树造林工程启动仪式在路居镇红石岩村黑山脚举行，抚仙湖径流区林业生态修复工程全面提速，抚仙湖保护治理迈出重要一步。据介绍，此次启动建设的“森林抚仙湖”植树造林工程将着力提高抚仙湖径流区森林覆盖率，提升森林生态系统综合服务功能，充分发挥林业生态修复对涵养水源、保持水土、改善生态环境的重要作用。启动仪式当天，玉溪市还开展了植树活动③。

2018 年 12 月中旬，芒市巩固国家卫生城市工作调度会召开。会议指出，按照市委、市政府的要求，由巩固国家卫生城市指挥部人员组成督查组，对芒市环境卫生进行督查整治。指挥部人员分成 4 个督查小组，对辖区重点场所、主干道沿线、街道内巷、沿街商铺等进行全天巡查，对发现的垃圾点和卫生死角采取零容忍，并及时报送信息联系相关部门处理，发现一处清理一处，做到责任到人、协作到位、管理到家。会议强调，国家卫生城市这块“金字招牌”为芒市建设现代生态宜居城市奠定了基础。芒市各级各部门要迅速行动起来，开展全城清洁活动，再鼓士气、再增干劲、再添信心、再掀热潮，切实做好国家卫生城市巩固工作。据了解，芒市将持续推进环境综合整治行动，以“整洁美丽，和谐宜居”为目标，为广大人民群众营造一个干净卫生美好的生活环境④。

2018 年 12 月 12 日，云南省大理白族自治州召开洱海保护治理及流域转型发展工作领导小组会议。大理白族自治州委书记陈坚在会上强调，各级各部门要提高政治站位，强化行动自觉，坚决按照州委、州政府部署要求，对应职责分工，强化协调配合，狠抓

① 玉溪市江川区人民政府：《张德华到江川区召开星云湖保护治理工作推进专题会》，http://www.ynjc.gov.cn/jcdt79/20181210/990855.html（2018-12-10）。

② 蒋朝晖、韦晓丹：《红河州委书记调研异龙湖水质改善情况 各部门上下联动确保任务落实》，http://www.7c.gov.cn/zwxx/xxyw/xxywrdjj/201812/t20181212_186700.html（2018-12-12）。

③ 郑海燕：《玉溪“森林抚仙湖”植树造林工程启动》，《云南日报》2018 年 12 月 8 日，第 1 版。

④ 王黎萍：《芒市推进环境综合整治行动》，《德宏团结报》2018 年 12 月 18 日，第 3 版。

工作落实，用洱海保护治理和流域转型的实际成效，来体现应有的政治忠诚、责任担当。会议指出，要抓紧优化《环洱海湖滨生态廊道生态修复与建设设计方案》，近期可启动建设的要尽快编制施工图，已开工建设的要全力加快工程进度，确保高水平、高品质如期完成建设任务。大理白族自治州洱海流域保护局等部门要抢抓贯彻落实中央环境保护督察“回头看”、省委省人民政府督查督导具体要求和国家、云南省相关规划中期调整的重大机遇，主动向上汇报对接，按程序对现有规划项目进行全面调整、精简、优化，确保形成一个“全州统一、上下一致”的洱海保护治理规划项目体系。同时，大理白族自治州“八大攻坚战”推进领导小组各组和大理市、洱源县要各司其职、紧密配合，按照“能做的先做、能改的快改”要求，抓紧细化工作计划，完善作战方案，确保环湖截污、生态搬迁、矿山整治、农业面源污染治理、河道治理、环湖生态修复、水质改善提升、过度开发建设治理等重点工作全面推进、落地见效①。

2018 年 12 月 13 日，云南省委常委、昆明市委书记程连元在主持召开昆明市农业面源污染治理工作调度会时强调，要紧紧围绕滇池保护治理目标任务，系统谋划、综合施策、标本兼治，坚决打好全市农业面源污染防治攻坚战。程连元强调，全市各级各部门要按照“科学治理、系统治理、集约治理、依法治理”的思路，紧紧围绕滇池保护治理目标任务，优化工作思路、创新工作模式，强化农业面源污染综合管控。一要夯实基层基础。建立完善水质、土壤监测系统，围绕削减入滇池污染物开展系统研究，因地制宜、精准施策，切实提高治理的针对性和实效性。二要广泛发动群众。进一步提升群众对农业面源污染防治的认可度和参与度，营造全民共治的良好氛围。三要坚持标本兼治。把源头治理和末端截污结合起来，改进农业生产方式，推进农业结构调整，有效减轻农业面源污染负荷。四要健全完善工作机制。将农业面源污染防治纳入河长制工作体系统筹推进，明确分工、压实责任，做到上下左右联动、密切协调配合，推动各项工作有效落实②。

2018 年 12 月 13 日，云南省林业和草原局发布 2018 年云南省自然保护区森林生态系统服务功能价值评估报告。报告显示，58 个纳入评估的国家级、省级自然保护区森林生态服务价值达 2129.35 亿元。经过评估，20 个国家级自然保护区和 38 个省级自然保护区 2018 年提供的森林生态服务价值达 2129.35 亿元。其中，自然保护区每年的生物多样性保护价值达 800.82 亿元，占总价值的 37.61%；每年涵养水源和保育土壤这两类生态服务价值分别为 623.45 亿元和 384.99 亿元，占总价值的 29.28%和 18.08%；每

① 蒋朝晖：《大理州再部署洱海保护治理 确保环湖截污等重点工作落地见效》，http://www.7c.gov.cn/zwxx/xxyw/xxywrdjj/201812/t20181224_186969.html（2018-12-23）。

② 蒋朝晖：《昆明调度农业面源污染治理 纳入河长制工作体系统筹推进》，http://www.7c.gov.cn/zwxx/xxyw/xxywrdjj/201812/t20181227_187052.html（2018-12-27）。

年森林固碳释氧价值为 224.28 亿元、积累营养物质价值为 14.66 亿元、净化大气环境价值为 81.15 亿元，这三类生态功能的服务价值总和占总价值的 15.03%。同时，云南省自然保护区森林生态服务价值反映出天然林高于人工林、密林高于疏林、陡坡高于缓坡等规律，单位面积价值较高的区域主要集中在滇西、滇南地区，呈现出西部高，自西向东、自西南向东北逐步降低的空间分布格局①。

2018 年 12 月 17 日，迪庆藏族自治州农村生活垃圾综合治理工程第三批设备交接仪式在香格里拉市环境保护局举行。州环境保护局等相关部门领导及香格里拉市项目所在乡镇、行政村相关领导出席交接仪式。在仪式上，各乡镇分别与项目实施单位州环境保护局、香格里拉市环境保护局及设备供货公司在项目清单上交接签字，标志着迪庆藏族自治州推进城乡生活垃圾实行无害化、减量化、资源化处置，为打造“最美乡村”奠定了良好基础。迪庆藏族自治州农村生活垃圾综合治理工程项目在香格里拉市、德钦县及维西县辖区 26 个乡镇及行政村实施。项目建设内容包含农村生活垃圾收运系统工程和农村生活垃圾处置工程两部分；项目概算总投资 12 740 万元，目前资金到位 8740 万元。在仪式上，各乡镇和行政村领导表态，将进一步加强车辆维护管理，确保所有设施都能充分发挥效益，实现对重点垃圾治理区域、重点污染源的全方位监管；同时加大宣传力度，充分调动广大群众的积极性和主动性，推动人们知行合一，引导广大农民积极参与农村环境综合整治行动，着力改善农村环境面貌，提高人居环境质量，不断开创生态环境工作新局面。当前，该工程项目除完成项目方案、初步设计等各项前期工作外，各县市的项目实施地点选址工作也已经全部完成，部分垃圾处置站已开工建设。项目得到州委、州政府高度重视，并列为2018年州级重点项目之一，项目已覆盖全州绝大部分农村区域。项目的实施能够科学有效处置农村生活垃圾，提升人居环境，助推脱贫攻坚，切实改善广大农村地区生产生活环境，推进创建“全国最美藏区”②。

2018 年 12 月 28 日，云南省牛栏江—滇池补水工程竣工验收会在昆明召开，会上正式宣布该项目顺利通过竣工验收。牛栏江—滇池补水工程是云南省已建成的水利工程中投资最大、中央补助资金最多、工程建设最快的单项水利工程，创造了云南省水利建设史上的奇迹。5 年来投资逾 80 亿元，建成了库容 4.48 亿立方米的德泽水库、总装机 9 万千瓦的干河提水泵站、115.85 千米的输水线路。工程建设期间，没有发生安全生产责任事故和工程质量事故。工程运行 5 年来，已累计向滇池补水约 28 亿立方米，极大地补

① 胡晓蓉：《2018 年度云南省自然保护区森林生态系统服务功能价值评估报告发布　58 个保护区森林生态服务价值达 2129 亿元》，《云南日报》2018 年 12 月 16 日，第 2 版。

② 迪庆藏族自治州环境保护局：《迪庆州举行农村生活垃圾综合治理工程设备交接仪式》，http://www.7c.gov.cn/zwxx/xxyw/xxywzsdt/201812/t20181218_186832.html（2018-12-18）。

充滇池水资源量，与环湖截污、入湖河道整治、面源污染治理、底泥疏浚、生态修复 5 大工程措施联合发力，促使滇池水质由劣Ⅴ类向局部Ⅳ类转化并持续好转，滇池综合治理效益明显。同时，累计为昆明市提供生活供水 1.15 亿立方米，结束了滇池作为昆明城市生活水源的历史[①]。

---

① 王淑娟：《牛栏江—滇池补水工程通过竣工验收　5 年累计向滇池补水约 28 亿立方米》，《云南日报》2018 年 12 月 29 日，第 1 版。

第八章 云南省生态文明宣传与教育建设事件编年

生态文明宣传与教育建设是推进生态文明建设的重要思想保障，通过向全社会大力宣传生态文明建设和绿色发展理念，提升公众生态文明素养，营造推进生态文明建设的良好氛围。云南生态文明宣传与教育的对象为政府官员、基层人员、普通民众、高校及中小学生等社会所有人群，尤其以高校学生、中小学生为重，通过生态文明理念进机关、进社区、进校园、进企业、进乡村，极大地提高了生态文明建设和绿色发展理念的宣传力度，使其深入人心。2018 年，相较于以往，生态文明宣传与教育工作有一定推进，由政府部门带头整合宣传与教育资源，形成宣传与教育联动机制，宣教方式更为多元化、质量有所提升，效果较为凸显。

第一节 云南省生态文明宣传与教育建设事件编年（1—6 月）

2018 年 1 月 30 日，云南省环境保护宣传教育中心与保山市、迪庆藏族自治州环境保护局举行座谈会，共商环境保护宣传教育，推动公众参与。云南省环境保护宣传教育中心主任王云斋、保山市环境保护局局长赵贵品、迪庆藏族自治州环境保护局局长和雪涛，以及三方相关科室负责人参加了座谈。在座谈会上，三方介绍了各自环境保护宣传教育工作开展情况、队伍建设情况以及 2018 年的环境保护宣传教育工作重点等，双方就如何整合环境保护宣传教育资源、形成环境宣传联动机制；以能力建设为重点、不断提升环境保护宣传教育水平；丰富宣教手段、提高宣教平台质量；抓好绿色创建、推动

绿色发展等方面内容进行了深入探讨与交流，并形成了广泛共识。三方认为，近年来，州市环境保护宣传教育工作各有特点、特色、亮点，值得相互学习借鉴。当前，云南省生态环境保护任务艰巨，环境保护宣传教育工作责任重大。在下一步工作中，要以党的十九大精神和习近平新时代中国特色社会主义思想为指导，围绕中心，突出重点，坚持“讲好云南环境保护故事，传播环境保护好声音”，在环境保护政策性宣传、效能性宣传、科普性宣传、绿色文化传播等方面发挥更大作用。一要在思想上、工作上多沟通，常联系，相互学习，优势互补，拓宽宣传教育渠道，形成宣传教育合力。二要注重统筹谋划，用“管理学艺术、系统工程理论、运筹学方法、社会学实践、经费学杠杆”来统驭，确保环境保护宣传教育工作协调推进、创新发展。三要在环境宣传中主动作为，工作认识上要有高度、重点宣传上要有深度、绿色传播上要有广度、把握工作上要有尺度、资金投入上要有力度，不断提升环境宣传教育的质量与效果。三方表示，要牢固树立新时代社会主义生态文明观，进一步增强中心意识、大局意识和责任担当意识，全力构建和打造环境宣传大格局，为建设美丽云南、成为生态文明建设排头兵营造良好的舆论氛围和社会环境①。

2018 年 1 月 31 日，为搭建绿色平台，树立绿色示范社区典型，以点带面、整体推进环境保护宣传教育工作，由云南省环境保护宣传教育中心主办的云南省首个绿色社区联盟启动仪式在昆明举行。在启动仪式上，主办方对 23 家绿色社区联盟单位进行授牌，对绿色社区代表——关上中心区社区授旗，同时对环境宣传教育事业最佳支持单位、绿色示范单位、2017 年度绿色传播先进个人、绿色示范家庭等进行了表彰。此外，“环境保护宣教进社区”活动和“云南环境保护流动展”同期举行，通过邀请社区居民参与有奖问答、发放宣传资料等形式，普及环境保护知识，倡导践行绿色生活。据了解，云南省自 2004 年开展创建“绿色社区”至今，已成功创建省级绿色社区 302 家②。

2018 年 2 月 1 日，为促进云南省环境保护设施和城市污水垃圾处理设施向公众开放工作深入开展，云南省环境保护宣传教育中心主任王云斋，昆明市滇池水务股份有限公司第七、八水质净化厂厂长万太寅作为访谈嘉宾，做客由云南省环境保护厅与云南省广播电视台教育频率（FM100）联合推出的《关注绿色》2018 年绿色访谈节目，以“为了一个更洁净的世界”为主题，与听众们分享了云南省环境保护设施和城市污水垃圾处理设施向公众开放具体情况。

2018 年 3 月 8 日，云南省环境保护宣传教育中心与丽江市环境保护局举行座谈会，

① 岳艳娇：《云南省环保宣教中心与保山市、迪庆州环保局座谈共商环保宣教推动公众参与》，http://www.ynepbxj.com/hbxw/xjdt/201802/t20180201_176416.html（2018-02-01）。

② 蒋朝晖、陈克瑶、郝雪静：《以点带面联合联动　整体推进环境宣教　云南首个绿色社区联盟成立》，《中国环境报》2018 年 2 月 13 日，第 5 版。

交流研讨环境保护宣传教育工作，共谋推进云南环境保护宣传教育事业发展新路径。云南省环境保护宣传教育中心领导及科室（站）负责人，丽江市环境保护局监察专员洪佩春、环境保护宣传教育中心副主任杨红钰、环境影响评价科科长周钦参加座谈。在座谈会上，双方介绍了各自环境保护宣传教育工作开展情况、队伍建设情况以及 2018 年的宣传教育工作重点等。双方就加强宣传教育资源整合、形成宣传教育联动机制；开展好“六·五”环境日活动、打造环境宣传教育品牌；建好新媒体平台、增强传播力和影响力；抓好绿色创建、推动绿色传播等方面内容进行了深入探讨与交流，并形成了广泛共识。双方认为，近年来，云南省环境保护宣传教育中心与州市环境保护宣传教育部门积极适应环境保护新形势，围绕中心，服务大局，广泛开展面向公众的环境宣传教育工作，工作各具特色、特点，值得相互学习借鉴。在下一步工作中，要以党的十九大精神和习近平新时代中国特色社会主义思想为指导，认真学习贯彻 2018 年云南省环境保护工作会议精神，坚持“讲好云南环境保护故事，传播环境保护好声音”，着力推进环境宣传工作向深度和广度延伸。在思想和工作上多沟通，常联系，相互学习，优势互补，形成环境保护宣传教育合力。要树立强烈的责任担当意识，主动作为，积极有为，不断提升环境宣传教育的质量与效果，为云南成为生态文明建设排头兵营造良好的舆论氛围和社会环境[①]。

2018 年 3 月 9 日，云南省环境保护宣传教育中心组织开展的“环保宣教进乡村”活动走进安宁市螳螂川，向当地村民及游客普及环境保护法律法规知识，传播绿色生活理念，践行环境保护低碳生活。活动现场，整齐摆放着环境保护宣传牌，悬挂着环境保护宣传标语。活动中，云南省环境保护宣传教育中心工作人员利用展板、宣传资料向村民和游客宣讲云南省加强环境保护的政策制度、措施手段以及环境保护取得的成效，为群众提供环境保护方面的咨询解答，并向市民发放环境保护手册和印有环境保护宣传标语的围裙、手提袋 500 余份[②]。

2018 年 3 月 12 日，由云南省环境保护宣传教育中心组织的 2018 年云南省环境保护公益书画巡展（大理）在大理洱海科普教育中心举办，此次活动的主题是“践行十九大精神　放飞绿色梦想”。同时，由云南省绿色创建领导小组办公室、云南省环境保护宣传教育中心授予的“云南省环保宣教示范单位”在科普教育中心正式挂牌。云南省环境保护公益书画巡展（大理）涵盖了特邀艺术家作品、云南省首届环境保护公益书画摄影展部分书画作品、环境保护志愿者代表作品、绿色创建单位代表作品四部

① 马霖馨：《云南省环保宣教中心与丽江市环保局座谈交流研讨环保宣教工作　携手推进环保宣教事业发展》，http:// www.ynepbxj.com/hbxw/xjdt/201803/t20180309_177272.html（2018-03-09）。

② 岳艳娇：《云南省环境保护宣传教育中心在安宁开展“环保宣教进乡村”活动》，http://www.ynepbxj.com/hbxw/xjdt/201803/t20180313_177348.html（2018-03-13）。

分内容。作品中有省级领导和部队老将军高水平的佳作，有艺术家们的大作，更多的是书法、美术广大爱好者的作品，他们用笔墨抒情，记录了云南良好的自然生态环境和各族人民努力践行绿色生活的诗情画意，从不同侧面充分展现了云南山美、水美、人美的自然风情和多姿多彩的民族生态文化，反映了云南在推进生态环境保护与建设中取得的新成就，抒发了人们尊重自然、珍爱生态、保护环境的浓烈情怀，彰显了云南省各族人民为云南成为生态文明建设排头兵做贡献的责任担当。作品主题突出，立意新颖，格调高雅，特色鲜明，展现了当代艺术家的创作风格，体现了浓郁的时代气息。此次巡展旨在通过艺术的视角，引导公众保护生态环境，繁荣环境文化，助推云南绿色发展，共建美丽和谐家园。2018 年云南省环境保护公益书画巡展（大理）展出时间为 3 月 12 日到 5 月 12 日。大理洱海科普教育中心自 2016 年 11 月成立以来立足于生态文明建设和洱海保护，不断创新宣传教育载体、丰富宣传教育内容，在宣传环境保护法规、普及环境保护知识、传播环境文化、助推绿色发展、促进公众参与、提升公众环境保护文化素养等方面做了大量卓有成效的工作①。

2018 年 3 月 21—22 日，作为“澜沧江—湄公河周”系列活动之一，澜沧江—湄公河水环境治理圆桌对话暨澜沧江—湄公河环境合作云南中心启动活动在昆明召开，会议由生态环境部指导，澜沧江—湄公河合作中国秘书处支持，澜沧江—湄公河环境合作中心与云南省环境保护厅联合主办。生态环境部国际合作司、澜沧江—湄公河合作中国秘书处、湄公河国家环境部门、云南省环境保护厅、澜沧江—湄公河环境合作中心代表等出席会议并致辞。生态环境部直属单位、研究机构、地方环境保护部门、国际组织、企业、媒体等百余人参加会议。生态环境部国际合作司司长郭敬、云南省环境保护厅厅长张纪华、澜沧江—湄公河环境合作中心副主任周国梅、云南省人民政府外事办公室副主任杨沐共同启动澜沧江—湄公河环境合作云南中心，作为《澜沧江—湄公河环境合作战略》和澜湄环境合作平台建设的具体举措之一，形成了区域、国家与地方层面的综合性模式。澜沧江—湄公河环境合作中心将充分发挥桥梁作用，借助云南地域优势，将澜沧江—湄公河环境合作机制务实化、纵深化。澜沧江—湄公河水环境治理圆桌对话则是澜沧江—湄公河环境合作的重要活动，会议分享了澜沧江—湄公河国家水污染防治方案经验、城市水环境与生态景观最佳实践及水质监测标准与技术方案。会议同期组织了澜沧江—湄公河纺织工业园区与绿色供应链行业对话、澜沧江—湄公河水环境治理与可持续投资伙伴对话两个平行分论坛。会议期间，澜沧江—湄公河参会代表达成以下共识：共同制定好并发布实施《澜沧江—湄公河环境合作战略》，用以指导后续具体项目合作；共同组织和实施好“绿色澜沧江—湄公河计划”旗舰项目，并通过开展环境政策对话、

---

① 马霖馨：《2018 年云南省环境保护公益书画巡展在大理举行》，http://www.ynepbxj.com/hbxw/xjdt/201803/t20180313_177358.html（2018-03-13）。

环境治理能力建设、环境管理联合研究和示范项目等方式，推动具体、务实合作；以兼容并包的态度，多部门通力合作，共同推动澜沧江—湄公河国家环境政策主流化；构建澜沧江—湄公河环境合作网络，丰富澜沧江—湄公河环境合作形式和内容，提升澜沧江—湄公河环境合作参与度和广泛性，同时促进合作项目的创新性和可持续性，促进项目做深、做精、做强。澜沧江—湄公河合作第二次领导人会议决定 2018 年 3 月 19 日至 25 日为澜沧江—湄公河合作机制下首个“澜沧江—湄公河周”。澜沧江—湄公河环境合作中心响应此次活动，组织召开“澜沧江—湄公河水环境治理圆桌对话”系列活动①。

2018 年 3 月 21 日下午，昆明一中金岸中学学生 50 余人走进昆明市第七、八水质净化厂，零距离了解污水处理现状、处理工艺。据昆明市第七、八水质净化厂厂长万太寅介绍，昆明市第七、八水质净化厂总日设计处理水量 30 万立方米，纳污面积为 72.06 平方千米，服务人口 66.87 万人，截至 2017 年共处理污水 86 593.9448 万立方米，完成化学需氧量减排任务 256 040.0093 吨，氨氮减排任务 17 668.136 76 吨，对治理污染，保护当地流域水质和生态平衡具有十分重要的作用。环境保护设施向公众开放是构建和完善环境治理体系的务实举措，能够有效保障群众的环境知情权、参与权和监督权，进一步激发群众参与环境治理的积极性和主动性，使公众成为监督企业污染排放的主体，也是促进环境保护企业持续健康发展的有效途径。此次活动是云南省环境保护厅贯彻落实环境保护部办公厅《关于集中开展第一批全国环境保护设施和城市污水垃圾处理设施向公众开放活动的通知》（环办宣教函〔2018〕288 号）要求，组织开展环境保护设施向公众集中开放活动的第一站，3 月 28 日下午，云南省环境保护厅将在昆明三峰再生能源发电有限公司空港垃圾焚烧发电厂、云南省环境监测中心站集中组织开放活动。需要参与活动的市民可以通过《云南省环境保护设施向公众开放活动公告》获取申请预约方式并报名，收到邀请后参与活动，现场了解生活垃圾焚烧发电的工艺流程、垃圾发电科普知识和云南省环境监测中心站的运作模式、数据产生的过程②。

2018 年 3 月 21 日，由中国科学院昆明动物研究所、云南省林业厅主办，中国科学院昆明动物研究所昆明动物博物馆承办的“一叶一树一世界”主题活动在昆明动物博物馆举行。博物馆推出了“生态保护”主题展览，通过图片、文字、创意画、仿真环境等展现方式，提升公众对生态环境保护的认知度③。

2018 年 3 月 26 日，由云南省教育厅、云南省环境保护厅、西南林业大学联合主办

---

① 云南省环境保护厅法规处、云南省环境保护厅对外交流合作处：《“澜湄周”系列活动——澜沧江—湄公河水环境治理圆桌对话暨澜沧江—湄公河环境合作云南中心启动活动在昆明举行》，http://www.7c.gov.cn/zwxx/xxyw/xxywrdjj/201803/ t20180322_177658.html（2018-03-22）。

② 云南省环境保护厅法规处、云南省环境保护宣传教育中心：《云南省环保设施开放日走进昆明第七、八水质净化厂感受污水净化成效》，http://www.ynepb.gov.cn/zwxx/xxyw/xxywrdjj/201803/t20180322_177665.html（2018-03-22）。

③ 胡晓蓉：《我省开展“世界森林日”活动》，《云南日报》2018 年 4 月 3 日，第 3 版。

的“七彩云南美丽校园”——云南省生态文明教育校园行活动在云南大学附中启动。活动旨在宣传贯彻落实党的十九大精神，讲好云南自然生态和生态文明建设故事，为推进云南省生态文明建设和美丽云南建设做贡献。活动期间，由西南林业大学云南生物多样性研究院一线青年科技工作者和教师组成的“美丽云南”青年科普宣讲团，将陆续走进云南省近 40 所中小学，通过专题讲座、自然体验、互动游戏、科普图片展、科普电影展等形式，向广大师生介绍云南省生物多样性等自然生态知识，传播生态文明道德观念，宣传生态文明建设相关政策法规，将生物多样性、山水林田湖草等相关科研成果转化为科普知识向公众普及[①]。

2018 年 3 月 28 日，中国生态文明研究与促进会调研组和云南省环境保护宣传教育中心在昆明举行座谈，中国生态文明研究与促进会以自身研究与实践成果对云南环境保护宣传教育工作进行了指导。中国生态文明研究与促进会副秘书长周桂玲、云南省环境保护宣传教育中心主任王云斋等人参加座谈。座谈中，双方围绕云南生态文明建设所取得的成就、绿色发展的前景和需求、生态环境中的土壤问题与对策、环境保护中的公众参与等方面进行了交流。会议认为，近年来云南省环境保护宣传教育工作认真学习贯彻习近平总书记关于生态文明建设的新要求、新部署、新战略，为成为全国生态文明建设排头兵而不懈努力，在环境保护宣传教育、环境保护设施开放与公众参与、绿色创建等方面取得了良好成效。在贯彻党的十九大精神开局之年、实施好“十三五”规划的生态目标之时，云南的绿色发展进程具有广阔前景，夯实生态文明建设任务中环境宣传教育工作的理论基础，努力创新宣传教育工作方法，用活宣传教育载体、共享信息资源，需要各部门、各社会组织的积极配合与参与。中国生态文明研究与促进会作为中国第一个由环境保护部主管、以生态文明研究与实践为主要工作职能的全国性社团组织，具有深入研究生态文明建设重大课题的队伍力量和推进生态文明建设的理论基础。此次中国生态文明研究与促进会到云南调研生态文明建设情况，有助于云南环境保护宣传教育工作创新工作方式方法、提升公众参与水平。双方表示，在今后将进一步加强沟通，在环境宣传教育方面，坚持“讲好环保故事，传播环保好声音”，大力推进环境保护政策性宣传、效能性宣传、科普性宣传和绿色文化传播，为推进云南生态文明建设共同努力。中国生态文明研究与促进会副秘书长周桂玲等一行三人还深入澜沧县就生态文明建设情况进行了调研[②]。

2018 年 3 月 28—29 日，生态环境部宣传教育司副司长杨小玲一行到云南省环境保护厅督导检查第一批环境保护设施和城市污水垃圾处理设施向公众开放工作，并召开调

---

① 胡晓蓉：《“七彩云南 美丽校园” 生态文明教育校园行启动》，《云南日报》2018 年 3 月 27 日，第 3 版。

② 马霖馨：《中国生态文明研究与促进会调研组和云南省环境保护宣传教育中心举行座谈》，http://www.ynepbxj.com/hbxw/xjdt/201803/t20180330_177878.html（2018-03-30）。

研座谈会听取云南省环境保护宣传教育工作情况汇报，对云南省环境保护厅开展宣传教育工作提出要求。活动期间，督导检查组先后到昆明三峰再生能源发电有限公司空港垃圾焚烧发电厂和云南省环境监测中心站现场检查开放活动实施情况，指导开放单位完善开放内容和流程，对做好活动安全防护措施，扩大受众范围，加强宣传报道提升影响力等工作提出了要求。

2018 年 3 月 31 日，由云南省殡葬协会主办的云南省第三届节地生态安葬活动在昆明市石林彝族自治县狮山生态陵园举行，活动以现代殡葬礼仪为网上公开征集的 18 具骨灰举办“不留名、不留碑、不留灰”的集体草坪生态落葬仪式。当日上午10时30分，集体落葬仪式开始。伴随着哀婉肃穆的音乐，数十名来自北京社会管理职业学院、长沙民政职业技术学院、重庆城市管理职业学院殡仪专业的社会实践学生按照现代殡葬礼仪程序，将可降解骨灰盒缓缓放入花坛，铺上黄色花瓣，为 18 位逝者举办了草坪集体生态落葬仪式。整个仪式，充满了时代感，而又不失庄严肃穆，全程不焚香、不烧纸，仅用音乐与礼仪来表达对生命的尊重，对逝者的缅怀和哀思。逝者的家属和上百名前来陵园的祭扫者一起观看了此次集体生态落葬仪式。据云南省民政厅殡葬事业服务管理中心统计，截至目前，云南省建成 72 座经营性公墓、230 万个墓位，其中已使用墓位 60 多万个，节地生态安葬比例达到21.9%。据狮山生态陵园有关负责人介绍，该陵园积极鼓励和引导人们采用树葬、海葬、深埋、格位存放等不占或少占土地、少耗资源、少使用不可降解材料的方式安葬骨灰或遗体，充分践行节地和绿色环境保护的现代殡葬理念。活动结束之后，省、市、县民政部门工作人员还向前来陵园祭扫的市民发放文明祭扫倡议书、节地生态安葬宣传单等①。

2018 年 4 月 24 日，昆明市“绿色食品宣传月”宣传活动正式启动。此次活动的主题是“绿色生产、绿色消费、绿色发展”。在兴苑路沃尔玛广场活动现场，云南省 20 多家绿色食品企业对旗下产品进行集中展示，让消费者近距离了解本土的优质绿色农产品。通过现场品鉴、了解知识，不少消费者增加了对绿色食品的认识。消费者表示，通过这次活动了解到很多身边的绿色食品，还发现不少自己需要的产品。本次活动围绕“农业质量年”，通过宣传和展示，进一步普及绿色食品知识，讲好绿色食品故事，让更多的消费者了解云南省积极打造“绿色食品牌”，进一步扩大绿色食品的市场影响力，提升绿色食品的知名度、美誉度。云南省绿色食品发展中心负责人介绍，云南省提出打造“绿色食品牌”，靠质量赢得消费者，靠品牌打动消费者，有效发挥优质优价市场机制作用，激发了广大企业和农户发展绿色食品的内生动力，实现了生产与消费的良性互动。经过多年发展，云南省无公害农产品、绿色食品、有机农产品和地理标志农产

① 左超、李秋明：《我省举行节地生态安葬活动》，《云南日报》2018 年 4 月 3 日，第 3 版。

品为主体的“三品一标”已具备良好的发展基础，为云南高原特色农产品走向全国奠定了基础①。

2018年5月14日，昆明市水务局、昆明市节水办公室联合昆明机场共同开展的昆明市2018年全国城市节约用水宣传周宣传活动在昆明机场举行。当天，来自昆明机场及各驻场单位、航空公司的代表就节约用水、建设绿色机场、打造节水型城市进行现场宣誓，并开展了“为绿色插上翅膀”万人签名行动、旅客有奖答题互动和节水金点子征集活动。过往旅客通过扫描二维码参与节水小窍门的征集活动，各航空公司也将在接下来的一周内在飞机上同步开展征集活动。活动现场，来自云南红土航空公司的乘务员周洁薇向乘客分享了节水的小窍门。她表示，平常乘务员在飞机上都会收集乘客喝剩下的水，然后交给保洁人员进行二次利用。据了解，在节水宣传周期间，昆明市节水办公室将通过“爱·节水——随手拍”轻摄影大赛活动、节水宣传进校园、投放节水公益广告等方式使节水宣传活动进社区、进校园、进企业，使宣传活动更深入广泛、更贴近实际，使市民在生活、生产和消费等各环节参与城镇节水，让节水成为一种习惯②。

2018年5月17日，在昆明市滇池管理局水利管理处的指导下，来自云南昆明工业学校的近400名师生作为志愿者，对海口河两岸的垃圾堆积物进行了清扫，并向沿岸居民宣传滇池保护工作。随着近年来滇池综合整治工作的推进，海口河已变成一条水清岸绿的“生态长廊”。一位正在清扫垃圾的同学说：“我们学校与海口河紧紧相邻，通过综合整治，河道两岸环境明显改善，学校周边的环境也有了很大的改观，我们也经常利用课余时间为保护河道环境出一份力。”和她一样，云南昆明工业学校的很多学生也成了滇池保护志愿者，参与到滇池保护行动中来③。

2018年5月20日，由科学技术部、中共中央宣传部、中国科学技术协会等14个部委和云南省人民政府主办的“科技列车云南行”科技活动在曲靖市启动。5月22日上午，“科技列车云南行”在分会场会泽县组织了生态环境保护科普活动，云南省环境科学学会理事长李唯做了题为“欠发达地方发展地方经济与生态环境保护”的专题讲座，会泽县200多名干部职工聆听了讲座。会泽县经济发展相对滞后，生态环境非常脆弱，如何在发展经济的同时有效保护好生态环境是当前会泽县面临的一大问题，为了让大家全面了解环境保护与经济和谐发展的理念，云南省环境科学学会理事长李唯紧紧围绕如何实现环境保护与经济和谐发展等问题，用大量翔实的数据、生动的事实，对于合理发展经济、保护和改善环境、防治污染提出了有针对性的建议，对会泽县干部职工全面了

---

① 王淑娟：《“绿色食品宣传月”活动启动》，《云南日报》2018年4月25日，第3版。

② 胡晓蓉：《昆明机场开展节水周环保宣传》，《云南日报》2018年5月15日，第3版。

③ 浦美玲：《400名师生参与滇池志愿保护行动》，《云南日报》2018年5月31日，第7版。

解当前环境问题及经济形势，以及如何切实保护生态环境，具有很强的指导作用[①]。

2018年5月31日，云南省环境保护宣传教育中心召开全体职工大会，认真传达学习全国生态环境宣传工作会议精神，部署贯彻落实工作。云南省环境保护宣传教育中心党支部书记、主任王云斋主持会议，全体职工参加学习会。会议强调，日前生态环境保护部召开的生态环境宣传工作会议，是规格极高、规模极大的一次历史性盛会。大会以新时代中国特色社会主义思想为指导，以推进生态文明建设、打好污染防治攻坚战为出发点，对落实全国生态环境保护大会精神以及做好当前和今后一个时期生态环境宣传工作做出了全面部署，提出了明确要求。会议指出，云南省环境保护宣传教育中心当前时期的重点工作任务，一是高度重视，紧扣新时代习近平生态文明思想体系，深入贯彻落实全国生态环境保护大会精神、全国生态环境宣传工作会议精神。二是找准着力点，重视环境保护宣传教育基础性工作，盘点刚性任务，分工协作，确保常规工作高质量完成。三是梳理基础性工作稳步推进，坚持落实目标责任制，全面统筹协调基础工作。四是着力创新，培育品牌。要重视新媒体矩阵在环境保护宣传教育中的重要性，并加强创新，努力打造环境保护宣传教育工作的亮点、特点。会议要求，云南省环境保护宣传教育中心全体职工要认真学习和深入贯彻习近平生态文明思想，认真学会、学懂生态环境宣传工作会议精神，并落实到具体工作中去。一要提高思想站位，忠诚地履行使命，坚持正确的舆论引导，讲好生态环境保护故事，不断提高传播感染力和影响力。二要始终占领网络传播的主阵地，打好舆论主动战，在用好新媒体的同时，加强创新，丰富新媒体产品。三要从大局着眼，充分宣传动员全社会，壮大生态环境保护事业的统一战线，推动社会广泛参与环境保护工作。四要加强组织领导，运用科学的方法，打造环境保护宣传教育坚军。五要勇敢担当，勇做新时代生态环境宣传的“排头兵”，努力推进生态环境宣传工作迈上新台阶。会议还对云南省环境保护厅党组2018年第三次中心组理论学习时张纪华厅长的讲话精神做了传达学习，对“六·五”环境日的相关工作做了深入讨论和统筹安排[②]。

2018年6月4日下午，云南省高级人民法院、昆明市中级人民法院、昆明市晋宁区人民法院在滇池南岸晋宁古滇艺海大码头，联合开展“保护母亲湖，我们在行动”环境保护普法主题活动。活动现场，相关人员介绍了环境保护法律法规的相关内容，同时，用山歌调子等文艺演出向群众宣传环境保护知识。晋宁区法院还在活动现场设置了环境保护普法宣传展板和法律咨询点，现场为群众解答相关法律问题。在“滇池放鱼保护生态”环境修复活动环节，人大代表、政协委员、村民代表、学生代表等向滇池投放了

---

① 云南省环境科学学会：《云南省环境科学学会在会泽县作经济发展与生态环境保护讲座》，http://www.ynepb.gov.cn/zwxx/xxyw/xxywrdjj/201805/t20180529_180254.html（2018-05-29）。

② 云南省环境保护宣传教育中心：《云南省环境保护宣传教育中心认真传达学习全国生态环境宣传工作会议精神》，http://www.ynepbxj.com/hbxw/xjdt/201806/t20180601_180421.html（2018-06-01）。

20 000余尾鲢鱼鱼苗[①]。

2018年6月5日，由云南省环境保护厅、云南省精神文明建设指导委员会办公室、玉溪市政府联合举办的“美丽中国我是行动者——保护抚仙湖我们在行动”暨云南省2018年六五环境日主场宣传活动，在澄江县抚仙湖畔举行。当天，在抚仙湖北岸澄江县已拆除的原水苑宾馆生态修复区上，新时代“抚仙湖卫士”代表王燕说：“抚仙湖是玉溪的‘眼睛’，云南的名片，我们将争当抚仙湖保护治理的宣传员、保洁员和监督员。”玉溪市环境保护形象大使蒋俊华带领小学生共同宣读“保护抚仙湖倡议书”，志愿者们一起把近百棵树苗栽在抚仙湖岸边。来自云南省各级相关部门的干部职工，以及环境保护志愿者、绿色社区和社会团体代表、绿色学校学生代表，约300人参加活动。2018年六五环境日的宣传主题是：“美丽中国我是行动者”。活动期间，相关部门将通过广泛社会动员，号召人们知行合一，保护生态环境，从选择简约适度、绿色低碳生活方式做起，积极参与生态环境事务，同心同德，打好污染防治攻坚战。在云南省形成人人、事事、时时崇尚生态文明的社会氛围，让美丽云南建设更加深入人心。为确保云南省六五环境日系列宣传活动落地见效，云南省环境保护厅按照生态环境部的统一部署要求，结合实际制定下发了《云南省2018年六五环境日系列宣传活动总体实施方案》，云南省各级环境保护行政主管部门高度重视，多方联动，积极创新，努力打造省、州（市）协同的宣传声势。六五环境日期间，云南省各州（市）、县（市、区）均结合本地实际组织开展了形式多样、内容丰富、极具地域特色的宣传活动[②]。

2018年6月5日，云南省环境科学学会、贡山县环境保护局、贡山县人民法院、贡山县司法局、贡山县地方税务局、高黎贡山自然保护局贡山管护分局等单位在贡山礼堂门口通过展板，发放宣传册、宣传单、环境保护袋等多种形式开展环境保护宣传活动，并对公众咨询的环境保护问题现场解答。6月5日下午，云南省环境科学学会理事长李唯为贡山县环境保护局同志开展业务培训，主要针对新形势下，国家频频出台一些环境保护法规与管理的新变化与新要求，各项制度如何衔接等问题进行了详细讲解，并举例说明环境管理中容易出现的十个方面问题，以及环境保护部门如何通过“识变、求变、应变”来应对新形势下的环境管理要求[③]。

2018年6月5日，纳板河流域国家级自然保护区管理局和勐仑植物园在保护区曼点、蚌岗2个管理站组织了以“美丽中国我是行动者”为主题的宣传活动。通过设立宣传咨询台、展示展板、发放宣传资料、现场答疑等形式，向自然保护区内外群众发放了生物多样

---

① 张雁群、周灿：《保护母亲湖环保普法活动举行》，《云南日报》2018年6月5日，第1版。

② 胡晓蓉、王云瑞：《我省举行六五环境日宣传活动》，《云南日报》2018年6月6日，第1版。

③ 云南省环境科学学会：《云南省环境科学学会纪念第47个世界环境日活动》，http://www.ynepb.gov.cn/zwxx/xxyw/xxywrdjj/201806/t20180607_180624.html（2018-06-07）。

性保护及自然保护区环境保护等相关宣传资料，并对群众提出的问题进行现场解答。此次活动共计发放宣传单500余份，解答群众咨询20多人次，同时向群众传播了“绿水青山就是金山银山”的生态文明理念，提倡广大群众像对待生命一样对待生态环境[①]。

2018年6月6日，云南省环境保护厅总工程师、云南省第二次全国污染源普查工作办公室主任杨永宏及云南省环境保护宣传教育中心、云南省第二次全国污染源普查工作办公室人员一行3人到云南省环境科学学会进行污染源普查宣传工作调研。云南省环境科学学会秘书长钟敏、主要污染源普查技术负责人林军及宣传视频制作单位部分人员参加了交流。在会上，大家对动画视频进行了反复观看后，杨永宏首先对云南省环境科学学会主动承担污染源普查宣传工作，制作宣传视频予以了高度的肯定，认为云南省环境科学学会有担当、主动作为。他还表示宣传视频的形式、理念及动画表现都很好，公众易于接受，传播效果好。同时杨永宏与与会人员共同针对视频内容的画面及文字配音进行了详细斟酌，并提出了很好的修改意见和建议，让宣传视频更贴近公众，同时将污染源普查与云南省生态文明建设高度融合。最后云南省环境科学学会秘书长钟敏表示，云南省环境科学学会将尽快和视频制作单位沟通，按会议提出的意见进行修改完善，争取让视频早日与观众见面，为云南省圆满完成污染源普查工作，摸清家底、打赢污染防治攻坚战贡献学会微薄的力量[②]。

2018年6月初，中国共产主义青年团云南民族大学委员会与《人与自然》杂志社联合举办了“促进生态文明，共建美丽中国”摄影展活动。据悉，本次摄影展为期一周，吸引近千名学生前来观展。摄像展作品分别从生态、环境、动物、人文等方面生动地展示了人与自然的和谐关系，真实而形象地体现了“人与自然和谐共生”的理念。前来观展的同学表示，作为新时代的青年，更应该以保护生态环境为己任，切实用自己的力量为建设美丽中国做贡献[③]。

2018年6月8日，云南省环境科学研究院举办2018年生态环境公众开放活动，吸引了来自学校、社区的百余名环境保护热心公众参与。活动严格落实生态环境部和云南省环境保护厅要求，突出“环境科技，惠及民生”主题，紧密结合全院职能任务，本着“宣传党的环境保护政策，普及环境保护常识，展示环境保护科研成就，扩大环境保护公众影响，强化环境保护意识，启发行动自觉”的目的，认真研究，充分准备，全面筹划，科学确定开放地点、内容和形式，组织力量编印活动宣传品，选拔培训活动现场讲解员，并通过云南省环境科学研究院官网等渠道，向全社会公众发出公告和邀请函，得

---

① 姜婷：《美丽中国，我是行动者》，http://nbhbhq.xsbn.gov.cn/81.news.detail.dhtml?news_id=976（2018-06-08）。

② 云南省环境科学学会：《云南省环保厅杨永宏总工程师到云南省环境科学学会调研污染源普查宣传工作》，http://www.ynepb.gov.cn/zwxx/xxyw/xxywrdjj/201806/t20180608_180715.html（2018-06-08）。

③ 陈怡希：《云南民族大学生态主题摄影展开展》，《云南日报》2018年6月7日，第12版。

到了大量环境保护热心人士的积极响应。活动中，云南省环境科学研究院领导向来访公众宣讲了开放活动的时代背景和重要意义，介绍了云南省环境科学研究院职能任务，推介了包括高原湖泊保护与治理、土壤重金属污染治理、大气环境保护、珍稀濒危植物引种繁育、生态环境保护、环境规划、环境分析、危废处置、环境政策研究、污染源监测等在内的院环境保护科研、应用情况及取得的成就，并重点介绍了国家第六批、云南首批国家环境保护科普基地——花红洞实验基地等科研平台建设情况。活动向公众发出倡议：深入学习习近平新时代中国特色社会主义思想，高举环境保护科技大旗，从我做起，从小事做起，从现在做起，一点一滴爱护我们赖以生存的环境，做环境保护文明使者，做环境保护科技新人。活动中，来访公众观看了《生态云南和谐家园》的专题片，参观了反映建设发展、职能任务、科研成果及发展方向的图片展及环境保护科研实验室，并就所关心的环境保护科研问题踊跃提问，科研人员均给予了通俗、专业、深刻、准确的解答，活动现场气氛热烈。公众普遍反映，本次活动让他们从更深层面了解了国家环境保护形势，更加全面地掌握了党和政府在环境保护领域所做的工作和取得的成绩，加深了对习近平生态文明思想的理解，强化了环境保护意识，增强了环境保护信心。活动还得到了春城晚报社的关注与支持，春城晚报社派出记者到现场采访。在集中开放活动后，云南省环境科学研究院还将继续接受并欢迎有关单位和社会公众预约现场参观，就共同关心的环境保护科技话题与社会各界展开交流，促进公众开放活动常态化，以增进相互了解，更好地做好环境保护科研工作①。

2018 年 6 月 13 日是全国低碳日，云南省在昆明市开展主题为“提升气候变化意识 强化低碳行动力度”的 2018 年全国低碳日宣传活动。本次宣传活动设一个主会场和两个分会场。主会场设在云南大学，开展了“国内绿色低碳发展政策最新进展”“绿色低碳校园建设与低碳人才培养”等低碳高端学术论坛，低碳主题展览及大学生社团低碳倡议等宣传活动；分会场设在昆明市第一中学和盘龙小学，举行了低碳讲堂、低碳绘画竞赛、低碳知识展览等活动。同时，各州市相关部门结合自身实际和特点同步开展形式多样的主题宣传活动②。

2018年6月15日，2018“清洁节水中国行一家一年一万升”活动闭幕式在云南大学举行。生态环境部宣传教育中心、云南省环境保护厅、花王（中国）投资有限公司代表及来自全国高校环境保护社团代表、云南大学师生等近 300 人齐聚云南大学呈贡校区，一同为环境保护助力，带动更多公众从一点一滴做起，为美丽中国共同行动。2018“清洁节水中国行一家一年一万升”活动期间举行了“绿色生产美丽中国”高峰

① 云南省环境科学研究院：《云南省环境科学研究院成功举办2018年生态环境公众开放活动》，http://www.ynepb.gov.cn/zwxx/xxyw/xxywrdjj/201806/t20180608_180712.html（2018-06-08）。

② 陈鑫龙：《云南省全国低碳日宣传活动在昆举行》，《云南日报》2018 年 6 月 14 日，第 5 版。

论坛，开展了社区节水宣传活动以及全国高校小额资助项目。旨在面向企业、社区居民、高校学生等各层面公众，广泛传播环境保护意识和生态意识，鼓励每个人都成为美丽中国的建设者。在活动闭幕式上，全国高校环境保护社团小额资助项目颁奖仪式同时举行，江西财经大学绿派社等35个高校环境保护社团获得了一、二、三等奖，北京环境保护宣传中心等 6 个单位获得了优秀组织单位奖。云南林业职业技术学院生物多样性保护社作为获奖社团代表，通过现场展示，和大家分享了他们开展的2018年土壤环境保护宣传活动。生态环境部宣传教育中心闫世东副主任指出，大学生作为未来中国的建设者，应当增强责任意识，提高环境素养，不但要做生态文明的建设者，而且要做传播者，面向公众广泛传播环境保护意识和生态意识，推动全社会积极行动，共同建设美丽中国。花王（中国）投资有限公司董事长中西稔表示，培养大学生群体高度的节水意识和良好的环境保护习惯是提高公民整体环境保护意识的关键，期待大家通过不断的自我实践，将所养成的意识及习惯带入今后的职场及日常生活中，最终提升全社会的环境保护意识和水平①。

第二节　云南省生态文明宣传与教育建设事件编年（7—12 月）

2018 年 7 月 1 日，云南省委常委、昆明市委书记程连元以普通党员身份参加所在党支部昆明市委办公厅第一党支部纪念建党 97 周年主题党日活动，通过重温入党誓词、瞻仰聂耳墓、缴纳党费、讲授党课等形式庆祝党的生日。讲授党课时，程连元强调，支部的党员同志要“不忘初心、牢记使命”，深入学习贯彻习近平生态文明思想，积极争当生态文明建设的先行者、生态文明理念的传播者、绿色生活方式的践行者、生态环境保护的守护者，为昆明争当生态文明建设排头兵示范城市做出积极贡献。当天下午，程连元还分别到昆明市五华区龙翔街道办事处、西山区前卫街道办事处广福社区调研指导基层党建工作②。

2018 年 7 月 6 日，云南省环境保护宣传教育中心与云南省绿色环境发展基金会“推动绿色传播和公众环境教育框架合作协议”签署仪式，在云南省绿色环境发展基金会成立 10 周年成果分享会会场举行。双方开展的首个合作项目“绿色书屋”建设实施计划

① 云南省环境保护宣教中心：《清洁节水绿动青春 2018“清洁节水中国行—家一年一万升”活动闭幕》，http://www.ynepb.gov.cn/zwxx/xxyw/xxywtpxw/201806/t20180615_181054.html（2018-06-15）。

② 张雁群：《程连元参加所在党支部主题党日活动时强调深入学习贯彻习近平生态文明思想　为昆明争当生态文明建设排头兵示范城市作出积极贡献》，《云南日报》2018 年 7 月 2 日，第 4 版。

同时启动。云南省环境保护宣传教育中心主任王云斋、云南省绿色环境发展基金会理事长邹恒芳，以及与会人员参加合作协议签署和“绿色书屋”建设实施计划启动仪式。按照协议，双方将发挥各自优势，在推动环境公众参与、生态文化传播，倡导绿色生活、促进绿色发展等方面开展合作，共同致力于传播习近平生态文明思想，宣传环境保护政策法规，展示环境保护工作成就，普及环境保护知识，引导公众树立“绿水青山就是金山银山”理念，共同推进环境保护公益项目品牌建设与实施。双方携手共建“绿色书屋”项目，旨在借助双方平台优势，在优化布局、多元投入、提质增效上共同发力，把该项目向更高层次、更广领域推进，着力把“绿色书屋”打造成民心工程、品牌项目。双方合作启动的“绿色书屋”项目，重点是关注云南边境贫困山区孩子们的成才与成长。通过社会公益组织、法人单位和爱心人士的捐助，为贫困山区学校奉献一片爱心，送去一份温暖，为孩子们带去绿色希望与力量，让边疆的孩子从小得到环境文化的熏陶。“绿色书屋”将按照标准化、规范化建设，所有书籍均经过专家精心选定，融思想性、知识性、科学性、艺术性、趣味性于一体。“绿色书屋”的建设与发展，对于传播环境知识，培养生态道德，倡导绿色文明，推动绿色创建，培育“绿色新细胞”，营造绿色新风尚具有重要意义。云南省绿色环境发展基金会成立10年以来，坚持致力于公益慈善事业，投身生态绿色发展，担当社会环境保护责任，推动美丽云南建设，在生态环境保护和促进云南省绿色发展中发挥了积极作用①。

2018 年 7 月 12 日，“美丽中国我是行动者”环境保护画展在昆明市翠湖公园展出，画展旨在倡导人人参与环境保护，展出的作品包括《澜沧江畔菠萝田》《雨林咖啡》《杨善洲》等。作品反映了云南省在保护环境方面所做的贡献和当前环境保护工作所面临的问题等②。

2018 年 7 月 31 日，“云南大象自然教育”组织参加环滇池生态圈生物多样性科学保护系列实践活动的“学生河长”一行 70 余人，到国家环境保护科普基地——云南省环境科学研究院花红洞实验基地开展生态文明教育学习，重点了解基地内以濒危珍稀植物为代表的生物多样性建设情况，并参观基地环境保护科普教育长廊，旨在通过自然博物教育，引导学生与大自然和谐相处，让学生在自然环境中健康快乐成长。此次活动得到昆明市滇池管理局来函支持，云南省环境科学研究院有关专家为活动提供全程讲解③。

2018 年 8 月 5 日是彝族传统节日——火把节，为了宣扬绿色、自然、生态、健康的

① 马霖馨：《云南省环境保护宣教中心与云南省绿色环境发展基金会开展合作并启动爱心“绿色书屋”捐助计划》，http:// www.ynepbxj.com/hbxw/xjdt/201807/t20180706_182191.html（2018-07-06）。

② 陈飞：《环保画展吸引游客》，《云南日报》2018 年 7 月 17 日，第 1 版。

③ 云南省环境科学研究院：《滇池学生河长到花红洞基地参观》，http://www.ynepb.gov.cn/zwxx/xxyw/xxywrdjj/201808/t20180802_183652.html（2018-08-02）。

生活方式，云南省环境保护宣传教育中心在昆明市晋宁区双河乡举行的火把节健身徒步赛现场，开展了“美丽中国我是行动者”环境宣传教育活动。活动现场，云南省环境保护宣传教育中心为双河乡政府捐赠了《七彩云南》图册、《环境保护词典》科普读物、《走云南》诗集等环境保护图书、环境保护宣传册共800本（册），环境保护志愿者们为参赛者发放了环境保护宣传品。在比赛中，“美丽中国我是行动者”及“云南环境保护志愿者”旗帜在赛场飘扬，成为一道靓丽风景线，环境保护志愿者用绿色生态理念为参赛者加油鼓劲，参赛者表示，要用实际行动践行绿色生活方式，做建设美丽云南的传播者和践行者，齐心协力共建美丽和谐家乡。2018 年以来，云南省环境保护宣传教育中心围绕“美丽中国我是行动者”主题，先后走进武警森林部队营区、昆明关上社区、安宁市螳螂川、大理市湾桥镇古生村等地组织开展了环境宣传教育活动。此次将环境保护宣传融入赛事，进一步丰富了环境保护宣传教育进学校、进社区、进机关、进企业、进乡村活动形式，拓展了环境保护宣传教育新渠道，让生态文明理念走进千家万户[①]。

2018年8月中旬，云南省精神文明建设指导委员会发出通知，号召云南省干部群众为美丽中国增光添彩，将开展以“我为美丽添光彩”为主题的志愿服务活动。活动将开展学习宣传习近平生态文明思想的志愿服务，宣传省委关于“把云南建设成为中国最美丽省份”的决策部署、目标任务和要求，将生态文明建设和生态环境保护变为云南省广大干部群众的自觉行动；开展践行公民生态环境行为规范志愿服务；开展关爱云南山川河流、高原湖泊志愿服务；开展植树造林绿化美化志愿服务活动；开展城乡人居环境提升志愿服务活动。上述通知要求，各级精神文明建设指导委员会及精神文明建设指导委员会办公室要充分发挥职能作用，及时把当地的活动组织开展起来，着力打造一批“云岭”志愿服务新品牌；要充分发挥党团员、公职人员带动作用和各级文明单位的示范作用，开展形式多样的“我为美丽添光彩”志愿服务；要形成“我为美丽添光彩”志愿服务活动常态长效机制，不断取得新成效[②]。

2018 年 8 月 30 日，为加大推进云南省环境保护设施和城市污水垃圾处理设施向公众开放工作力度，进一步推动环境保护公众开放活动常态化、规范化，不断拓宽社会各界参与渠道，云南省环境保护厅邀请8家中央驻滇和省内主要新闻媒体记者来到昆明三峰再生能源发电有限公司空港垃圾焚烧发电厂“做客”，开展面向新闻媒体记者开放活动。活动期间，记者们通过观看环境保护宣传视频，零距离参观了解生活垃圾焚烧发电设施设备运行情况，深入了解生活垃圾焚烧发电的工艺流程和关于垃圾分类、收集处理的科普知识，树立生态文明建设新理念。记者们纷纷表示要用好媒体宣传平台，向社会

---

① 云南省环境保护宣传教育中心：《环保贯穿赛事　美丽与健康同行　云南环保宣教走进晋宁区双河彝族乡》，http://www.ynepbxj.com/hbxw/xjdt/201808/t20180806_183746.html（2018-08-06）。

② 李翕坚：《省文明委发出〈通知〉　开展“我为美丽添光彩”志愿服务》，《云南日报》2018年8月13日，第3版。

各界积极宣传生态环境保护知识，倡导大家践行绿色的生产和生活方式。本次开放活动的成功举办，搭建了媒体与开放单位深入沟通交流的渠道，扩展了记者们的生态环境保护知识，达到了互通有无、加深了解、解疑释惑的目的；同时，记者们结合实地参观感受对本次开放活动进行了宣传报道，使公众系统了解了城市垃圾焚烧发电给环境治理带来的成效，有效发挥了环境保护宣传教育的作用，共同引导社会舆论[①]。

2018年9月8日，云南省委常委会召开扩大会议，传达学习习近平总书记关于洞庭湖下塞湖矮围整治工作重要指示精神，研究部署云南省贯彻意见。会议强调，要坚决贯彻落实习近平生态文明思想，切实担负起生态文明建设和生态环境保护政治责任，动真格大力查处整治违法违规行为，争当全国生态文明建设排头兵，把云南建设成为中国最美丽省份，为美丽中国建设做出新的更大的贡献。会议指出，习近平总书记的重要指示，充分体现了以习近平同志为核心的党中央对生态文明建设和生态环境保护的高度重视，体现了党中央果断处置沉疴宿疾的鲜明态度，体现了党中央坚决打好污染防治攻坚战的坚定决心和责任担当。会议强调，要把思想和行动统一到党中央的决策部署上来，提高政治站位，增强“四个意识”，坚持新的发展理念和正确的政绩观，坚定不移走生态优先、绿色发展的路子，做到守土有责、守土负责、守土尽责。要举一反三，加大查处整治和监督执纪执法力度，加强对云南省湖泊、水系、各类保护区的保护修复治理，依法严惩破坏生态环境的违法犯罪行为，不达目的决不收兵。要切实改进作风，强化责任担当，结合城乡人居环境提升等工作，全面落实河（湖）长制，推进河（湖）长治、长清。要严格落实属地领导责任，坚持问题导向，形成有效机制，坚决打好污染防治攻坚战，筑牢国家西南生态安全屏障。

2018年9月10—14日，云南省环境保护对外合作中心和云南省环境保护宣传教育中心联合在迪庆藏族自治州和文山壮族苗族自治州开展“COOL住继续前行”——2018年“9·16国际保护臭氧层日”宣传教育活动。此次宣传教育活动相继在香格里拉红旗小学和文山实验小学举行，共计2000余名师生参加活动。主办单位通过在活动现场举办专题讲座、设置互动体验课件、摆放知识展板、播放宣传片、开展问答互动、发放宣传材料等丰富多样的形式，宣传普及保护臭氧层、淘汰消耗臭氧层物质（ODS）的相关知识和政策法规。其间，云南大学吴於松教授的“保护臭氧层，人人要行动”专题讲座深入浅出、生动有趣，同学们踊跃参与问答互动，积极参与虚拟互动体验，生动直观地学习了解臭氧的形成、臭氧层破坏带来的危害及生活中有哪些破坏臭氧层的生活用品，

① 云南省环境保护厅法规处：《云南省环境保护厅举办环境保护设施和城市污水垃圾处理设施向公众开放活动——邀请媒体记者参观昆明空港垃圾焚烧发电厂》，http://www.ynepb.gov.cn/zwxx/xxyw/xxywrdjj/201808/t20180831_184333.html（2018-08-31）。

并纷纷在“COOL住继续前行”主题展板前合影留念①。

2018年9月21日，云南省人大常委会党组理论学习中心组举行集中学习，深入学习贯彻习近平生态文明思想和云南省生态环境保护大会精神。云南省人大常委会党组副书记、常务副主任和段琪主持学习并讲话。此次学习邀请副省长王显刚做了专题报告。王显刚在报告中讲解了习近平生态文明思想的丰富内涵和实践要求，分析了云南生态环境保护所面临的形势和任务，阐述了云南省委、云南省人民政府关于生态环境保护的重大举措。和段琪强调，云南省人民代表大会及其常委会作为地方国家权力机关，肩负着贯彻落实党中央和省委关于生态文明建设的决策部署、推动环境法律制度全面有效实施的光荣使命。要把学习贯彻习近平生态文明思想作为一项重要政治任务，准确领会其精神实质和丰富内涵，认真履行宪法法律赋予的职责，紧紧围绕“生态文明建设排头兵”目标谋划立法、监督、代表等各项工作，勇于担当，积极作为，推动省委全面加强生态环境保护，坚决打好污染防治攻坚战各项决策部署贯彻落实，推动中央环境保护督察组“回头看”反馈意见整改落实，推动云南省生态文明建设取得新进展②。

2018年9月21日，云南省环境保护宣传教育中心联合玉溪市江川区环境保护局，在江川区江城镇西河村开展了“环境宣传进乡村”活动，大力宣传习近平生态文明思想和全国、云南省生态环境保护大会精神，普及环境保护科普知识、农村环境保护小常识，引导公众关注生态保护，热爱秀美山川，建设美丽家园。活动中，省环境保护宣传教育中心向江川区环境保护局、江城镇政府、西河村委会、西河小学捐赠了《环境保护词典》科普读物、《七彩云南》画册、《走云南》诗集、环境保护宣传品等物，在中秋佳节之际为他们送去了一个特殊的“礼包”。

2018年10月26日，是云南省生态环境厅挂牌后的第一个工作日。由云南广播电视台全媒体新闻中心党支部、云南省环境保护宣传教育中心党支部、西山区环境保护局党支部联合举办的“美丽中国我是行动者”保护滇池党员志愿服务活动在海埂码头举行。金秋的滇池，烟波浩渺，水天一色。活动现场悬挂着“美丽中国我是行动者”“建设美丽云南我们一起行动”“绿水青山就是金山银山”等环境宣传标语。下午3时，来自3个党支部的90余名党员头戴“美丽中国我是行动者”环境保护帽，胸前佩戴鲜艳的党徽，在滇池湖畔分两组开展志愿服务活动，一组负责对海埂大坝周边景观道路进行垃圾清扫，一组跟随“巾帼打捞队”对滇池内的水草进行打捞。烈日下，负责清扫垃圾的党员手持工具，在树丛中、绿化带内、凳子下仔细寻找游人丢弃的垃圾，努力把每个角落

① 云南省环境保护厅对外合作中心：《2018年“9·16国际保护臭氧层日”宣教活动进校园》，http://www.ynepb.gov.cn/zwxx/xxyw/xxywrdjj/201809/t20180918_184742.html（2018-09-18）。

② 瞿姝宁：《省人大常委会党组理论学习中心组举行集中学习时强调 推动全省生态文明建设取得新进展》，《云南日报》2018年9月22日，第2版。

打扫干净；负责打捞湖里水草的党员乘着小船用心用力打捞水域中已死的水草、垃圾等漂浮物，他们不怕苦、不怕累，用实际行动呵护着“母亲湖”。下午4时许，云南广播电视台全媒体新闻中心、云南省环境保护宣传教育中心、西山区环境保护局3个党支部在海埂大坝向为守护“母亲湖”辛勤付出的“巾帼打捞队”赠送一批环境保护宣传品，感谢“巾帼打捞队”为滇池水质改善所做出的突出贡献。云南广播电视台全媒体新闻中心党支部书记、主任孔维华代表3个党支部向全体党员发出倡议：每位党员都要不忘初心、牢记使命，做生态文明的践行者、保护环境的参与者、美丽中国的行动者、七彩云南的守护者，立足于本职岗位，共同为生态文明和最美云南建设做贡献。参加活动的党员表示，今后将继续投身保护滇池的志愿服务，引导全社会加入关爱滇池、积极参与滇池保护的队伍中来①。

2018年11月3日，为积极推动滇池保护志愿服务活动，由昆明市滇池管理局、云南滇池保护治理基金会主办的“春城志愿行滇池明珠清”2018年滇池保护治理宣传月活动在昆明市捞鱼河公园启动。由云南省生态环境厅团委“学雷锋志愿服务队”和云南省环境保护宣传教育中心组成的“云南环境保护志愿者”队伍参加启动仪式，并积极参与宣传活动。活动现场，悬挂着“美丽中国我是行动者”“建设美丽云南我们一起行动”等标语，多项滇池保护宣传活动同时举行。除了内容丰富的文艺表演，在“我是滇池小卫士”主题儿童绘画活动现场，还展出了活动前期征集筛选出的200余幅保护滇池主题绘画作品，并邀请4名小朋友现场讲述创作理念，他们表达了保护滇池的决心和对滇池的美好愿景，同时，邀请了50余名小朋友及家长现场共同描绘滇池美景。现场还围绕“滇池保护治理”“新环境保护法”“环境保护小知识”等方面设置了滇池保护宣传资料发放与有奖问答环节，为答题正确的市民发放环境保护奖品。此外，昆明市环境保护联合会和云南省环境保护宣传教育中心以“美丽中国我是行动者”为主题还开展了“创建文明城市‘关爱滇池’plogging（捡拾+慢跑）”健身环境保护活动。参与plogging的志愿者们依次领取垃圾袋，沿途边慢跑、健步走，边捡拾垃圾和废物，在慢跑的同时清理沿路垃圾，达到健身目的的同时，也改善了活动路段的卫生环境。此项活动的举办，旨在引导全民健身的同时，积极参与到保护生态环境当中来。昆明市滇池管理局负责人表示，下一步还将组织开展滇池湿地风筝节、“我是执法监督员”岗位体验、放鱼滇池等活动，号召生活在昆明的每一位市民，从身边小事做起，养成环境保护的行为习惯，监督身边危害水环境的违法行为，用实际行动支持和参与滇池治理②。

---

① 云南省环境保护宣传教育中心新闻网络室：《云南广播电视台全媒体新闻中心、省环境保护宣教中心、西山区环境保护局联合开展保护滇池党员志愿服务活动》，http://www.ynepbxj.com/hbxw/xjdt/201810/t20181026_185589.html（2018-10-26）。

② 云南省环境保护宣传教育中心：《春城志愿行　滇池明珠清　2018年滇池保护治理宣传月活动启动》，http://www.ynepb. gov.cn/zwxx/xxyw/xxywrdjj/201811/t20181105_185768.html（2018-11-05）。

2018 年 11 月 7—8 日，云南省生态环境厅举办 2018 年全省环境保护宣传教育能力暨新闻通讯员业务培训班。云南省生态环境厅党组成员、副厅长杨春明出席开班式并讲话。他强调，全省环境保护宣传教育工作者要深入学习贯彻习近平生态文明思想，深入贯彻落实全国生态环境保护大会、全国和全省生态环境宣传工作会议精神，进一步加大环境保护宣传力度，为争当生态文明建设排头兵和把云南建设成为中国最美丽省份营造良好舆论氛围。杨春明指出，此次培训班的举办是云南省生态环境厅工作中的一件大事，是认真学习习近平生态文明思想，贯彻全国、全省生态环境宣传工作会议的一项重要举措，对于进一步提升全省环境宣传人员素质能力、提升环境保护宣传教育水平、促进环境宣传工作再上新台阶具有重要意义。杨春明副厅长强调，做好当前和今后一个时期的环境保护宣传教育工作，重点是要把握好主方向，大力抓好习近平生态文明思想的学习宣传。此次培训邀请了云南省委党校樊泳湄教授等人分别讲授了“舆情信息采集、分析与应对”“云南环境保护宣教工作的实践与探索”“生态环境保护公众参与典型案例分析”“如何围绕全省环境保护重点工作做好新闻宣传”等内容。授课以环境保护宣传教育工作为重点，围绕环境保护系统新媒体矩阵建设、舆情应对、公众参与、新闻稿件的撰写等方面展开，实例丰富、语言活泼，使参与培训人员强化了思想素质、提高了专业技能，为云南环境保护系统宣传教育工作进一步开展奠定了理论和技术基础。参训人员还参观了昆明滇池水务股份有限公司第七、八污水处理厂，现场学习了环境保护设施向公众开放的做法和经验，观摩了滇池湿地生态修复成果。全省各州（市）环境保护局宣传教育工作负责人和新闻通讯员、云南省环境保护宣传教育中心干部职工共 80 余人参加了培训①。

2018 年 11 月 13 日，云南省人才工作领导小组办公室、云南省人力资源与社会保障厅、昆明理工大学共同主办的“云南省青年人才基层行活动”的环境保护组 3 名青年博士到保山市中心城区开展生态环境保护调研等活动。专家组一行先后到保山市中心城区污水处理一厂、二厂，青华海湿地生态系统保护、金鸡乡农村环境综合整治项目进行了实地调研，听取相关情况汇报，并结合自身研究领域就生态文明建设中存在的困难和问题进行探讨，针对水环境污染、持久性有机污染物等引发的环境问题，提出了发展循环经济、生态经济的有效策略②。

2018 年 11 月 14 日，玉溪市通海县召开生态环境保护大会，深入学习贯彻习近平生态文明思想，全面贯彻落实中央和省、市生态环境保护大会精神，针对通海县生态环境

① 云南省环境保护宣传教育中心：《2018 年全省环保宣教能力暨新闻通讯员业务培训班在昆举办》，http://www.ynepbxj.com/hbxw/sndt/201811/t20181109_185879.html（2018-11-09）。

② 保山市环境保护局：《“云南省青年人才基层行”专家调研保山中心城区生态环境保护工作》，http://www.7c.gov.cn/zwxx/xxyw/xxywzsdt/201811/t20181116_186084.html（2018-11-16）。

保护面临的新形势，安排部署生态环境保护、中央环境保护督察发现问题整改工作，全面提升全县生态文明建设水平。县委书记卢维江充分肯定了全县在生态环境保护中取得的成绩，又深刻地剖析存在的问题，并就中央环境保护督察“回头看”反馈意见整改及全县环境保护工作进行安排部署。通海县政府副县长刘绍宏、常伟分别就如何抓好中央环境保护督察“回头看”反馈问题整改工作作表态发言①。

2018年11月14日下午，楚雄彝族自治州永仁县生态环境保护大会在县政府五楼会议室召开。县委书记杨仕坤对下一步生态环境保护工作提出了4点要求。县委副书记、县长李明峰强调，全县上下要旗帜鲜明讲政治，切实增强生态环境保护的思想自觉、政治自觉和行动自觉；要突出重点抓关键，坚决打好污染防治攻坚战；要强化作风抓落实，坚决确保生态环境保护取得实效。县人民政府副县长罗德宝同志通报了中央环境保护督察问题清单整改落实情况。会议动员全县上下以习近平生态文明思想为指导，按照国家、省、州生态环境保护大会的决策部署，坚决打好污染防治攻坚战，全面推进全县生态文明建设，让永仁的天更蓝、山更青、水更绿②。

2018年11月16日，保山市环境保护局召开全市生态环境宣传工作会议，全面落实全国、全省、全市生态环境保护大会和全国、全省生态环境宣传工作会议的部署和要求，准确把握全市生态环境宣传工作新形势，抓紧抓实五个方面主要任务，进一步统一思想、明确目标、凝聚力量，为打好污染防治攻坚战，把保山市建设成为全省生态文明排头兵和云南最美生态市营造有利舆论环境和良好社会氛围。保山市环境保护局党组书记、局长赵贵品在会议上强调，全市环境保护系统要充分认识生态环境宣传工作的重大意义，通过生态环境宣传工作，进一步筑牢学习和树立习近平生态文明思想，进一步树牢绿色发展理念，加强营造绿色生活方式，努力凝聚全社会共抓生态环境保护的合力③。

2018年11月16日，曲靖市沾益区举行了“珠源义工联合会”和“道德、模范长廊”揭牌仪式暨“德润珠源·义行沾益”活动。沾益区环境保护服务队积极组织各类活动3次，平均每3天1次，到龙华街道办事处风来社区宣讲环境保护法律法规知识和创建国家文明城市知识，到玉林山公园捡烟头、白色垃圾，到小河底卫生责任区清扫存积垃圾，对办公室、办公区进行每周一次大扫除等活动，取得良好的效果，为曲靖市创建

① 玉溪市环境保护局：《通海县召开全县生态环境保护大会》，http://www.7c.gov.cn/zwxx/xxyw/xxywzsdt/201811/t20181123_186239.html（2018-11-23）。

② 楚雄彝族自治州环境保护局：《永仁县召开生态环境保护大会》，http://www.7c.gov.cn/zwxx/xxyw/xxywzsdt/201811/t20181120_186182.html（2018-11-20）。

③ 保山市环境保护局：《保山市环境保护局召开全市生态环境宣传工作会议》，http://www.7c.gov.cn/zwxx/xxyw/xxywzsdt/201811/t20181120_186159.html（2018-11-20）。

国家级文明城市、提高市民素质渲染了气氛，奠定了基础①。

2018 年 11 月 18 日，英国驻重庆总领事馆、云南省林业和草原局共同在昆明举办“野生动物保护主题电影沙龙”，号召公众减少对野生动物制品的消费，从而更积极地为保护濒危野生动物贡献力量。为了唤起公众对野生动物的保护意识，活动主办方现场播放了英国广播公司（BBC）纪录片《大猫（2018）》，并邀请国内野生动物保护专家，通过面对面分享和互动，使观众了解雪豹、老虎、亚洲象、绿孔雀等野生动物的生存现状和保护情况，以及全球在打击野生动物非法贸易方面做出的努力。此次“野生动物保护主题电影沙龙”是由英国驻华大使馆和国际爱护动物基金会启动的系列活动之一，此前已在北京、上海、武汉、重庆、广州、深圳等多个城市举办。在昆明站活动中，还同步推出为期近 1 个月的野生动物摄影展②。

2018 年 11 月 22 日，由云南省生态环境厅举办的“美丽中国我是行动者”生态环境教育进校园系列活动走进安宁市昆明钢铁集团第一中学，与学校共建“云南生物多样性文化长廊”，举办“云南环境保护流动展（生态环境保护书画展）”，开展“云南环境保护绿色讲堂”，普及环境保护知识，同时为学校送去生态环境宣传教育书籍。活动现场，云南省环境保护宣传教育中心副主任郑劲松和安宁市教育局副局长罗恬为“云南生物多样性文化长廊”揭牌。长廊由云南省环境保护宣传教育中心、安宁市环境保护局、昆明钢铁集团第一中学携手打造，总长约 50 米，由景观、植物、动物、民族文化等四部分共 40 余幅图片组成。长廊展示了云南生物多样性保护进程，内容包括云南物种的多样性、自然的多样性、民族文化的多样性，引导公众发现七彩云南良好的自然禀赋、珍惜优美生态环境，自觉形成爱护生态、保护生物多样性的观念。

此次“云南环境保护流动展”以生态环境保护书画展览为主，由习近平生态环境保护语录、生态环境保护漫画、环境保护公益书画、少儿环境保护绘画四部分共80余幅作品组成，展示了习近平总书记关于生态文明思想体系的语录、书画名家描绘的七彩云南秀美风光及描写生态环境的优美诗句，有助于进一步繁荣环境文化、传播生态文明，提高公众环境意识。由云南省绿色创建领导小组专家组成员孟玉萍老师主讲的“云南环境保护绿色讲堂”，为师生们详细解读了《公民生态环境行为规范（试行）》条例，向师生们展示了一种简约适度、绿色低碳的生活方式，引领师生们履行生态环境责任，提升自身生态环境保护意识和生态文明素养。云南省环境保护宣传教育中心还向昆明钢铁集团第一中学图书馆赠送了《环境保护字典》科普读物、《七彩云南》画册、《云南省

---

① 曲靖市环境保护局：《珠源义工环境保护服务队走进社区宣讲环境保护及创文知识》，http://www.7c.gov.cn/zwxx/xxyw/xxywzsdt/201811/t20181126_186311.html（2018-11-26）。

② 伍平：《滇英携手举办野生动物保护公益活动》，《云南日报》2018 年 11 月 19 日，第 2 版。

绿色学校环境教育优秀案例集》、《中国环境报（云南篇）》、《绿色云之南（2018年）》期刊、《自然的足迹》云南生物多样性图片集、《走云南》诗集等生态环境宣传教育书籍和资料，丰富昆明钢铁集团第一中学图书馆馆藏，推动绿色教育融入教学、进入课堂。活动对于培育学生良好生态价值观、践行绿色低碳生活，传播生态文明理念，推进美丽云南建设具有重要意义。长城书画院副院长赵建柱、安宁市环境保护局副局长朱永喜、云南省绿色创建领导小组专家组成员唐萍、安宁市昆明钢铁集团第一中学党总支书记王国星、云南省环境保护宣传教育中心相关人员及昆明钢铁集团第一中学300余名师生参加活动①。

2018年11月27—29日，上海市生态环境局寿子琪局长一行，与云南省生态环境厅在昆明召开了第二十三次沪滇环境保护合作工作组会议，随后赴红河州个旧市、元阳县调研沪滇土壤污染防治合作。调研期间，寿子琪局长和高正文副厅长一行代表两省市生态环境厅（局）与红河哈尼族彝族自治州政府、州环境保护局、个旧市委市政府进行了交流座谈，听取了个旧市政府、相关技术单位关于流域土壤污染防治工作的情况汇报，并对两省市环境科学研究院与个旧市政府2018年开展的合作工作进行了回顾总结，交流讨论了2019年度合作计划。上海市环境科学研究院表示将充分借助国家土壤中心平台，与云南省环境科学研究院密切配合，秉持“经验共享、意识互补、技术互补、人才互补”的方针，为个旧市的土壤污染防治工作做好技术支撑。会后，两省市环境科学研究院与个旧市政府共同签署了战略合作协议。寿子琪局长与高正文副厅长为沪滇环境保护科技合作个旧驻点工作站揭牌。揭牌仪式后，寿子琪局长和高正文副厅长一行对个旧市倘甸双河流域土壤污染防治现场进行了踏勘。寿子琪局长对流域土壤污染防治工作提出了许多宝贵意见和建议，同时勉励科研人员，继续大胆创新，为个旧市土壤污染防治工作做出更大贡献②。

2018年11月29—30日，由生态环境部宣传教育中心主办、云南省环境保护宣传教育中心协办的2018年全国环境教育基地生态环境教育互动活动课程交流会在昆明举办，来自我国20多个省（自治区、直辖市）环境保护宣传教育中心及有关单位共50余人参加培训。生态环境部宣教中心副主任闫世东、云南省生态环境厅副厅长杨春明出席开班式并讲话，生态环境部宣传教育中心宣教基地主任李鹏辉主持。此次培训班邀请了生态环境部宣传教育中心，云南省环境保护宣传教育中心，北京、云南、深圳等地区的全国环境教育基地、生态环境教育场所负责人，从全国生态环境教育基地的重点及未来

① 云南省环境保护宣传教育中心：《云南生态环境教育走进安宁市昆钢一中 打造多彩校园环境文化》，http://www.7c.gov.cn/zwxx/xxyw/xxywrdjj/201811/t20181122_186232.html（2018-11-22）。

② 云南省环境保护厅对外交流合作处，云南省环境科学研究院：《沪滇环保土壤污染防治科技支撑合作顺利开展》，http://www.7c.gov.cn/zwxx/xxyw/xxywrdjj/201812/t20181203_186525.html（2018-12-03）。

展望、创建过程、互动形式等方面进行了实践与互动活动案例分享，并组织到昆明市石城自然学校进行生态环境教育互动活动课程观摩。参加培训的学员表示，培训班的讲座内容丰富翔实，分享案例生动实用，对自己的工作有很大启发，今后将继续开展环境教育基地建设，开拓环境教育新领域。此次培训对于搭建平台促进相互学习借鉴，分享经验与案例，进一步促进国内环境宣传教育基地事业发展，提升生态环境教育互动活动课程开发水平有重要意义①。

2018年12月8日，中国野生动物保护协会在昆明举行野生动物保护区委员会换届暨国家公园及自然保护地委员会成立大会，标志着我国首个国家公园及自然保护地委员会成立。在成立大会上，新一届委员会表示，将深入贯彻落实党的十九大报告中提出的“建立以国家公园为主体的自然保护地体系”的要求，团结广大会员，积极推动以国家公园为主体的自然保护地体系建设，为生态文明建设和经济社会发展做出贡献。中国野生动物保护协会是依托自然保护地，由野生动物保护管理、科研教育、驯养繁殖、自然保护区工作者和广大野生动物爱好者组成的野生动物保护组织。在成立大会上，中国野生动物保护协会副会长张希武当选国家公园及自然保护地委员会主任委员，国家林业和草原局昆明勘察设计院院长、国家公园管理局办公室副主任唐芳林担任委员会秘书长②。

2018年12月17日，由德宏傣族景颇族自治州环境保护局主办的全州“禁白限塑”环境教育进学校主题实践活动在芒市国际学校举行。本次活动主题为“美丽中国，我是行动者”，旨在通过环境宣传教育活动进学校的形式，普及“禁白限塑”和生态环境知识，倡导学生带动家庭共同践行简约适度、绿色低碳以及减少使用塑料制品的生活方式，为打好云南省、德宏傣族景颇族自治州污染防治攻坚战，建设美丽德宏营造良好的舆论氛围。当天，参加活动的1000余名师生现场参观了“禁白限塑”宣传展板，并在宣传横幅上签字③。

2018年12月18日下午，为大力发扬“奉献、友爱、互助、进步”的志愿服务精神，广泛宣传“学习雷锋、提升自己、为他人奉献”的志愿服务理念，云南省固体废物管理中心开展了以“清洁社区，美化环境”为主题的学雷锋志愿者服务活动，以实际行动践行为人民服务宗旨，参与昆明市创建全国文明城市工作。在立夏路社区工作人员的协助下，云南省固体废物管理中心学雷锋志愿者服务队前往立夏路社区老旧小区进行环境卫生清洁工作。工作中，大家不怕脏、不怕累、齐心协力，全面清除了小区内的垃

---

① 云南省环境保护宣传教育中心：《2018 年全国环境教育基地生态环境教育互动活动课程交流会在昆举办》，http://www.ynepbxj.com/hbxw/xjdt/201812/t20181203_186523.html（2018-12-03）。

② 程三娟：《我国成立首个国家公园及自然保护地委员会》，《云南日报》2018 年 12 月 10 日，第 1 版。

③ 德宏傣族景颇族自治州环境保护局：《德宏州开展“禁白限塑”环境教育进学校主题实践活动》，http://www.7c.gov.cn/zwxx/xxyw/xxywzsdt/201812/t20181227_187058.html（2018-12-27）。

圾，使小区环境变得更加整洁美观，得到了小区居民的高度赞扬。此次活动为提高社区居民的环境卫生意识、发扬雷锋精神、树立云南省环境保护厅固体废物管理中心文明形象、促进昆明市创建全国文明城市发挥了积极作用①。

① 云南省环境保护厅固体废物管理中心：《“清洁社区，美化环境”云南省固体废物管理中心开展学雷锋志愿者服务活动》，http://www.7c.gov.cn/zwxx/xxyw/xxywrdjj/201901/t20190102_187183.html（2019-01-02）。

第九章　云南省生态文明交流与合作事件编年

生态文明交流与合作有利于促进国内外生态文明建设理论与实践的共享、共建、共进。云南在争当全国生态文明建设排头兵的过程中，积极开展与周边省份和周边国家之间的交流与合作，2018 年以来，持续强化省际和与周边国家共抓生态文明建设协同性，尤其是省内外、国内外生态文明相关研究专家学者齐聚一堂，共同为云南生态文明建设献言献策，为云南生态文明的区域模式建设提供了宝贵意见，更好地谱写美丽中国云南篇章。

第一节　云南省生态文明交流与合作事件编年（1—6 月）

2018 年 1 月 14 日，云南乡村振兴发展论坛在昆明举办，来自国内的 10 余名专家、学者为新时代云南如何走出一条符合自身实际的乡村振兴道路建言献策。在会上，浙江省社会科学院区域经济研究所副所长闻海燕分享了浙江省农村产业融合发展方面的探索与实践，以及浙江在“互联网+农业”、种植+加工+休闲旅游+产品销售、公司+村集体+农场（农户）、农村电子商务等方面的经验。国务院发展研究中心农村经济研究部部长叶兴庆认为，过去的农业发展，在保持高速增长的同时，还呈现重数量、轻质量、重生产、轻生态的状态，应该从增产导向到竞争力导向、构建双支柱农业竞争力框架，从重农业生产到重农业生态、找准让农业绿起来的支点，从劳动力单向外流到双向流动、培育新型农业经营主体和职业农民，从重土地的保障功能到重土地的要素功能等方

面着力推进农业现代化发展。云南农业大学校长盛军认为，振兴乡村需要“振兴乡村产业”。他认为，云南的农业要从文化创意和品牌创意等方面挖掘深刻的内涵，要做到文化提升、价值链融合、高原直通车，通过在地、在线等各种形式营销云南产品，努力推动云南在乡村振兴建设上走出属于自己的一条道路。云南省农业科学院院长李学林表示，振兴乡村需要加快推进现代农业体系建设；促进城乡融合发展，补齐农业农村现代化短板；提升生态产品能力建设；构建外向型经济体系，培育农业农村经济发展新动能。与会专家认为，乡村振兴一定要规划先行，充分发挥科学规划的引领作用。但不能只有规划，需要持续的投入，撬动金融和社会资本更多流向乡村，并可以通过改革探索让闲置的土地、农房、村集体经济组织变资源为资本，持续为乡村注入资金血液。此外，乡村振兴发展要尊重市场规律，依托资源、环境优势，通过政策引导健全完善农业产业增产增效路径、加强“四良”促进增产、推进转型升级实现提质、满足中高端市场实现增效。还要通过山、水、林、田、湖综合治理，保护自然生态资源、实施生态系统修复和建设森林小镇、森林人家，修复受损乡村生态系统、原始风貌、田园风光，让绿水青山重回乡村，深入推进乡村振兴战略在云南的探索和实施。来自国务院发展研究中心、云南省农业厅、云南农业大学、云南省农业科学院等单位的省内外专家学者、有关部门工作人员、企业家代表近 200 人参会[①]。

2018 年 1 月 18 日，为贯彻落实党的十九大提出的积极参与全球环境治理，推动构建人类命运共同体，建设清洁美丽世界，深入落实环境保护部关于开展大调研活动方案的部署，中国全球环境基金工作秘书处处长朱留财带队的环境保护部对外合作中心/环境保护部环境公约履约技术中心全球环境治理中国（基层）方案调研组一行 4 人到云南省环境保护厅开展调研，主要调研云南省十八大以来的环境治理取得的主要成果及经验、双多边环境国际合作项目成果及经验以及未来环境治理发展趋势和拟采取的行动、双多边国际合作需求等内容。1 月 18 日上午，调研组一行与云南省环境保护厅对外交流合作处、规划财务处、政策法规处、科技与环保产业发展处、大气环境管理处、水环境管理处、土壤环境管理处、自然生态保护处相关负责人进行了座谈。各处室相关负责人分别介绍了云南省生态环境治理取得的成果和经验、面临的问题以及今后打算等情况，调研组就相关问题一一做了回应。下午，调研组一行来到云南省环境保护对外合作中心调研，并与中心职工进行了座谈，就云南省已开展的双多边国际环境合作以及今后双多边合作需求、项目设计等内容进行了深入的交流。调研组对云南省环境治理取得的成果和经验表示了肯定，并表示将一如既往地支持云南省开展环境领域的对外合作，对座谈会上所提出的相关建议、请求也将向环境保护部反馈，调研活动取得了预

① 彭锡：《云南乡村如何振兴？国内专家在昆建言献策》，http://yn.yunnan.cn/html/2018-01/16/content_5046094.htm（2018-01-16）。

期的效果①。

2018 年 1 月 19 日，第三届资源环境与生命科技创新发展高层论坛在昆明举行。来自全国卫生、环境、农业、测绘地理信息等行业的专家学者以“加大创新要素供给、强化创新平台支撑”为主题，深入探讨资源环境和生命科技领域的创新发展模式。在论坛上，专家们分别作“生态文明建设与土地科技创新”“加大创新要素供给、强化创新平台支撑——‘十三五’期间国家创新支持政策解读”主题报告，从不同角度阐述了科技创新对我国经济社会发展的引领作用和对生态文明建设的促进作用，解析了资源环境与生命科学领域的创新战略、创新方向、步骤安排和国家创新支持政策，并从全球科技发展视角，介绍了国内外资源环境与生命科学领域创新发展的情况。专家认为，大数据应用将成为发展趋势，因此整合国内外科技学术资源基础，追踪利用大数据与人工智能技术，为资源环境与生命科技领域的各类机构开发知识管理与知识发现平台、科研成果统计分析与评价平台和协同创新支撑平台尤为重要。论坛由中国土地学会、中国环境科学学会、中国水利学会、中国医师协会、中华预防医学会、中国气象学会、中国海洋学会、中国地震学会、中国测绘地理信息学会和《中国学术期刊（光盘版）》电子杂志社有限公司联合主办②。

2018 年 2 月 8—9 日，云南省环境保护工作会议在昆明召开。会议明确提出，以改善环境质量为核心，以保护生态为重点，着力抓好10个方面重点工作，坚决打好污染防治攻坚战，确保生态环境质量走在全国前列。云南省环境保护厅厅长张纪华介绍，2017 年，经过云南省上下积极努力，攻坚克难，年度环境保护工作任务全面完成。云南省环境空气质量平均优良天数比例为98.2%；主要河流国控省控监测断面水质优良率为 82.6%，主要出境、跨界河流断面水质达标率为100%，全面完成国家下达的任务指标。2018年，云南省环境保护工作重点抓好10个方面：着力筑牢生态思想、着力深化体制改革、着力落实环境保护责任、着力改善环境质量、着力保护自然生态、着力强化环境监管、着力优化行政审批、着力开展交流合作、着力营造环境保护氛围、着力加强队伍建设。张纪华指出，改善生态环境质量是云南省环境保护工作的核心，一定要加强统筹协调，齐心协力推进各领域的污染防治工作。在确保污染减排任务完成、全力推进全国污染源普查、推动农村环境综合整治示范引领等工作的同时，重点实施好碧水青山、净土安居、蓝天保卫 3 个专项行动。扎实抓好地表水考核断面达标治理、饮用水水源地保护、九大高原湖泊保护治理、工业园区水污染集中治理、城市黑臭水体整治。有序推进土壤污染治理与修复，加强危险废物规范化管理；指导西双版纳傣族自治州、德

① 云南省环境保护厅对外交流合作处：《环境保护部对外合作中心到云南省环境保护厅调研座谈》，http://www.ynepb.gov. cn/zwxx/xxyw/xxywrdjj/201801/t20180119_176121.html（2018-01-19）。

② 陈鑫龙：《资源环境与生命科技创新发展高层论坛在昆举行》，《云南日报》2018 年 1 月 20 日，第 2 版。

宏傣族景颇族自治州、普洱、昭通等 4 个州（市）开展大气污染源解析工作，确保云南省环境空气质量总体继续保持优良，16个州（市）政府所在地城市空气质量优良天数比率达到 97.2%以上[①]。

2018 年 3 月 7—8 日，中国科学院西双版纳热带植物园园主任助理权锐昌研究员、植物园生态站执行站长邓晓保及生态站其他人员一行共 8 人，到纳板河流域国家级自然保护区进行交流考察。中国科学院西双版纳热带植物园一行人实地参观了曼点管理站、宣教中心、水上管理站、曼吕克木寨、纳板基地和过门山管理站，就保护区综合管理、社区工作、科研监测等进行了了解；同时还与纳板河流域国家级自然保护区管理局开展了座谈交流会。参会人员就以往合作的项目进行了介绍和总结，并就今后合作的工作交换了意见，达成了共识[②]。

2018 年 3 月 13—14 日，为做好 2018 年云南省排污许可管理工作，加快推进云南省锡、锑、汞等 8 个有色金属工业企业排污许可证申请和核发工作，由云南省环境保护厅主办、云南省排污许可证技术组（云南省环境科学学会）承办的《排污许可管理办法（试行）》解读暨锡、锑、汞等 8 个有色金属工业排污许可证申请与核发技术培训在昆明西南宾馆会议中心开班。

2018年3月 23 日，云南省大理白族自治州召开 2018 年洱海保护治理工作推进大会。2018年，大理白族自治州将全力推进“三线”划定落地，破解农业面源污染防控难题，推进截污治污工程运行见效。在会上，大理市、洱源县向大理白族自治州委、州政府递交了《2018年洱海流域保护治理目标责任书》。大理白族自治州委书记陈坚指出，过去一年，大理白族州委、州政府坚定必胜决心，采取断然措施，全力推进洱海保护治理，相继采取应急措施，洱海保护治理取得阶段性初步成效。当前，洱海保护治理正处于稳定巩固成效的关键时期，必须认清形势，把握机遇，增强洱海保护治理的政治责任感和历史使命感。全州上下要紧紧围绕实现“流域入湖污染负荷明显下降，蓝藻水华得到有效控制，全湖水质稳定保持Ⅲ类，其中 6 个月Ⅱ类，6 个月Ⅲ类”的年度目标，推进截污治污工程运行见效；落实好洱海湖区保护界桩线（蓝线）、洱海湖滨带保护界线（绿线）、洱海水生态保护核心区界线（红线）“三线”划定工作；做好沿湖关停餐饮客栈提标恢复，改善入湖河流河道水质；实施水资源科学调度和洱海流域生态修复增容，强化流域空间管控。各级各部门要进一步强化一线组织领导、资金保障、作风转变、社会动员和宣传引导。大理白族自治州州长杨健强调，要进一步提高认识，以更实的措施抓好组织协调、实施方案、面源污染治理、河湖长制、督促检查等，更快地推

① 蒋朝晖：《云南今年要抓十个方面大事　确保生态环境质量位居全国前列》，《中国环境报》2018年2月14日，第2版。

② 黄瑞：《西双版纳植物园与纳板河保护区开展合作交流》，http://nbhbhq.xsbn.gov.cn/81.news.detail.dhtml?news_id=942（2018-03-19）。

进环湖截污工程实施、“三线”划定落地、项目前期及申报争取；加大投入力度，严格环境执法和截污治污，加强项目、设施运行及餐饮客栈的管理，更广泛地动员广大群众和各方力量，增强合力，推动洱海保护治理工作落地见效①。

2018 年 4 月 16 日，在昆明召开的全国博览局长座谈会上，全国各省（自治区、直辖市）博览局相关负责人共同签署《昆明四月倡议》。《昆明四月倡议》提出，以习近平新时代中国特色社会主义思想为指引，认真落实高质量发展要求及国务院《关于进一步促进展览业改革发展的若干意见》精神，坚持节约资源和保护环境的基本国策，增强尊重自然、顺应自然、保护自然意识，认真实践低碳、环境保护、绿色会展举办方式，积极创建环境友好型会展项目，努力提升绿色会展核心价值，着力打造美丽中国建设的绿色会展样本。以可持续发展为原则，以信息技术和新材料应用为载体，在会展宣传推广及运营管理等方面减少一次性材料的使用，最大程度减少会展项目的负面环境影响，做绿色会展的先行者。倡议探索绿色会展新模式，形成绿色会展项目管理、技术指标、评价内容等绿色会展标准，逐步形成和完善绿色会展发展举措，引导和推动会展绿色、科学、创新、快速发展②。

2018 年 4 月 23—28 日，为贯彻落实国务院土壤污染防治行动计划，提高云南省基层环境保护部门的土壤环境管理工作水平，按照 2018 年沪滇环境保护合作工作安排，由上海市环境保护局和云南省环境保护厅共同主办、上海市环境科学研究院承办的“沪滇环境保护合作土壤环境管理培训班”在上海举办，来自云南省各个州市、重点县的 40 余名土壤环境管理工作骨干参加了培训。培训班采取集中学习、实地学习以及讨论交流等多种形式相结合，针对土壤环境管理工作的特点和实际，邀请上海土壤环境管理专家就上海市土壤污染防治政策、固体废物管理、污染场地土壤及地下水修复技术与案例、污染场地环境调查和风险评估等进行了讲授，并组织学员到桃浦工业园区再利用污染地块治理修复场地、上海市固体废物处置中心、废旧电器拆解再利用生产厂等实地学习。通过为期 5 天的培训，学员们学习了上海市土壤环境管理的先进理念和工作经验，对指导和帮助云南省土壤环境管理，提升工作能力将发挥重要作用③。

2018 年 5 月 4—11 日，由中国科学院昆明植物研究所标本馆、西南林业大学、河南信阳师范学院部分专家教授联合组成的生态环境部科考队，赴麻栗坡县开展第 4 次野外科学考察。考察期间，科考队重点调查了天保镇的药王谷、八宋、大丫口和老君山自然

① 蒋朝晖、张月生：《大理州书记州长共抓洱海保护采取强力措施，推动治理工作落地见效》，《中国环境报》2018 年 3 月 28 日，第 5 版。

② 胡晓蓉：《全国各省（区、市）博览局共同签署〈昆明四月倡议〉 着力打造美丽中国建设的绿色会展样本》，《云南日报》2018 年 4 月 17 日，第 2 版。

③ 云南省环境保护厅对外交流合作处、云南省环境保护厅土壤环境管理处：《2018 年沪滇环保合作土壤环境管理培训班在上海成功举办》，http://www.ynepb.gov.cn/zwxx/xxyw/xxywrdjj/201805/t20180503_179450.html（2018-05-03）。

保护区，以及麻栗镇的南峰、盘龙糯谷冲，下金厂乡老山自然保护区等区域。采集蕨类植物和种子植物标本共计2800余号，拍摄植物生境和物种照片1.2万余张，且每号标本均留存分子材料。据了解，“麻栗坡县生物多样性本底调查及评估”项目，是国家“生物多样性本底调查和评估”项目中的一个子项目，第一批涉及全国 10 个试点县。2016年以来，科考队先后组织专家、教授4次共40余人，对麻栗坡县植物物种多样性进行了野外科学考察。截至目前，共采集包括菌类、苔藓植物、蕨类植物和种子植物标本3200余号，拍摄植物生境和物种照片超过4万余张，且每号标本均留存分子材料[①]。

2018年5月17日下午，纳板河流域国家级自然保护区管理局在曼点宣教中心开展社区生物多样性保护知识培训，纳板河上寨16名青壮年小组成员参加了本次培训。纳板河上寨位于自然保护区东南方向澜沧江右岸，距景洪市20多千米，是周边村寨和城里人去游玩、垂钓的首选之地。近年来，由于江边车流量不断增大和部分钓鱼爱好者的不文明行为，公路两旁和码头岸边产生了大量的白色垃圾，造成环境污染，影响了当地群众的生产生活。为了落实绿色发展理念，全面推动“河长制”工作的落实，推进秀美乡村建设，5 月 19 日，纳板河上寨生物多样性保护小组成员 10 余人自发组织开展了“保护母亲河清理江岸垃圾”活动。当日下午他们骑着摩托带上编织袋来到江边码头，认真捡拾江岸边的白色垃圾，同时，对过往的群众进行耐心细致的宣传教育，呼吁大家共同保护生态环境，杜绝向澜沧江倾倒垃圾、乱扔杂物和死畜等不文明行为。小伙子们以自己的实际行动，向社会传递着正能量，他们捡起的不只是垃圾，更多的是文明和保护环境的意识[②]。

2018年5月23日，中国和老挝跨境生物多样性联合保护第十二次交流年会在云南景洪举行。在3天的时间里，双方与会人员除了进行生态环境保护项目的推进情况交流外，还将对跨境生物多样性项目进行实地考察。老挝国家农林部、科技部以及南塔省、丰沙里省、乌多姆赛农林厅、楠木哈国家级自然保护区负责人，以及中国云南省林业厅、西双版纳傣族自治州政府和自然保护区相关负责人参加交流。据了解，2017 年西双版纳傣族自治州政府分别与老挝南塔省、丰沙里省和乌多姆赛云南省人民政府签署合作备忘录，标志着中国和老挝双边的跨境生物多样性联合保护从自然保护区间的交流，上升到了地方政府层面的交流合作。目前中国和老挝双方已经在边境线建立了长220千米、面积20万公顷的“中国和老挝跨境生物多样性联合保护区域”，构建了中国和老挝边境绿色生态长廊[③]。

2018年6月3日，云南省环境科学学会理事长李唯为保山市隆阳区400多名区管干

① 黄鹏、陆宏章：《生态环境部科考队赴麻栗坡开展野外科考》，《云南日报》2018年5月18日，第4版。

② 玉香章：《美化家园环境我们在行动》，http://nbhbhq.xsbn.gov.cn/81.news.detail.dhtml?news_id=968（2018-05-24）。

③ 戴振华：《中老开展跨境生物多样性联合保护交流》，《云南日报》2018年5月24日，第2版。

部作“生态文明建设与绿色发展”专题讲座。李唯理事长从生态文明建设与绿色发展的背景、为什么云南要争当生态文明排头兵及如何争当、十九大生态文明关键词解读、第八次全国生态环境保护会议精神、隆阳区如何走绿色发展之路等方面进行了讲解，特别是隆阳区今后在快速经济发展中如何科学规划与布局，以确保城市空间生态安全。李唯理事长从隆阳区的地理环境入手，分析了隆阳区坝子不利的大气扩散条件，指出当地城市空气环境容量有限，为了确保空气质量长期稳定达标，现阶段的产业布局至关重要，并一再警示一定要科学布局，否则一旦空气质量超标，企业将面临搬迁或者关停，造成不必要的浪费。李唯理事长特别强调生态文明建设是全社会共同要抓的工作，环境保护工作各部门都负有一定的责任，各部门应坚守法律的底线，严格把好污染源头预防控制关。参加的人员有400多名区管干部，大家认真聆听了讲座，表示讲座结合本地实际，深受启发①。

第二节　云南省生态文明交流与合作事件编年（7—12月）

2018年7月16日，“三七生态种植技术与大健康产业研发及产业化”国家重点研发项目启动会在云南农业大学召开。中药、名药是云南生物医药产业可持续发展的关键，三七作为云南省五大中药材品种之一，其产值占据云南省中药材产业的半壁江山。“三七生态种植技术与大健康产业研发及产业化”项目是云南农业大学首次牵头的国家重点研发计划项目。项目围绕大品种原料三七产业发展中存在的关键科学和技术问题，按照围绕产业链，构建技术链的理念，项目从种植、加工、功效、产品等多环节全链条、一体化联合攻关，构建三七生态化种植技术体系，产出优质原料，阐释核心功效机理，研发新产品，突破制约产业发展的瓶颈，实现创新引领产业发展。下一步，学校将以项目实施为契机，从优质原料、产品质量安全、核心功效、健康产品开发等方面建立健全三七产学研体系，促进三七产业的发展②。

2018年7月18日，滇中五州市政协合作机制第十次会议在昆明举行。会议以习近平生态文明思想为引领，以“推进区域生态保护，共建滇中绿色家园”为主题，协商共同推进区域生态建设和环境保护，着力建设绿色滇中的发展之策③。

---

① 云南省环境科学学会：《云南省环境科学学会李唯理事长为隆阳区区管干部作“生态文明建设与绿色发展”专题讲座》，http://www.ynepb.gov.cn/zwxx/xxyw/xxywrdjj/201806/t20180606_180558.html（2016-06-06）。

② 陈怡希：《国家项目三七生态种植技术研发启动》，《云南日报》2018年7月24日，第11版。

③ 茶志福：《合力建设滇中绿色家园》，《云南日报》2018年8月3日，第5版。

2018年7月21—24日，由云南大学服务云南行动计划“生态文明建设的云南区域模式研究”项目组主办，云南大学西南环境史研究所承办的第二届生态文明研究生暑期论坛在昆明举行，来自全国各地高校及科研机构的专家、学者齐聚一堂，共同探讨云南生态文化建设、生态制度建设、生态建设路径的转型与创新。中国生态文明研究与促进会胡勘平研究员建议，云南生态文明建设应着力于三个方面：一是应打造生态产业体系，加快形成绿色发展方式，科学谋划云南省产业布局，积极发展高效农业、先进制造业、现代服务业，壮大节能环境保护、清洁能源、清洁生产产业，深入实施清洁能源替代工程。二是坚持科技创新引领，绿色科技创新在污染治理、优化能源、生态修复中都扮演着至关重要的角色。三是着力深化体制改革，建立健全自然资源资产产权制度、国土空间开发保护制度、空间规划体系、资源总量管理和全面节约制度、资源有偿使用和生态补偿制度、环境治理和生态保护市场体系，生态文明绩效评价考核和责任追究制度。复旦大学包存宽教授建议在生态文明建设的过程中去人工性，恢复自然性。在对斗南湿地调研后，他表示，应当更多恢复生态环境的自然性，通过生态系统的自我修复、循环来维护生态系统平衡。西北农林科技大学樊志民教授认为，少数民族聚居的山区、高原、森林地带，蕴藏着许多珍贵的种质资源，为文化传播、技术交流、引种驯化提供了便利，少数民族农业保留了许多原生的形态、独特的技术。就此而言，西南民族农业文化遗产的传承、保护与研究对于生态文明建设具有极大的推动作用。陕西师范大学侯甬坚教授建议深入基层，了解公众的生态文明建设思想，建立公众广泛参与其中的生态文明区域共建模式。公众是生态文明建设的强有力执行者，公众生存环境和发展与生态文明建设息息相关，应当挖掘公众在面对生态危机时的应对方式，整合民众力量，建立全民参与的共建机制。云南大学原副校长、云南省国学研究会会长林超民教授从历史学视角总结了当前维护生态环境的重要举措，一是将维护生态环境变为各级干部的职责与考核指标。二是将维护生态环境变为广大民众的自觉行动，通过更好地维护青山绿水，形成一个较好的生态系统、生态环境。云南大学人类学博物馆馆长尹绍亭教授建议充分发挥云南地域特色，发掘文化资源，传承民族文化，增强生态文化意识。通过恢复和重建云南少数民族村寨的自然风貌，启发村民的文化自觉，树立民族自信心，重新认识民族文化的价值，继承和发扬优良文化传统。云南大学西南环境史研究所所长周琼教授提出，建议建立起生态文明视野下干部意志及学者思维的沟通、协调平台与机制，发挥干部群众共建的群体思维优势，开通干部进入学术团队、学者进入政府部门开展合作的通道，这样既能兼顾政府的经济、社会发展目标，又能致力于生态环境的治理、恢复及管理、监督、预警、评估、考核等目标的实现[①]。

---

① 锁华媛、杜香玉：《国内专家的殷殷寄语》，《云南日报》2018年7月27日，第4版。

2018 年 7 月 23 日，云南省生态环境保护大会在昆明举行。会议强调，深入学习贯彻习近平生态文明思想和全国生态环境保护大会精神，切实扛起“把云南建设成为中国最美丽省份”的时代使命担当，全面提升生态文明建设水平，筑牢国家西南生态安全屏障，为建设美丽中国做出新的更大贡献。云南省委书记陈豪、省长阮成发出席会议并讲话，省委副书记李秀领主持会议，省政协主席李江出席。会议指出，党的十八大以来，习近平总书记和党中央深刻把握新时代我国人与自然关系的新形势、新矛盾、新特征，提出一系列新理念、新思想、新战略，推动一系列根本性、开创性、长远性工作，促进生态环境保护发生历史性、转折性、全局性变化，形成了习近平生态文明思想。我们要把思想和行动统一到党中央的重大决策部署上来，系统学习、牢牢把握“生态兴则文明兴”的深邃历史观、“人与自然和谐共生”的科学自然观、“绿水青山就是金山银山”的绿色发展观、“良好生态环境是最普惠的民生福祉”的基本民生观、“山水林田湖草是生命共同体”的整体系统观、“实行最严格生态环境保护制度”的严密法治观、“共同建设美丽中国”的全民行动观、“共谋全球生态文明建设”的共赢全球观，将其转化为实际工作的政治自觉、思想自觉和行动自觉。会议强调，云南省认真贯彻落实习近平生态文明思想和中央关于生态文明建设的重大决策部署，以及习近平总书记对云南提出的努力成为我国生态文明建设排头兵的发展定位，生态文明建设迈出坚实步伐。我们要清醒认识和正视生态文明建设和环境保护工作面临的严峻形势与存在的突出问题，立足“把云南建设成为中国最美丽省份”这个新时代命题，切实增强紧迫感、责任感，坚决打好污染防治攻坚战，以更有力的担当作为在生态建设和环境保护、绿色发展、制度建设等方面勇于创新、探索经验、走在全国前列，促进生态环境建设质量持续改善，做到生态美、环境美、山水美、城市美、乡村美，向党中央、习近平总书记和云南省人民交上一份满意的新时代生态环境保护成绩单①。

2018年7月 30—31 日，中华人民共和国加入联合国教科文组织“人与生物圈计划”45 周年暨中华人民共和国人与生物圈国家委员会成立 40 周年大会在北京国家会议中心举行。作为中国生物圈网络成员，纳板河流域国家级自然保护区受邀参加了此次大会。会议由中华人民共和国人与生物圈国家委员会主办，中华人民共和国人与生物圈国家委员会主席许智宏、中国科学院副院长张亚平、生态环境部副部长黄润秋、国家林业和草原局副局长李春良、中国联合国教科文组织全国委员会秘书长秦昌威等专家学者出席活动并做了发言。会议表彰了对自然保护区甘于奉献的工作者、科研人员及企业家，为他们颁发了“中国人与生物圈国家委员会成立 40 周年杰出贡献奖”。此外，颁发了 2018

① 田静、陈晓波、张寅：《全省生态环境保护大会强调切实增强生态文明建设和环境保护紧迫感责任感　牢记习近平总书记嘱托　扛起时代使命担当　为把云南建设成为中国最美丽省份而努力奋斗　陈豪阮成发讲话　李秀领主持　李江出席》，《云南日报》2018 年 7 月 24 日，第 1 版。

年度中国生物圈保护区网络青年科学奖及绿色卫士奖、首届中国生态摄影大赛奖。主办方还邀请了生态保护领域权威专家做主题报告，举办“协调人与生物圈保护生命共同体”展览等活动，回顾“人与生物圈计划”40 年来在我国的发展历程，展示中国世界生物圈保护区发展现状、研究成果等内容。此次大会，让我们更清楚地了解了自然保护区目前的状况、未来的趋势，更加坚信保护区在生态文明中的重要作用，保护和发展不容小觑[①]。

2018 年 7 月 31 日，由生态环境部宣传教育中心主办的全国环境保护系统应对气候变化专题培训班在昆明开班，来自我国23个省（自治区、直辖市）的120名环境保护部门管理人员和技术人员参加培训。生态环境部宣传教育中心培训室主任曾红鹰、云南省环境保护宣传教育中心主任王云斋参加开班仪式并讲话。此次培训为期 5 天，将通过课堂讲授、研讨交流和现场教学的方式，围绕“应对气候变化概述及主要影响，应对气候变化国际谈判，中国应对气候变化政策、进程及行动，应对气候变化和大气污染防治协同策略，提高公众应对气候变化意识案例讲解，碳交易机制——应对气候变化的有效市场手段，区域低碳发展——应对气候变化重要路径”七个方面展开培训，重点提高各地环境保护部门管理人员和技术人员的气候变化意识，提升其有关气候变化的专业知识水平，加强能力建设。此次培训，对于在新形势下促进我国温室气体控制目标和大气污染物总量减排目标的实现，有力助推应对气候变化工作的发展具有重要意义[②]。

2018 年 8 月 3 日，云南省红河哈尼族彝族自治州委书记姚国华日前在红河哈尼族彝族自治州委理论学习中心组集中学习时强调，要不断增强生态优先、绿色发展的政治自觉，全面抓好生态文明建设和环境保护工作，创造更加靓丽的生产生活生态环境。姚国华强调，要坚持把高质量发展的鲜明导向放在绿色发展上，坚持产业生态化、生态产业化。坚决打好污染防治攻坚战，着力抓好异龙湖等湖泊水污染综合治理、个旧等地区重金属污染治理、滇南中心城市空气质量联防联治、部分地区固体废物污染防治、农业面源污染防治、红河流域等重点水系的综合整治。姚国华指出，要全面建设秀美山川美丽红河，树立“共抓大保护、不搞大开发”理念，加快生态保护与修复，筑牢滇南绿色屏障；把资源环境优势真正变成发展的重大优势，把优良的环境质量变成优质的发展资产，提供更多优质生态产品，真正搭建起绿水青山与金山银山之间的桥梁。强化哈尼梯田保护和利用，让哈尼梯田既成为老百姓的金饭碗，又成为留住绿水青山、留住乡愁的美丽名片。同时，加强党对生态文明建设的领导，严格落实“党政同责、一岗双责”，

---

① 木陈会：《纳板河保护区参加中华人民共和国加入联合国科教文组织“人与生物圈计划”45 周年暨中华人民共和国人与生物圈国家委员会成立 40 周年大会》，http://nbhbhq.xsbn.gov.cn/81.news.detail.dhtml?news_id=998（2018-08-08）。

② 云南省环境保护宣传教育中心：《环保系统应对气候变化专题培训班在昆开班》，http://www.ynepbxj.com/hbxw/xjdt/201807/t20180731_183552.html（2018-07-31）。

坚决担起生态文明建设的政治责任，不断完善环境保护的长效机制，形成全民参与的共建合力，以实际行动共同维护美好生态环境①。

2018 年 8 月 9 日，云南省政协与云南省环境保护厅在昆明举行重点提案《进一步加强金沙江流域生态环境保护与绿色发展的建议》办理面商会。云南省政协十二届一次会议期间，云南省政协人口资源环境委员会提交的该提案被省政协确定为重点提案，交由省环境保护厅主办，云南省交通运输厅、林业厅、水利厅、发展改革委员会、省财政厅等单位会办。提案针对金沙江流域生态环境保护与发展面临的问题与挑战，提出了制定出台健全自然资源资产产权制度、开展资源有偿使用和交易、环境污染第三方治理、开展生态扶贫等政策措施，加快推进落实《云南金沙江开放合作经济带发展规划（2016—2020 年）》，建立健全全流域五级河长制组织体系，合理开发水运通道发展航运事业等建议。提案办理过程中，云南省环境保护厅会同各办理单位深入金沙江流域开展实地调研，并多次听取提案和督办单位意见，开展了打造生态修复治理先导区、绿色经济发展样板区，推进流域贫困地区林业生态扶贫，启动勘界定标试点，加快《云南省〈长江经济带生态环境保护规划〉实施方案》《云南省长江经济带森林和湿地生态保护与修复规划》的编制与实施等工作，目前，提案办理取得了阶段性成效②。

2018 年 8 月 14—15 日，由国家林业和草原局（国家公园管理局）主办，国家林业和草原局昆明勘察设计院和云南省林业厅承办的国家公园国际研讨会在昆明召开。会议以习近平生态文明思想为指导，深入贯彻落实党的十九大关于“建立以国家公园为主体的自然保护地体系”的精神，总结国家公园体制试点成效，学习借鉴国外先进经验，深入研究国家公园理论和方法，加快国家公园体制建设。会议期间，25 名中外知名专家和管理者围绕生态文明建设和国家公园实践进行探讨交流。国家林业和草原局副局长李春良表示，国家公园是最重要的自然保护地类型之一，它保护了大面积完整的自然生态系统，大规模的生态过程，以及相关的物种和生态系统特性，并为公众提供了精神享受、科研科普、自然教育、游憩体验的机会，深受各国欢迎。经过上百年的探索实践，国家公园的理念和发展模式已成为世界上自然保护的一种重要形式。财政部、自然资源部、国家林业和草原局、云南省人民政府相关负责人，各省市区林业主管部门领导，国家公园体制试点区代表，中国工程院原副院长沈国舫院士，美国国家公园管理局前局长、加州伯克利分校公园、人类及生物多样性研究所执行主任乔纳森·B.贾维斯教授为代表的联合国环境署、世界自然基金会、自然资源保护协会等国际组织，美国、巴西、

① 蒋朝晖：《红河州委书记要求筑牢滇南绿色屏障　留住绿水青山　厚积发展优势》，《中国环境报》2018 年 8 月 9 日，第 5 版。

② 张潇予：《省政协与省环保厅举行重点提案面商会　加强金沙江流域生态环境保护与绿色发展》，《云南日报》2018 年 8 月 10 日，第 2 版。

非洲等有关专家，部分国内国家公园领域学者约 200 人参会[①]。

2018 年 8 月 15 日，云南省文艺界的百余名代表在云南省文联举行座谈，为云南文艺助力“把云南建设成为中国最美丽省份”建言献策。在座谈会上，影视、文学、摄影、评论等各界代表结合相关文艺领域实际情况踊跃发言。云南省作协名誉主席、作家黄尧表示，云南省委、云南省人民政府关于“把云南建设成为中国最美丽省份”的决定部署，是既合乎国家长远发展目标，也适合省情，既体现云南深化改革开放方向也充分体现云南省各族人民愿景的战略动员令。文学艺术界要自觉、全力地动员起来，各尽其责、各发其力、各美其美，做出更大的贡献。他建议，加强“创美”的规划及指导，创新机制，集结文艺滇军，多出精品力作。摄影家朱运宽表示，云南独具地质地貌、人文景观、民族文化、动植物多样性等得天独厚的优势，摄影创作大有可为，要在新语境下，持续发挥高端平台的展示、辐射作用，以“大视野、大格局、大情怀”助力美丽云南建设。会议提出，深刻领会把握“把云南建设成为中国最美丽省份”的条件基础、重要意义、丰富内涵和实践要求，切实把思想和行动统一到美丽云南建设上；围绕构建云南文艺升级版的目标，着力抓好建设题材引领和创作扶持，用心推出一批作品，在文艺创作中深度表现美丽云南建设；精心组织文艺活动，在开展各类文化服务中热情鼓舞美丽云南建设，积极营造生动浓厚的文艺氛围[②]。

2018 年 8 月 20 日，国家艺术基金 2018 年度传播交流推广资助项目——“绿水青山中国森林摄影作品巡展”云南展在昆明开幕。本次巡展活动自 2018 年 2 月启动以来，共收到全国各地摄影家精心挑选、自愿为公益事业免费提供的摄影作品 800 多幅。经专家评审，遴选出 200 幅优秀作品进行巡展。其中，南方航空护林总站杨旭东、杜小红、陈宏刚等人拍摄的30幅作品入选；“野性中国”创始人兼首席摄影师奚志农、云南大理摄影博物馆馆长赵渝等人的多幅作品入选并获奖。展览旨在传播“绿水青山就是金山银山”生态理念，让绿色发展理念深入人心。展览内容紧紧围绕习近平新时代中国特色社会主义思想、习近平生态文明思想，从多彩森林、魅力湿地、森林城市、古树神韵、多样性的生物、美好家园等领域，展现了我国秀丽的山水、丰富的植物、浓郁的风土人情和丰富的森林草原资源等。云南展由国家林业和草原局宣传中心、中国林业出版社、云南省林业厅主办，在昆明翠湖公园和银鹏文化艺术研究院同时展出[③]。

2018 年 8 月 24 日上午，云南省环境科学研究院党委理论中心组以“坚持习近平生态文明思想，深入贯彻落实全国云南省生态环境保护大会精神，努力打造云南环境保护科技排头兵，为打赢污染防治攻坚战、建设美丽云南做出更大贡献”为主题，组织年度

① 胡晓蓉、李雯、姜昱岑：《中外专家聚昆共话国家公园保护与发展》，《云南日报》2018 年 8 月 16 日，第 2 版。
② 侯婷婷、王宁：《文艺界热议“把云南建设成为中国最美丽省份”》，《云南日报》2018 年 8 月 16 日，第 5 版。
③ 胡晓蓉：《“绿水青山中国森林摄影作品巡展”云南展开幕》，《云南日报》2018 年 8 月 21 日，第 4 版。

第 3 次集中学习。卢云涛院长传达了云南省生态环境保护大会精神及云南省委书记陈豪、省长阮成发、副省长王显刚在云南省生态环境保护大会上的讲话精神和云南省环境保护厅有关指示要求，提出贯彻落实意见。环境规划研究中心主任张星梓、环境政策研究中心主任何燕分别围绕学习主题作交流发言。郭俊梅书记在学习小结时要求：一要准确把握习近平生态文明思想的深刻内涵，深入贯彻理解落实好“六项原则”。二要深刻理解云南省生态环境保护大会精神，坚决贯彻落实云南省委、云南省人民政府关于生态文明建设的重大决策部署。三是要以问题为导向，找准科研工作着眼点、发力点，持续增强生态文明建设科技支撑，为打好云南省蓝天、碧水、净土保卫战，建设美丽云南做出更大贡献。吴学灿副院长组织传达了上级转发的 4 起违纪违法案件通报，并开展了针对性党风廉政教育①。

2018 年 8 月 27—29 日，为贯彻落实环境保护部办公厅、财政部办公厅《关于加强“十三五”国家重点生态功能区县域生态环境质量监测评价与考核工作的通知》（环办监测函〔2017〕279 号）相关要求，全力做好 2018 年云南省 46 个县（市、区）国家重点生态功能区县域生态环境质量监测评价与考核工作，云南省环境监测中心站在剑川县举办了“2018 年国家重点生态功能区县域生态环境质量监测评价与考核技术交流会”，云南省 46 个国考县域和所涉及的 12 个州市环境保护局的相关技术人员参加了此次交流会②。

2018 年 8 月 28 日，云南省政协召开民主监督协商会，围绕“推进农村生活垃圾和污水处理存在的问题与建议”深入协商建言。云南省政协主席李江出席会议并提出，要坚持以问题为导向，研究举措、对症下药，推动云南省农村“两污”治理存在的问题得到解决，让农民群众有更多的获得感、幸福感。李江强调，相关部门要认真研究政协委员和专家学者对农村“两污”治理工作的意见建议，及时反馈监督意见的办理情况。云南省政协要进一步探索如何开好民主监督协商会，充分发挥协商式监督的特色优势和重要作用。会议期间，政协委员和专家学者建议，开展云南省农村“两污”处理设施建设运营情况调查和评估，将“两污”治理设施正常运行管理纳入省级监督考核体系；加紧制定云南省农村“两污”治理相关技术指南、排放标准及设施验收等规范性文件；加紧研究并合理简化农村人居环境改善工程项目审批程序，提高项目审批管理效率，确保工程质量；放开村镇“两污”治理设施建设和运营市场，吸引社会各类资本投资建设和运

① 云南省环境科学研究院：《省环科院党委理论中心组集中学习传达云南省生态环保大会精神》，http://www.ynepb.gov.cn/zwxx/xxyw/xxywrdjj/201808/t20180829_184262.html（2018-08-29）。

② 云南省环境监测中心站：《云南省环境监测中心站举办 2018 年国家重点生态功能区县域生态环境质量监测评价与考核技术交流会》，https://www.ynem.com.cn/news/a/2018/0831/1196.html（2018-08-31）。

营维护村镇“两污”治理设施等[①]。

2018年9月8日，首届“一带一路”生态文明科技创新论坛在昆明举办。政府相关部门领导、国内外生态领域专家学者、“一带一路”沿线国家代表、科研院所及企业代表等200余人参加论坛，就推进生态文明科技创新进行研讨交流。十一届全国政协副主席、中国生态文明研究与促进会会长陈宗兴致辞，中国工程院院士尹伟伦、魏复盛发表主旨演讲，泰国驻昆明总领事妮媞瓦娣·玛尼绲出席论坛。本届论坛以“引领生态修复、促进绿色发展”为主题，旨在展示我国生态文明建设的经验与成就，促进“一带一路”沿线国家在生态文明领域的交流与合作，努力构建生态文明共同体。与会嘉宾分别就“生态文明与绿色发展”“生态修复前沿技术”“云南生物多样性的生态价值与绿色‘一带一路’建设”等进行了主题演讲，并围绕“生态科技创新与生态政策”“生态科技创新与生态修复”主题开展对话交流。论坛初步建立了“一带一路”生态文明科技创新常态化合作交流机制，发布了推进“一带一路”生态环境科技创新合作倡议书，有关企业、组织达成一系列合作共识，着手建设“一带一路”生态文明科技创新大数据服务平台。论坛由中国生态文明研究与促进会指导，云南高原生态环境保护基金会、云南省环境科学学会、新远国际实业发展股份有限公司主办[②]。

2018年9月16—22日，应台湾省土壤及地下水环境保护协会的邀请，由云南省环境科学学会理事组成的代表团一行12人赴台湾省开展了为期7天的土壤污染防治与技术合作交流，旨在进一步学习借鉴台湾省在土壤污染防治精细化管理、土壤环境质量监测与数据管理、土壤环境风险控制，以及土壤污染治理修复技术和工程实践等方面取得的先进成果和经验，深入推动云南省土壤污染防治工作[③]。

2018年9月26—28日，珠江流域水环境联合研究院第二届“珠江流域水环境保护高端论坛”在昆明召开。来自珠江水利委员会、环境保护部华南环境科学研究所及广东、福建、湖南、四川、江西各省环境科学研究院等14家单位的专家代表参加论坛。生态环境部科技司派员到会指导。云南省环境保护厅方雄副巡视员到会祝贺，并就云南与珠江流域水环境联合研究院在重大项目、人才培养、科技创新方面进一步加大交流与合作，为实现流域水环境质量改善提供坚实技术保障和支撑等方面表达了良好祝愿。云南省环境科学研究院卢云涛院长代表承办方对莅会嘉宾表示欢迎。本次论坛以“共谋、共促、共践、共推流域大保护”为主题，邀请了生态环境部科技委委员、原环境保护部政策法规司原司长彭近新、生态环境部环境规划院水环境规划部王东主任、中国水利水

---

① 蒋朝晖：《云南省政协建言农村“两污”治理　推动解决农村生活垃圾和污水处理问题》，《中国环境报》2018年9月26日，第2版。

② 段晓瑞：《首届“一带一路”生态文明　科技创新论坛在昆明举办》，《云南日报》2018年9月9日，第2版。

③ 云南省环境保护厅对外交流合作处：《滇台2018年土壤污染防治与技术合作交流顺利开展》，http://www.ynepb.gov.cn/zwxx/xxyw/xxywrdjj/201809/t20180930_185072.html（2018-09-30）。

电科学研究院水资源所秦天玲教授等人，分别就流域生态文明、全流域生态补偿、流域协调发展等内容做论坛主旨报告，重点围绕流域生态补偿进行了典型经验交流和讨论；就珠江流域水环境保护治理规划、流域大数据平台建设、成果集成与转化、全流域科研监测体系建设等下一步工作进行了深入讨论。与会代表还对珠江流域抚仙湖、星云湖保护治理情况进行了实地调研，就两湖保护治理工作与玉溪市人民政府及相关部门进行了座谈交流，取得了丰硕成果。本次论坛由珠江流域水环境联合研究院主办，云南省环境科学研究院、环境保护部华南环境科学研究所和国家环境保护水环境模拟与污染控制重点实验室承办。

2018 年 9 月 30 日，云南省保山市召开全市生态环境保护大会，要求进一步提高政治站位，坚持问题导向，从严从实抓好环境保护督察反馈问题的整改工作，坚决打好污染防治 8 个标志性攻坚战，全面推动绿色发展①。

2018 年 10 月 18 日，“生态文明与人类命运共同体——首届普洱（国际）生态文明暨第四届普洱绿色发展论坛”在北京举行。论坛旨在深入学习贯彻党的十九大精神和习近平生态文明思想，深刻把握人与自然和谐共生的自然生态观、“绿水青山就是金山银山”的发展理念，科学总结普洱国家绿色经济试验示范区建设发展经验，更好地推动生态文明与美丽中国建设②。

2018 年 11 月 5 日，昭通市委、市政府召开全市生态环境保护大会，深入学习贯彻习近平生态文明思想和全国、全省生态环境保护大会精神，安排部署全市生态文明建设和生态环境保护工作③。

2018 年 11 月 5 日，云南省昭通市召开全市生态环境保护大会，提出要以全面筑牢长江上游重要生态安全屏障为总任务，以建设美丽宜居昭通为总目标，以“守住一片蓝天、绿化一方群山、护好一江清水、建设一座果城”的“四个一”行动为总抓手，进一步推进全市生态文明建设迈上新台阶。昭通市委书记杨亚林指出，全市上下要对照新要求、聚焦着力点、找准突破口，全方位扎实推进“四个一”行动。要坚持划定产业发展红线、调整优化能源结构相结合，以产业管控和燃煤减耗为主，守住一片蓝天；要坚持应搬尽搬、应退尽退相结合，以大规模的易地搬迁和退耕还林为支撑，绿化一方群山；要坚持水体、岸上治理相结合，深入推进“一个 U 盘下达河长令”的落实，护好一江清水；要坚持产城融合、城乡一体相促进相结合，建设一座百万人口、百万亩苹果高度融合的果城。杨亚林强调，各县（区）、各部门要明确主体、压实责任，“一把手”扛起

① 蒋朝晖、李成忠：《保山市召开生态环境保护大会　全力抓好八大标志性攻坚战》，《中国环境报》2018 年 10 月 23 日，第 4 版。

② 杜京：《首届普洱（国际）生态文明暨第四届普洱绿色发展论坛在京举行》，《云南日报》2018 年 10 月 20 日，第 2 版。

③ 昭通市环境保护局：《昭通市召开全市生态环境保护大会》，http://www.7c.gov.cn/zwxx/xxyw/xxywzsdt/201811/t20181106_185810.html（2018-11-06）。

第一责任人责任，分管部门各司其职，分工协作，通力配合，合力推动，全面推进环境保护整改工作落地见效；严格执法，严肃纪律，严惩重罚生态环境违法行为；加大投入，强化保障，集中力量，攻坚克难；健全体系，务求长效，为新时代昭通跨越发展、有序发展奠定坚实的生态基础①。

2018 年 11 月 6 日，云南省生态环境厅召开云南省生态环境宣传工作会议，全面落实全国生态环境保护大会、全国宣传思想工作会议、全国生态环境宣传工作会议和云南省生态环境保护大会的部署和要求，落实生态环境部打好污染防治攻坚战宣传工作方案的工作安排，研究部署当前和今后一个时期云南省生态环境宣传工作，进一步统一思想、明确目标、凝聚力量，为打好云南省污染防治攻坚战，把云南建设成为生态文明排头兵和中国最美丽省份营造有利舆论环境和良好社会氛围②。

2018 年 11 月 7 日，“在‘一带一路’框架下促进化学品和废物管理的倡议—固体废物管理区域”研讨会在昆明举行。来自中国、印度尼西亚、泰国、老挝、越南等 7 个国家的政府代表及环境保护专家出席会议，并实地调研鑫联环保科技股份有限公司位于个旧的生产基地。研讨会由巴塞尔公约亚太区域中心主办，鑫联环保科技股份有限公司承办。在会上，代表们介绍了各国有关巴塞尔公约的执行情况及危险固体废物管理政策、处置措施，重点详细交流了有色冶金工业领域的处理技术、相关法律法规及行业投资等。目前，鑫联环保科技股份有限公司已在国内外拥有 10 余座处理工厂，产业规模、技术先进性、产业链完整度等方面均居于世界领先地位。在保持国内市场平稳发展的同时，鑫联环保科技股份有限公司积极响应国家“一带一路”倡议要求，向“一带一路”沿线国家及世界其他国家输出先进技术和管理运营服务③。

2018 年 11 月 9 日，普洱市环境保护局组织召开全市生态环境宣传工作会议。会议传达学习了全省生态环境宣传工作会议精神并对下一步工作做出部署安排。会议指出，全市生态环境宣传教育工作取得显著成效。会议要求，下一步环境保护系统要加强组织领导，牢牢把握生态环境宣传工作的任务；要突出重点，加大宣传力度；要积极创新，改善优化宣传工作方式，牢记使命任务，以新担当新作为新成绩推动普洱市生态环境宣传工作不断开创新局面，为打好普洱市污染防治攻坚战，全面提升生态文明建设水平，把普洱市建设成为绿色发展示范城市、祖国西南边疆的绿色明珠和成为生态文明建设排

① 蒋朝晖、陈泽平：《昭通召开生态环境保护大会 全方位扎实推进“四个一”行动》，http://www.7c.gov.cn/zwxx/xxyw/xxywrdjj/201812/t20181210_186647.html（2018-12-10）。

② 云南省环境保护厅法规处：《云南省生态环境厅召开云南省生态环境宣传工作会议》，http://www.7c.gov.cn/zwxx/xxyw/xxywrdjj/201811/t20181106_185828.html（2018-11-06）。

③ 李树芬：《国内外环保专家调研鑫联环保》，《云南日报》2018 年 11 月 23 日，第 11 版。

头兵做出新的更大贡献[①]。

2018 年 11 月 15—16 日，纳板河流域国家级自然保护区管理局在景洪市财鑫酒店召开了 2018 年第三次社区共管联席会议。自然保护区管理局领导、森林派出所负责人、涉及保护区的 6 个村委会领导、34 个自然村的村组干部共 65 人参加了会议。会议分两个阶段：第一阶段主要是学习政策、法律、法规。首先，由派出所刘建伟所长结合自然保护区近三年发生的违法案件，以案说法。其次，自然保护区管理局李忠清局长从国家、省、州的层面，对参会人员在工作、生产、生活中碰到的诸多疑惑、不解、问题，从现行政策、法律、法规和站在当前的形势高度为大家一一进行解读、分析。第二阶段参会人员就各自的工作作通报，同时围绕第一阶段的法律法规宣讲解读，以及当前各自存在的问题、意见、建议作交流讨论。通过会议，研究部署了自然保护区当前和今后一个时期生态环境保护工作，进一步统一了思想、明确了目标、凝聚了力量，为做好今后生态保护与社区发展各项工作奠定了基础，会议达到了预期目的[②]。

2018 年 11 月 19 日，腾冲市环境保护局召开践行“绿水青山就是金山银山”推动腾冲转型跨越发展大讨论动员会，腾冲市委第六督导组到会指导。会议旨在动员全局干部职工进一步统一思想、提高认识，以高度的政治自觉、思想自觉和行动自觉开展好此次大讨论工作，进一步深入学习贯彻习近平新时代中国特色社会主义思想，坚决践行“绿水青山就是金山银山”的理念，大力探索将绿水青山转化为金山银山的方法和路径，有效推进“两学一做”学习教育化制度化[③]。

2018 年 11 月 21—23 日，纳板河流域国家级自然保护区、无量山哀牢山国家级自然保护区、西双版纳国家级自然保护区、元江国家级自然保护区、大围山国家级自然保护区与中国科学院西双版纳热带植物园科技合作交流年会在无量山哀牢山国家级自然保护区景东管护局圆满召开。本次年会，各参会单位紧紧围绕“提升自然保护区科研能力，促进生物多样性监测保护”这一主题，结合 2017 年年会签订的会议纪要，分别汇报了 2018 年度重点合作项目的进展情况，并展开了深入研讨。纳板河自然保护区管理局一直以来非常重视对外科研合作交流，由李忠清局长亲自带队参加了此次年会。在会上，纳板河自然保护区管理局作了专题报告，介绍了一年来的科技合作进展，指出了存在的问题及不足，提出了今后在生物多样性保护、社区环境教育、科研成果转化应用等方面的合作愿景。此次科技合作交流年会的召开，是认真学习、贯彻党的十九大精神，落实习总书

① 普洱市环境保护局：《普洱市召开生态环境宣传工作会议》，http://www.7c.gov.cn/zwxx/xxyw/xxywzsdt/201811/t20181112_185901.html（2018-11-12）。

② 纳板河国家级自然保护区：《纳板河流域国家级自然保护区召开村级社区共管联席会议》，https://www.7c.gov.cn/zwxx/xxyw/xxywrdjj/201811/t20181121_186197.html（2018-11-21）。

③ 保山市环境保护局：《腾冲市环境保护局召开践行“绿水青山就是金山银山”推动腾冲转型跨越发展大讨论动员会》，http://www.7c.gov.cn/zwxx/xxyw/xxywzsdt/201811/t20181123_186276.html（2018-11-23）。

记"绿水青山就是金山银山"生态文明理念的具体体现。自然保护区是国家生态文明建设的重要阵地，五个国家级自然保护区与中国科学院西双版纳热带植物园更是云南省生态文明建设排头兵中的"尖刀连"。大会紧密围绕主题，深入研讨自然保护区科研、监测、管理等方面的技术方法和管理策略非常有意义，必将在全省林业、保护区管理机构、科研单位中起到带头和引领示范作用。会议期间，还达成如下共识：一是要继续保持五个国家级自然保护区管护（理）局与中国科学院西双版纳热带植物园的年度科技合作交流会议机制，经过协商，同意 2019 年科技合作交流年会由中国科学院西双版纳热带植物园承办。二是在继续完善前期已经开展科技合作项目的基础上，确定了 2019 年度重点推进综合科学考察、科研监测和科普教育人才培养、生态系统定位站和生物多样性监测样地建设等科技合作①。

2018 年 11 月底，沪滇对口帮扶环境保护合作工作组第二十三次会议在云南省昆明市召开，上海市生态环境局和云南省生态环境厅签署了《2019 年上海云南对口帮扶环境保护合作工作备忘录》。2019 年，滇沪双方将继续加强干部交流学习和人员培训，在上海举办环境监测、环境监察、土壤环境管理、信息化技术专题培训班。在环境监测、固体废物管理、环境保护信息化管理、环境科研、土壤污染场地修复项目等领域开展更加广泛深入务实的交流与合作，深入推进沪滇环境保护对口帮扶与合作迈上新台阶，取得新成绩。上海和云南建立环境保护对口帮扶关系 20 年来，两省市生态环境部门通力协作、密切配合、相互促进，既有力助推了云南生态环境保护工作，又切实加深了两省市生态环境系统的友谊和感情②。

2018 年 12 月 5 日，墨江哈尼族自治县召开生态环境保护大会，会议贯彻落实全国、全省、全市生态环境保护大会精神，分析研究全县生态文明建设存在问题和生态环境保护面临的新形势、新任务，安排部署生态环境保护、污染防治攻坚战和环境保护督察问题整改工作。县委书记袁洪波在会上指出，党的十八大以来，县委、县政府自觉把思想和行动统一到习近平生态文明思想上，坚决贯彻落实党中央、国务院，云南省委、云南省人民政府，普洱市委、市政府的决策部署，始终把生态环境保护摆在全局工作的突出地位，狠抓环境保护督察反馈问题整改，着力解决重点领域环境问题，生态文明建设取得显著成效。一是生态环境质量巩固提升。二是绿色经济发展成效明显。三是生态文明创建稳步推进。四是环境保护体制机制不断完善。

袁洪波强调，在取得成绩的同时，我们也要看到，墨江哈尼族自治县生态环境保护

① 刘峰：《五个国家级自然保护区与中科院西双版纳热带植物园科技合作交流年会圆满召开》，https://nbhbhq.xsbn.gov.cn/81.news.detail.dhtml?news_id=1042（2018-11-29）。

② 蒋朝晖：《沪滇签署对口帮扶环保合作备忘录》，http://www.7c.gov.cn/zwxx/xxyw/xxywrdjj/201812/t20181210_186645.html（2018-12-10）。

面临的形势依然严峻，工作任务仍然十分艰巨繁重。主要表现在：发展经济与保护环境矛盾突出，水、大气、土壤污染治理任务艰巨，乡村人居环境脏乱差问题突出，部分区域生态环境保护不扎实等。各乡（镇）、各部门要充分认识生态环境保护工作的极端重要性，进一步提高政治站位，切实增强“四个意识”，坚决做到“两个维护”，加大力度推进生态文明建设，促进全县生态环境质量持续改善。就加强生态文明建设和生态环境保护工作，袁洪波要求：一是要从严从实抓好环境保护督察问题整改，严把验收关口，及时公开查处和整改情况。二是要坚决打好污染防治攻坚战，着力打好蓝天保卫战，着力打好碧水保卫战，着力打好净土保卫战。三是要全面推进绿色发展，坚持“生态立县”发展战略，提升优化空间规划，调整产业发展结构。四是要深入实施城乡人居环境提升行动，统筹规划好村镇布局，广泛开展国土绿化行动，切实改善村容村貌，大力推进移风易俗。

袁洪波进一步强调，打好污染防治攻坚战时间紧、任务重、难度大，是一场大战、硬战、苦战。各级各部门要落实党政主体责任，强化监督执法力度，严格考核问责追责，锻造生态环境保护铁军，深刻汲取陕西西安秦岭违建别墅问题教训，严格落实生态环境保护各项工作任务，确保生态文明建设取得实效。县长杨建忠主持会议，就贯彻落实好会议精神强调，各级各部门要对标对表严格按照整改方案，抓好中央、省级环境保护督察反馈意见问题整改落实，确保如期销号清零，全面提升环境保护督察成效；要突出重点，抓紧抓实污染防治领域治理①。

2018 年 12 月 10 日，云南省庆祝改革开放 40 周年系列新闻发布会举行生态文明主题专场，从环境保护、林业、农业、水利、自然资源管理等方面全方位发布40年来云南省在生态文明方面取得的成绩。改革开放40年，特别是党的十八大以来，云南省努力把绿水青山打造成西南生态安全屏障区、长江经济带建设生态涵养区、边境民族地区和谐稳定的生态缓冲区，全省上下逐步形成了各级党委和政府高度重视、相关部门大力支持、社会各界广泛关注、广大人民群众主动参与生态建设与保护的良好局面，云南林业和草原呈现出“大地增绿”“活力增强”“资源增量”的良性发展态势。改革开放40 年，云南省坚持不懈推进国土绿化，打造绿水青山。目前，全省林业主要指标均居全国前列，生物多样性相关指标居全国第 1 位。通过深化林业改革，体制机制更加健全。国家公园体制试点取得突破，全省建设各级自然保护区 161 处，90%的典型生态系统和 85%的重要物种得到有效保护。改革开放以来，云南水利事业迅速发展，各项水利

① 普洱市环境保护局：《墨江哈尼族自治县召开全县生态环境保护大会》，http://www.7c.gov.cn/zwxx/xxyw/xxywzsdt/201812/t20181214_186772.html（2018-12-14）。

建设取得了巨大成就[①]。

2018 年 12 月 10—14 日，云南省环境保护对外合作中心和云南省环境保护宣传教育中心联合在昆明成功举办了“老挝琅勃拉邦省环境保护交流合作能力建设技术援助项目”环境宣传教育培训研讨班。来自老挝琅勃拉邦省自然资源与环境厅、教育与体育厅及北方农林学院、和平中学、习坛小学等五所学校的8名管理人员和教师参加培训研讨。本次培训研讨是落实云南省生态环境厅（原省环境保护厅）与老挝琅勃拉邦省自然资源与环境厅签署的《环境保护合作备忘录》及“老挝琅勃拉邦省环境保护交流合作能力建设技术援助项目”实施协议，推进云南省与老挝琅勃拉邦省的环境交流与合作的一项重要活动。其间，培训研讨班还组织老挝培训研讨人员赴云南省绿色学校安宁中学、金康园小学和曙光幼儿园进行观摩交流，听取绿色学校的创建过程和成效，并现场参观绿色学校创建活动中开辟的“开心农场”，加深对环境教育和绿色学校创建的理解与认识[②]。

2018年12月13日，云南自然保护区成立60周年经验交流暨保护管理培训班举行。云南省林业草原局相关负责人表示，云南是祖国西南生态安全屏障和生物多样性宝库，承担着维护区域、国家以及国际生态安全的战略任务，生态区位极为重要，生物多样性保护极其关键。以自然保护区为主的生物多样性富集区域承担着保护生物多样性的核心任务，保存了最优质的景观资源，国内国际社会高度关注。下一步，全省林业草原部门将始终把自然生态保护作为首要任务，把生态修复治理作为核心使命，把绿色发展作为重要内容，把改革创新作为动力源泉，强化落实监管责任，建立健全长效机制，全面提升云南省自然保护区保护管理水平[③]。

2018 年 12 月 18 日，时逢我国改革开放四十周年，云南省环境监测中心站与老挝琅勃拉邦省开展了环境保护交流合作，来自老挝琅勃拉邦省自然资源与环境厅的 7 名管理人员访问了云南省环境监测中心站，并进行了交流参观。站长施择与参访人员进行了座谈，系统地分析了环境监测在环境保护中的地位和作用、中国环境监测体系、面临的形势以及对未来发展的思考，并分析了云南省与琅勃拉邦省在地理区位上的特殊关系，二者在生态环境资源上相互依存、共建共赢，交流合作的必要性十分迫切。会后云南省环境监测中心站分管领导陪同参访人员参观了空气质量自动监测站、环境分析实验室、空气及水质应急监测车等硬件设备和空气质量预测预报软件平台，监测人员详细地讲解了各仪器的用途、工作原理、操作方法和环境空气质量预测预报软件平台的应用，并与

---

① 王淑娟：《庆祝改革开放40周年系列新闻发布会举行生态文明主题专场云南努力争当全国生态文明建设排头兵》，http://yn.yunnan.cn/system/2018/12/10/030136057.shtml（2018-12-10）。

② 云南省环境保护厅对外合作中心：《老挝琅勃拉邦省环境保护交流合作能力建设技术援助项目环境宣传教育培训研讨班在昆明成功举办》，http://www.7c.gov.cn/zwxx/xxyw/xxywrdjj/201812/t20181215_186789.html（2018-12-15）。

③ 胡晓蓉：《我省已建成 161 处自然保护区》，《云南日报》2018 年 12 月 14 日，第 1 版。

参访人员交流了监测经验。本次交流，是落实云南省生态环境厅与老挝琅勃拉邦自然资源厅签署的《环境保护合作备忘录》，推进云南省与琅勃拉邦省环境保护交流合作的一项重要活动，是贯彻落实云南省委、云南省人民政府“三大战略定位”的重要举措，也是我们坚持对外开放的点滴实践。会后双方代表表示，我们“同饮一江水，共拥一个梦”，今后将进一步加强合作交流，共同为保护和改善区域生态环境做出努力和贡献[①]。

2018 年 12 月 19—24 日，台湾省土壤及地下水环境保护协会专家一行 5 人到云南，开展土壤污染场地环境管理及土地开发利用技术交流，并对接合作试点项目丽江古城区玉龙县高背景值调查评估和昆明石林县圭山地区镉铅锌砷污染区农用地安全利用的工作进展及下一步工作计划。云南省生态环境厅对外交流合作处、土壤环境管理处，云南省环境科学研究院，以及昆明市、丽江市、石林县、古城区、玉龙县环境保护局相关负责人员参加了交流研讨。其间，台湾省专家介绍了台湾省高背景值农地土壤调查及评估项目案例，分享了台湾省在高背景值调查评估方面的经验。昆明市、丽江市环境保护局负责人员介绍了本地区农用地土壤环境现状以及污染治理需求。滇台生态环境交流与合作对于云南省的土壤污染防治工作具有积极促进作用，双方均表示，希望今后能不断拓宽合作领域，加强生态环境领域的技术交流与合作。云南省环境科学研究院技术人员陪同台湾专家分别到安宁市云天化红云氯碱有限公司、昆明市焦化制气有限公司考察汞污染土壤修复治理和焦化场地土壤修复治理情况，并对现场考察中发现的问题进行深入探讨，提出解决建议方案[②]。

2018 年 12 月 28 日，云南省第十二届社会科学学术年会暨庆祝改革开放 40 周年生态文明建设专场“口述、图像环境变迁：滇池生态文明建设”学术研讨会在云南大学举行。会议由云南省委宣传部、云南省社科界联合会、云南大学主办，云南大学西南环境史研究所承办，云南生态文明建设智库、云南大学生态学与环境学院合办。来自北京大学、中国人民大学、复旦大学等 30 多家高校和科研院所共 60 余位专家学者参加了此次会议。开幕式由云南大学西南环境史研究所所长周琼教授主持，云南省委党校欧黎明副校（院）长、云南大学党委李建宇副书记、云南省社会科学界联合会邹文红副主席、云南大学原副校长林超民教授、云南大学历史与档案学院党委书记张巨成教授出席开幕式。在开幕式上，李建宇副书记、邹文红副主席、林超民教授、张巨成教授分别致辞，他们都认为，改革开放40年来，中国人民经历了从站起来到富起来、强起来的伟大历

① 云南省环境监测中心站：《老挝琅勃拉邦省自然资源与环境厅管理人员到云南省环境监测中心站交流参观》，https://www.ynem.com.cn/news/a/2018/1219/1213.html（2018-12-19）。

② 云南省环境保护厅对外交流合作处，云南省环境科学研究院：《滇台生态环境合作取得积极进展》，http://www.7c.gov.cn/zwxx/xxyw/xxywrdjj/201812/t20181229_187174.html（2018-12-29）。

程，云南环境保护和生态文明建设取得了显著成绩，生态文明建设上了一个新台阶。没有改革开放，就没有环境保护和生态文明建设的今天，云南各界将继续认真学习和践行习近平生态文明思想，进一步推进云南省生态文明建设。其后，生态环境部华南环境科学研究所张修玉研究员、云南省社会科学院郑晓云研究员、温州大学杨祥银教授、云南大学段昌群教授、北京大学朱晓阳教授、复旦大学包存宽教授分别作了主题报告，从口述史、环境史、政治学等多角度、全方位呈现了滇池前世今生的变换历程及昆明城市沧桑巨变的图景，并与其他地区相比较，深刻阐述了自然环境变迁与区域社会经济发展之间的交互关系，揭示了当代生态文明建设的必要性和紧迫性、巨大价值和重要意义。主题发言结束后，与会成员分为三个小组，分别围绕“习近平生态文明思想与滇池生态文明建设”“滇池生态治理与昆明生态文明建设”“图像与滇池环境变迁”等相关主题进行进一步讨论。与会者认为滇池的生态保护和治理不仅关系到昆明生态城市建设与民生改善，更关系到云南生态形象及国家生态安全，因此保护和治理好滇池不仅仅是一项简单的环境工程，更是一项重大、光荣而艰巨的政治任务，只有深入贯彻习近平新时代生态文明思想，紧抓云南生态文明建设，将环境保护工作内化到社会的方方面面、城市的各个角落，才能使生态文明建设各项措施落到实处，从而实现云南建设中国最美丽省份的目标①。

① 王彤：《“口述、图像与环境变迁：滇池生态文明建设实践”学术研讨会在昆举行》，http://yn.yunnan.cn/system/2018/12/29/030167257.shtml（2018-12-29）。

第四编

云南省生态文明排头兵建设路径篇

第十章　云南省生态经济建设事件编年

生态经济是云南争当全国生态文明建设排头兵的最亮底牌。云南具有优越的生态资源禀赋，民族文化多样，为生态经济建设提供了丰厚的储备。2018 年云南省《政府工作报告》提出，为培育新动能，云南将全力打造世界一流的“绿色能源”“绿色食品”“健康生活目的地”这“三张牌”，形成几个新的千亿元产业，让绿色成为云南经济高质量发展的基本底色。2018 年 7 月 23 日，云南省生态环境保护大会强调坚持绿色发展，让“绿色”成为全省经济发展的鲜明底色，加快产业绿色转型升级，推动传统产业改造升级，培育环境友好型产业，着力发展壮大节能环境保护产业；推进能源、土地、矿产等资源全面节约和循环利用，引导公众绿色生活。谈及绿色发展，云南应当充分发挥生态优势打好“三张牌”，如普洱市具有得天独厚的区位、生态、资源优势，是全国较大的普洱茶、咖啡、石斛产区，普洱绿色经济试验示范区建设有力有序推进，初步走出了一条生态与生计兼顾、增绿与增收协调、“绿起来”与“富起来”统一的绿色崛起新路子。云南应当坚持生态与发展两条底线，努力构建以绿色发展为主题、绿色经济为主流、绿色产业为主体、绿色企业为主力的绿色发展新格局，将云南的“三张牌”打出特色、打出品牌、打向全国。

第一节　云南省生态经济建设事件编年（1—6 月）

2018 年 1 月中下旬，红河哈尼族彝族自治州首个自然能新型提水项目——石屏县大桥乡昌明河自然能新型提水项目成功实现试通水。该项目为沪滇帮扶合作项目，于 2017 年初动工建设，规划总投资 650 万元。项目区位于大桥村委会大平地村，取水地昌明河上游常年水流量为每秒 2.5 立方米，可用水源能充分满足项目需要。项目新建滚水坝 1 座、源头沉砂池 1 个、缓冲水池 1 个，铺设管道并安装自然能提水系统设备等。据项目负责人介绍，自然能提水技术是淼汇能源科技（上海）有限公司自主研发的全自动提水技术，运用该技术，提水装置在运行过程中，以水能、太阳能、风能等绿色能源作为动力，即可实现“水往高处流”，运行成本低且绿色环保。目前部分工程处于收尾阶段，预计 2018 年 3 月即可全部完工，建成后每天可提水 1000 立方米以上，可保障大桥、团山、小寨、他克苴、白尼莫五个村委会 1.2 万亩田地的浇灌，受益群众 1.2 万余人①。

2018 年 1 月 19 日，大理经济技术开发区全国特大型生物天然气工程国家试点项目开始进行单机调试，设备装置运行良好，全面进入了单机试车阶段，预计将于 3 月正式投入生产。据介绍，项目由云南顺丰洱海环境保护科技股份有限公司承担实施，国家发展和改革委员会、农业部重点支持。项目总投资 3.3 亿元，包含生物天然气生产线、液态有机生物菌肥生产线、固态有机肥生产线、微生物菌剂生产线、生物天然气出租车、天然气加气站及其附属设施。该项目在国内是一种创新的引领模式，不但能对废物进行综合利用，还将打通废弃物资源利用的全产业链。投入生产后，每年可处理洱海流域畜禽粪便、农作物秸秆、洱海水葫芦等废弃物 35 万吨，年产车用燃气 1050 万立方米，日供 1500 辆生物天然气出租车使用。投产可实现近 5 亿元销售收入、近 3000 万元的利税，解决近 150 人的就业问题②。

2018 年 1 月 28 日，云南省委副书记、省长阮成发分别参加昭通市、红河哈尼族彝族自治州、普洱市代表团审议时强调，全面贯彻新发展理念，发挥优势、彰显特色，全力打造“绿色能源”“绿色食品”“健康生活目的地”这“三张牌”，大力推动高质量发展。在昭通市代表团，阮成发认真听取杨亚林、巫运松、赵洪乖、李松涛、杨仕翰、张绍雄、杨光花、陆颖等代表发言，就加强水利工程建设、促进农村土地流转、做好水电移民搬迁安置等进行互动交流。他要求昭通市全面加快发展步伐，坚决打赢脱贫攻坚战。要围绕云南省打造“三张牌”部署要求，充分发挥水电清洁能源优势，大力推动水电铝材、水电硅材一体化发展。要大力打造“绿色食品”，把产业发展作为实施乡村振兴战略的重要抓手，用工业化理念推动高原特色现代农业发展，助力脱贫攻坚。在红河哈尼族彝族自治州代表团，阮成发与姚国华、赵刚、冯林春、陈浩、李志辉、高兰艳等代表，就抓好重金属污染防治、推动建水陶瓷产业与旅游产业融合发展、完善高原湖泊治理机制、保障农民工合法权益等进行交流。阮成发指出，红河哈尼族彝族自治州发展

① 王烨、李林：《红河州首个自然能新型提水项目试通水》，《云南日报》2018 年 1 月 19 日，第 10 版。

② 管毓树：《特大型生物天然气工程在大理试运行》，《云南日报》2018 年 1 月 20 日，第 2 版。

基础良好，打造“三张牌”空间广阔。要全力培育打造“绿色能源”产业，加快“绿色食品”全产业链发展，以旅游产业转型升级推动建设有影响力的“健康生活目的地”，在打造“三张牌”中走在云南省前列。在普洱市代表团，卫星、罗金玲、李蓉梅、张寒春、罗斌、罗东保等代表，就加快农村公路建设、打造一流康养产业、提升基础教育质量、提高乡村干部待遇等提出建议。阮成发听取发言后，希望普洱市充分发挥生态良好这个最大优势，打好普洱茶这张最具影响力的“绿色食品”牌，推动观光旅游产业向全产业链的大健康产业转型升级，建设世人健康生活的向往之地。阮成发强调，各地要进一步增强紧迫感、责任感，落实精准扶贫精准脱贫要求，聚焦深度贫困地区深度贫困群众，做实做细易地扶贫搬迁工作，稳扎稳打，确保如期、高质量完成脱贫攻坚目标任务，坚决打赢脱贫攻坚战[①]。

2018 年 1 月 29 日，云南省委副书记、省长阮成发参加临沧市代表团审议时强调，紧紧围绕高质量发展要求，按照云南省打造“绿色能源”“绿色食品”“健康生活目的地”这“三张牌”的部署要求，发挥优势，彰显特色，聚焦“绿色食品牌”，做大做强做优高原特色现代农业。在杨浩东、张之政代表介绍临沧经济社会发展情况后，来自基层的代表争相发言。拉祜族代表李智、佤族代表李瑞芳就继续加大交通基础设施投入，加快推进跨境旅游，助推少数民族群众脱贫发展等提出建议。布朗族代表赵锡滟建议加强边境一线基础教育师资队伍建设，傣族代表南桂香建议加强水网建设，白族代表陈榆秀建议将临沧坚果列入“三张牌”进行打造，彝族代表字清华、白族代表何晓燕、纳西族代表和红梅等代表也就加快旅游产业转型升级、推动妇幼健康计划实施等提出建议……字字句句，深深表达了边疆少数民族群众感党恩、听党话、跟党走的心声，饱含加快推动跨越发展的强烈愿望。阮成发认真听取代表发言，了解群众意愿和需求，与代表深入交流互动。他指出，临沧自然资源丰富，区位优势明显，在云南省对外开放中地位重要，近年来经济社会发展取得明显进步，但发展质量不高、发展不充分、不平衡的问题还较为突出。他强调，围绕云南省打造“绿色能源”“绿色食品”“健康生活目的地”这“三张牌”，临沧市要主动对接、加强谋划，聚焦茶叶、坚果等优势资源和产业，按照“大产业+新主体+新平台”思路，大力培育引进大企业，绘制路线图、细化施工图，推动特色农产品精深加工不断发展，全力打造“绿色食品牌”。要强力推进县域高速公路“能通全通”工程，不断加强综合交通等基础设施建设，全面夯实跨越发展基础。要强化责任，毫不松懈打好精准脱贫攻坚战，确保如期全面完成脱贫攻坚目标任务，与全国、云南省同步全面建成小康社会。

2018 年 1 月 30 日，红河谷现代生态蔬菜产业园万亩核心示范基地招商引资推介会

---

① 陈晓波、刘晓颖：《阮成发分别参加邵通市红河州普洱市代表团审议时强调　坚持绿色发展　决战脱贫攻坚》，《云南日报》2018 年 1 月 29 日，第 1 版。

暨蔬菜产业园建设启动仪式在元阳县举行，30 多家企业和 7 县市应邀参加。在推介会上，元阳县政府与10家企业签约。据介绍，红河谷经济带是云南省三大干热河谷经济带之一，蔬菜产业特别是冬早蔬菜是红河谷经济开发开放带建设的重要板块。在农业供给侧结构性改革的大背景下，红河哈尼族彝族自治州启动红河谷经济开发开放带建设，旨在与社会各界特别是企业主体共同开发红河谷，促进红河谷区域蔬菜产业集群化、标准化、规模化、品牌化发展①。

2018 年 3 月 30 日，云南省玉溪市政府召开抚仙湖径流区耕地休耕轮作新闻发布会，玉溪市澄江县结合抚仙湖保护治理的实际，启动了抚仙湖径流区5.35万亩耕地休耕轮作，此举将从根本上解决径流区农业面源污染突出的严峻问题。澄江县副县长陈斌表示，开展土地流转休耕轮作是有效削减农业面源污染、保护抚仙湖的需要。大力实施抚仙湖径流区耕地休耕轮作，对调整优化种植结构、发展绿色生态循环农业、加快推进抚仙湖径流区绿色生态经济区建设、科学处理好保护与发展的关系，都具有极其重要的作用。抚仙湖径流区共有26万亩耕地，按照亩均施肥100千克的标准，平均每年施用的化肥、农药约 2.6 万吨，农作物吸收量约为 30%，剩余 70%的化肥、农药滞留在耕地土壤中，逐步随地表径流及地下水渗透进入抚仙湖。对坝区5.35万亩蔬菜种植耕地实施土地流转和种植结构调整优化，预计每年可以就地削减纯氮约4500吨，削减纯磷约700吨，将从根本上解决径流区农业面源污染突出的严峻问题。澄江县将于2018年6月底前全面完成 5.35 万亩土地流转工作，并将在土地流转第一个 3 年投入 11.42 亿元对流转的土地按标准进行补助。陈斌介绍，5.35 万亩土地通过流转后，将按照农业产业规划布局和种植标准发展生态苗木、荷藕、蓝莓、水稻、烤烟、小麦、油菜等节水、节药、节肥型高原特色绿色生态循环农业。据了解，抚仙湖径流区耕地休耕轮作得到沿湖干部群众的大力支持，各项工作正在有条不紊地推进。目前，澄江县已完成土地流转 1.7 万亩②。

2018 年 4 月 4 日，国家林业和草原局公布全国经济林产业区域特色品牌建设试点单位名单，漾濞县凭借区域特色品牌“漾濞核桃”成功入选。近年来，漾濞县把核桃产业作为推进农业产业化、加快群众增收步伐、建设绿色经济强县的支柱产业。截至 2017 年底，全县核桃种植面积达 107 万亩，年产量近 5.1 万吨、产值近 11.37 亿元。目前，该县正全力打造中国优质核桃种植基地，促进核桃标准化种植，积极打造中国优质核桃科研基地，推进核桃发展技术攻关。以建设中国优质核桃产品精深加工基地为依托，延伸了核桃发展产业链，建立核桃种质资源保存库，将漾濞打造成为我国优质核桃产品交易基地和优质核桃培育基地，树立核桃发展产业标杆。据介绍，下一步漾濞县将在核桃精

① 李树芬、王娇：《红河谷现代生态蔬菜产业园举行招商引资推介会》，《云南日报》2018 年 2 月 8 日，第 10 版。

② 蒋朝晖、陈克瑶：《玉溪休耕轮作 5 万亩耕地　可有效消减抚仙湖径流区农业面源污染》，《中国环境报》2018 年 4 月 9 日，第 6 版。

深加工和提质增效上下功夫，着力打造中国大理漾濞核桃产业园，延伸产业链、增加附加值，进一步推动“漾濞核桃”品牌建设，促进林农增收和乡村振兴①。

2018年5月9日，云南摩尔农庄生物科技开发有限公司完成了一系列先进技术改造提升工作，可综合利用核桃资源开发新产品，提高核桃附加值，延伸深加工产业链。公司将依托云南省丰富的高原特色生物资源，着力开发绿色健康的特色产品②。

2018年5月15日，百胜中国在云南启动“必胜客扶业计划”，将依托线下2200多家必胜客门店资源和百胜中国旗下包括必胜客品牌在内的、拥有众多活跃用户的APP，为符合质量标准的云南特色农产品提供稳定、持续的电商销售平台，推动云南绿色产业为云南省脱贫攻坚发挥更大作用。必胜客品牌总经理蒯俊透露，之前上市的必胜客松露系列产品已采购了5吨符合标准的云南松露。丽江市永胜县山依村村民张吉祥说：“采松露一年有六七万收入。”该县另一个松露采收农民李正华告诉记者，必胜客邀请松露专家培训村民，帮助村民提升采挖技术，改善和保护松露产区的生态环境，让永胜松露价格不断上升，李正华说：“现在一斤松露可以卖到几百元。”如果环境继续改善，松露价格将因质量提升而进一步提高，很多贫困户都可以靠松露脱贫。除松露之外，丽江还有多种绿色食材期待得到百胜中国这样的全国餐饮巨头关注。丽江市副市长王斌介绍，由于热带、温带、寒带气候在丽江均有分布，优质晚熟杧果、雪桃、软籽石榴等特色农产品具备了大规模发展条件，“百胜中国‘必胜客扶业计划’对于推动丽江松露产业发展、助推丽江脱贫攻坚起到了较好的示范带动作用。”云南的绿色优质食材，获得了包括百胜中国这样的大型餐饮集团高度关注。百胜中国首席执行官屈翠容说：“百胜中国结合自身丰富的供应链管理经验，将帮助云南贫困地区提升特色农产品种收水平和供应链管理能力，加大在云南打造精准扶贫项目的力度。”据悉，百胜中国已成规模采购云南咖啡、蔬菜等特色农产品，开展云南公益土豆等售卖活动，推进云南省绿色食品发展。云南省人民政府扶贫开发办公室副主任杨根全说：“绿色是云南最具潜力和竞争力的发展底色。”云南是我国高原特色农产品的重要生产基地，“‘必胜客扶业计划’为我们提供了发挥绿色优势、发展特色产业助推脱贫攻坚的新范例。”③

2018年5月18日，第三届云南橡胶产业发展（国际）论坛在昆明举行。本届论坛以“乡村振兴战略下橡胶产业的发展——使命与机遇”为主题，直面近几年来天然橡胶产业价格持续低迷，科技支撑不足，国内市场“小、散、弱”无序竞争，产业话语权和定价权不足等问题，300余名业界知名人士共同探讨如何通过资源整合、贸易合作、信

① 胡晓蓉：《漾濞入选全国林产业特色品牌建设试点》，《云南日报》2018年5月13日，第3版。

② 李秋明：《摩尔农庄深耕高原特色农业资源》，《云南日报》2018年5月10日，第1版。

③ 李继洪：《“必胜客扶业计划”促进我省松露产业化发展　绿色产业助力云南脱贫攻坚》，《云南日报》2018年5月16日，第3版。

息共享、技术交流、上下游有机互动等实现橡胶产业合作共赢。云南是我国天然橡胶主产区，云南省天然橡胶植胶面积近900万亩，占全国总面积的 50%；天然橡胶产量近 50 万吨，占全国总产量的55%以上。云南农垦集团相关负责人表示，云南农垦集团将引领云南天然橡胶产业发展，帮助和带领广大胶农走出天然橡胶价格“寒冬”，让橡胶产业在乡村振兴战略中发挥重要作用；以云南的胶林资源为起点，加强与东南亚国家在橡胶领域的合作，提升中国天然橡胶产业的话语权和影响力，为共同促进国际天然橡胶产业健康有序发展贡献力量①。

2018 年 5 月中下旬，为切实做好蔬菜生产工作，狠抓“菜篮子”产品供给，昆明市全面落实“菜篮子”市长负责制考核，树立绿色“昆菜”品牌，推动“菜篮子”工程蔬菜生产的持续健康绿色发展，不断满足人民群众日益增长的消费需求②。

2018年6月初，云南省招商合作局、云南省工业和信息化委员会率红河哈尼族彝族自治州、文山壮族苗族自治州、丽江市招商部门、芒市政府及相关园区负责人30人组成的招商团，赴河南举办“绿色食品牌”精准招商活动。招商团在郑州举行了“绿色食品牌”项目对接洽谈会，召开了服装产业座谈会，实地考察了三全食品、牧原集团、宇通客车、仲景宛西制药等一批行业龙头企业，突出宣传了云南省绿色食品产业基础、发展优势、发展特色及合作潜力，与部分企业达成了合作意向。据介绍，河南省政协原副主席、河南省豫商联合会会长陈义初，河南省豫商联合会秘书长张正林，云南省工商联副主席、云南省河南商会会长刘兴督出席项目对接洽谈会，并做了热情洋溢的讲话。云南省工业和信息化委员会副主任唐文祥就“绿色食品”产业发展思路、产业布局和投资优势做了介绍。红河哈尼族彝族自治州、文山壮族苗族自治州、丽江市招商部门及芒市政府负责人介绍了云南绿色食品发展潜力和合作空间，推出了食品产业重点合作项目。会议邀请了三全食品、天方食品、宇通集团、丝路天语电商等80余家企业负责人参加，企业代表就绿色食品和高原特色农产品生产、加工、销售等项目合作进行了交流。会前，招商团专门召开了服装产业座谈会，领秀服饰、千盛纺织、云顶服饰、娅丽达服饰等 11家知名服装企业负责人参会，双方就设立民族服饰研究所、建设服装产业园等达成合作意向，并明确来滇投资考察③。

2018 年 6 月 7 日，云南省委副书记、省长阮成发在云南省打造世界一流“绿色食品牌”工作领导小组会议上强调，要进一步优化调整打造“绿色食品牌”八个重点产业三年行动计划，把招商放在更加突出的位置，制定更加具体、更有吸引力、更具操作性的

① 王淑娟：《云南橡胶产业发展论坛在昆举行》，《云南日报》2018 年 5 月 19 日，第 3 版。

② 茶志福：《昆明市打造绿色“昆菜”品牌　全市今年蔬菜播种 150 万亩，产量达 300 万吨》，《云南日报》2018 年 5 月 17 日，第 7 版。

③ 张子卓：《我省赴河南举办“绿色食品牌”精准招商活动》，《云南日报》2018 年 6 月 4 日，第 8 版。

优惠政策，引进国内外一流企业入滇发展，推动“绿色食品牌”打造取得突破。听取了各重点产业三年行动计划、创名牌评优评先、绿色食品加工业十强企业评选、财政支持及项目资金管理、品牌培育、招商引资行动方案等工作情况汇报后，阮成发强调要瞄准目标任务，站在各产业发展制高点，对未来几年主要经济增长点、可能发生的行业革命性变化和涌现的新产品、新业态等进行深入分析研究，进一步优化调整重点产业三年行动计划；要大力开展创名牌评优评先活动，鼓励支持企业积极创名牌，对发展规模大、财税贡献度高以及科技创新能力强、成长性好的企业进行表彰奖励；要加大对企业设备投资、科技创新的财政支持，大力降低物流成本，并发挥好省市农业信贷担保体系作用，帮助农业龙头企业解决融资难等问题；要大力发展农产品地理标志和区域性品牌，加快推进绿色、有机农产品品牌和农产品质量安全追溯体系建设。阮成发强调，要按照“大产业+新主体+新平台”发展思路和“创品牌、育龙头、抓有机、建平台、占市场、解难题”要求，把招商放在更加突出的位置，研究制定土地、厂房、税收、物流等方面优惠政策，进一步细化工作措施，敞开胸怀欢迎国内外食品加工企业来滇发展，以招商引资工作带动“绿色食品牌”打造扎实推进①。

2018年6月中旬，为贯彻落实云南省人民政府打造世界一流“绿色食品牌”的战略部署和省领导有关指示要求，举全局之力统筹抓好“绿色食品牌”招商工作，云南省招商合作局成立以局长为组长的“绿色食品牌”招商工作领导小组和领导小组办公室，建立每周通报机制和半月调度机制，全力推进绿色食品招商。据介绍，领导小组将统筹领导开展“绿色食品牌”招商工作，研究“绿色食品牌”招商工作中的重要事项，协调解决涉及的重大问题。同时，建立每周通报机制，研究有关事项，部署阶段性工作任务。同时做好对州市相关产业招商的工作指导，加强与省级产业牵头部门的横向联系，落实“绿色食品牌”招商工作省级部门月通报等制度②。

2018年6月21日，云南省绿色食品（材）暨特色滇味伴手礼——“百城万店”启动仪式在昆明举行。今后，云南农垦集团将与云南餐饮与美食行业协会及各大餐饮企业等合作，共同为广大消费者带来最具云南特色的滇味食品，并开拓“绿色食（材）”产业链发展新模式。“云南省绿色食品（材）暨滇味伴手礼推广联盟”将采用全商业化运作模式，产品以云南农垦集团及云南餐饮与美食行业协会会员企业生产的绿色食品食材及滇味伴手礼为主。先期将在云南省129个县（市、区）中甄选10 000家符合条件的餐饮及饭店企业作为线下体验消费终端，通过产品展示柜向到店消费群体进行直观宣传，

① 陈晓波：《阮成发在省打造世界一流“绿色食品牌”工作领导小组会议上强调 以招大商推动“绿色食品牌”取得突破》，《云南日报》2018年6月8日，第1版。

② 张子卓：《省招商合作局成立“绿色食品牌”招商领导小组 全力推进绿色食品招商》，《云南日报》2018年6月19日，第2版。

并以扫描商品二维码方式实现线上交易。同时，项目将与全国30多个相关专业协会及多个国际行业组织进行联合推广，通过合理有效的利益链接机制，构建辐射国内外的营销网络。云南农垦集团相关负责人介绍，今后将依托云南省餐饮与美食行业协会、云南省旅游饭店行业协会巨大的会员群体和国内外资源整合平台，发挥云南农垦集团产业优势和渠道优势，联合16个州市餐饮协会、32个县区餐饮分会，共同挖掘云南绿色食品食材，研发滇味伴手礼系列产品，以“百城万店”活动为契机，链接国内外酒店、商场、餐饮企业以及电子商务平台，实现“线上线下”联动营销，实现“绿色食品（材）”产业链发展新模式[①]。

2018 年 6 月下旬，为深入贯彻落实云南省人民政府着力打造“绿色能源牌”的重要部署，云南省招商合作局按照云南省新能源汽车产业发展规划，坚持招大引强，紧盯长三角区域德资企业，加大新能源汽车配套产业项目招商力度，组织滇中新区、云南省能源局、嵩明杨林经济开发区相关负责人，在上海举办了云南省绿色能源产业对接洽谈会，重点推介和洽谈新能源汽车产业合作项目。舍弗勒、博世、库卡、睿服工业、艾斯姆国际、巴哈斯—桑索霍芬、戈海姆、傲朋贸易、动线网络设计咨询等 16 家新能源汽车及相关产业的德资企业共 20 名中国区域负责人受邀参加。云南省招商合作局、滇中新区、嵩明杨林经济开发区管委会相关负责人围绕云南打造世界一流“绿色能源牌”带来的投资机遇及重点招商项目做了介绍。库卡柔性系统（上海）有限公司首席执行官王江兵、德国戈海姆公司副总裁 UlrichSelig、睿服工业零部件（上海）有限公司中国区总裁韩义、上海纳恩汽车技术有限公司副总经理张伟琼等企业代表，以未来云南新能源汽车产业发展合作机遇为主题进行了交流，为进一步加强新能源汽车配套产业项目合作奠定了良好基础。活动期间，云南省招商合作局、滇中新区与上海天英微系统科技有限公司董事长李忠平举行了会谈，就 MEMS 传感器、智能硬件研发和生产、传感谷（智能传感器产业基地）、智慧产城融合试验基地等方面合作进行了洽谈；嘉茨商务顾问（上海）有限公司与滇中新区就打造产业新城项目进行了交流[②]。

第二节　云南省生态经济建设事件编年（7—12 月）

2018 年 8 月初，第二十届中国国际投资贸易洽谈会投资万里行之走进云南主宾省暨

---

① 王淑娟、刘子语：《“百城万店”共推云南绿色食品》，《云南日报》2018 年 6 月 22 日，第 3 版。

② 张子卓：《我省绿色能源产业推介洽谈会在上海举行》，《云南日报》2018 年 6 月 23 日，第 3 版。

云南“绿色食品”招商引资推介会现场，“绿色”成为最吸引眼球的颜色，“生态美”成为各方提及的高频词。云南凯普农业投资有限公司生产主管汪春雨边忙碌边介绍说：“我们相信，未来云南生态更美。”如今，注重环境保护的消费者越来越多，我们将努力在更好的生态环境里培养出更高品质的蔬菜。截至 2018 年底，该公司在昆明市沙朗白族乡有 3000 多亩种植基地，有 300 多个蔬菜品种，其中 90 多个品种获得了绿色食品认证。谈到云南省委、云南省人民政府提出把云南建设成为中国最美丽省份这一话题，汪春雨满脸激动。他说：“建设最美丽省份，对提高绿色食品的知名度和美誉度大有帮助。”他们的产品目前销往西南地区的沃尔玛超市和麦德龙超市各个网点，特别是获得绿色食品认证的品种在一、二线城市销量不错。共同努力建设最美丽省份，绿色蔬菜必将打开更大的市场。在推介会展示区，云南贡润祥茶产业开发有限公司的展位前有众多参观者，他们饶有兴致地品鉴包装精美的茶膏。贡润祥电商部负责人陈志兵告诉记者：“我们的产品都源自大树茶，树龄都在 100 年以上，对产品品质的最高要求就是绿色、纯天然，在千方百计保护产区生态环境的同时，也就是在追求品质，这也是企业安身立命之本。”陈志兵表示，现在茶园面向游客开放观光活动，也是希望大家共同关注云南的生态，增强对产品品牌的信任。当时，福建省云南商会会长杨彬在展区兴致勃勃地参观野生菌和即食花卉。她表示，自己这次回到云南，听闻家乡将建设成为中国最美丽省份十分自豪。希望云南学习借鉴其他地方在环境保护方面的先进经验，既把经济发展好又保护好生态环境，在发展的同时保证山美、水美①。

2018 年 8 月 3—5 日，第三届昆明国际新能源汽车展览会在昆明国际会展中心举行。新能源汽车、充电站（桩）及配套产品等集中展示，吸引了 52 000 人次专业观众，展会同期举办了中国（昆明）国际绿色物流发展高峰论坛②。

2018 年 8 月 10 日，为打造世界一流“绿色食品牌”，引进和培育一批省内外大型优质企业，促进云南绿色有机农业及食品产业投资，加快实现高原特色现代农业绿色化、有机化、规模化、品牌化发展，云南省财政厅、云南省工业和信息化委员会、云南省农业厅、云南省林业厅、云南省商务厅和云南省招商合作局经云南省人民政府同意，联合发布《云南省培育绿色食品产业龙头企业鼓励投资办法（试行）》，要求各州（市）人民政府、省直相关部门认真贯彻落实③。

2018 年 8 月 21 日，“云南澳门 2018 绿色食品招商推介会”在澳门贸易投资促进局商务促进中心举行。当天共吸引30多家澳门酒店采购商、餐饮业采购商、商超业采购

---

① 曹云波、韩成圆：《添美山水林田　做好绿色食品》，《云南日报》2018 年 8 月 8 日，第 3 版。

② 浦美玲：《新能源助力绿色物流发展》，《云南日报》2018 年 8 月 10 日，第 7 版。

③ 张子卓：《我省出台培育绿色产业龙头企业奖补办法　打造世界一流“绿色食品牌”》，《云南日报》2018 年 8 月 29 日，第 6 版。

商参会，云南3家企业最终与澳门合作方签订了贸易合同。云南省商务厅相关负责人在推介会上表示，云南省正聚焦茶叶、花卉、蔬菜、水果、坚果、咖啡、中药材、肉牛 8 个重点产业，加快推动形成一批综合产值上千亿元的大产业。截至当时，云南共建成10个出口食品农产品质量安全示范区，获得国家驰名商标的农产品有21个，有效认证“三品一标”农产品2049个，斗南花卉、普洱茶、文山三七等一批区域性品牌初步形成。推介会期间，“云品”同时在澳门中国国货公司“云品”连锁专卖店进行展示展销。下一步，“云品”澳门店将作为云南连通澳门及葡语系国家的一个重要枢纽，为加强滇澳双方长远经贸往来，促进云南绿色食品通过澳门逐步走向世界奠定坚实基础。推介会由云南省商务厅、云南省质量技术监督局、云南农垦集团主办，云南省餐饮与美食行业协会、昆明市商务局承办，云南品游科技有限公司、中国国货公司（澳门）、云南农垦高原特色农业有限公司进出口贸易分公司等单位协办①。

2018年8月28日，云南首单35亿元绿色金融债券由富滇银行在北京成功发行，填补了云南省在绿色金融债券市场的空白。募集资金将专项用于支持云南绿色信贷投放，定向为央行《绿色债券支持项目目录》内的节能环境保护、污染防治、清洁交通、资源节约与循环利用相关项目提供融资支持，助力云南打造“三张牌”。此次在全国银行间债券市场，以4.48%的价格发行的3年期35亿元绿色金融债券，市场认购踊跃。全场认购数超过发行额度的3.1倍，不仅引入了省外资金，打通了云南省绿色产业低成本的融资渠道，还对云南省发展绿色产业和绿色金融，培育实体经济绿色新动能具有重要示范意义。过去几年，富滇银行通过一系列政策安排和金融工具运用，以绿色金融为抓手，倾力打造环境更加友好的“绿色银行”。截至目前，已累计投放绿色信贷资金 185 亿元，优先支持绿色环境保护产业、生态环境治理项目，特别是拥有自主创新能力、自主知识产权、低消耗低排放的战略性新兴产业。其中，支持滇池湖滨生态修复、大理入湖河道综合治理工程，以及傣乡水城、芹菜塘水库、德厚水库等项目共计28.78亿元②。

2018年8月底，芒市新农业特色生态食品体验馆开业迎宾，前来购买原生态食材的市民络绎不绝。该馆是国际农业发展基金贷款芒市项目办支持的市场价值链延伸项目，由芒市一缘养猪专业合作社、芒市江东一碗水蔬菜种植专业合作社等共同经营。当时，公司在芒市设有四个专卖店、一个体验馆和一个电商平台，采取线下体验、线上下单、订单配送的模式，为消费者提供更多便捷的服务。据了解，该公司已带动新型农业经营主体20余家，解决了“平河洋芋”“田丘河流水鱼”“正康竹鼠”等名优生态农产品的销售难题，涉及1200余户农户，其中建档立卡贫困户约占30%③。

① 龙舟：《云南绿色食品走向澳门市场》，《云南日报》2018年8月25日，第3版。
② 李涉：《我省发行35亿元绿色金融债券》，《云南日报》2018年8月29日，第1版。
③ 管毓树：《芒市新农特生态食品体验馆开业》，《云南日报》2018年8月29日，第7版。

2018 年 9 月初，记者在距离普洱市区约 10 千米的“立体生态茶园”看到，茶树的种植及修剪都迥异于传统手法——采取多品种组合种植，修剪出一个平面及一个斜面共两个采摘面。80 多岁的老茶人肖时英告诉记者：“别看整个茶园面积仅 110 亩，里面种植的茶树品种多达 27 个，多品种组合种植，这是全国首创。”肖时英介绍，在防治虫害方面，茶园通过引入鸟雀和蜘蛛等害虫的天敌，同时在茶园散养土鸡的做法，取得了较好的防治效果。常见的茶树害虫有 40 多种，其中的 20 余种都可以被鸡消灭。进行多品种组合双行种植，能很好地错开春茶发芽高峰期，不同茶种可以优势互补，能增强对病虫害的抵御能力，可以防止水土流失，提高土地利用率，发挥抗旱防寒作用等。此外，多品种组合双行种植，再进行系统修剪，形成立体的两个采摘面，采摘面增加了一倍，茶叶产量也相应增加了一倍①。

2018 年 9 月 17 日，2018 年云南省优秀绿色食品加工业企业评选活动在昆明启动初评。评选活动旨在打造“绿色食品牌”，促进云南省食品工业企业发展壮大。经审核，符合条件可以参评的企业共有 121 户。其中，44 户参评“云南省绿色食品加工业 10 强企业”，77 户参评“云南省绿色食品加工业 20 佳创新企业”。2018 年以来，云南省工业和信息化委员会牵头制定《云南省优秀绿色食品加工业企业评选办法（试行）》和《云南省优秀绿色食品加工业企业评分细则》，并组织开展相关工作。评选活动包括网上申报、专家评审线上打分、统计等环节，在专家评审的基础上，由相关部门进行综合评定，确保评选工作公正、公平。初评结束后，将组织实地考评小组赴参评企业进行现场考察，对企业申报材料中食品安全、环境保护等内容进行抽查考评。云南省工业和信息化委员会相关负责人介绍，通过优秀绿色食品加工业企业评选等一系列举措，云南省将努力实现到 2020 年云南省食品工业企业主营业务收入达到 3000 亿元，培育年主营业务收入 50 亿元以上领军企业 5 户、30 亿元至 50 亿元龙头企业 10 户、10 亿元至 30 亿元骨干企业 25 户以上②。

2018 年 9 月下旬，云南省经济贸易投资促进代表团赴俄罗斯参加第 26 届莫斯科国际食品展。本届展会吸引了来自 60 多个国家和地区的约 3000 家企业参展。为落实云南省委、云南省人民政府打造“绿色食品牌”的部署，参展的云南代表团由来自怒江、保山、临沧、西双版纳等州市的15家企业和科研单位组成，产品包括茶叶、咖啡、坚果、核桃和水果等15个品种，是历届参展规模最大的一次。展会期间，云南国际商会等机构还将组织中俄工商企业项目对接洽谈合作会，进一步推进云南与俄罗斯工商界的商务合作。代表团团长、云南省政协副主席黄毅率团参展。莫斯科国际食品展自1992年以来每年举办一届，是企业打开俄罗斯及欧洲市场的重要平台和渠道。2010年以

---

① 李奕澄：《普洱打造“立体生态茶园”示范区》，《云南日报》2018 年 9 月 2 日，第 3 版。
② 胡晓蓉：《云南省优秀绿色食品加工业企业初评启动》，《云南日报》2018 年 9 月 18 日，第 2 版。

来，云南省商务厅连续 9 年组织企业参加莫斯科国际食品展，将云南产品推向了俄罗斯及其周边市场①。

2018 年 9 月 23 日，以“魅力虎乡 · 丰收双柏”为主题的双柏县首届“中国农民丰收节”特色农特产品评选大赛在县城查姆文化广场举行，当地群众和八方游客汇聚一堂，共庆全国第一个“丰收节”到来，共享“虎乡”优质农业特色产品，共品丰收的喜悦之情。在农业特色产品展示评比大赛上，以大米、玉米、南瓜、美人椒和魔芋为主的双柏县优质农业特色产品色泽诱人。通过对外观、大小、色泽、重量等综合评比，最终评出各类型组别的“王者”。当晚，双柏县还组织举办了农民丰收节暨“自强、诚信、感恩”文艺晚会，对近年来全县农业科技推广工作中做出突出贡献的 5 个先进集体、14 名先进个人和 16 名农民科技带头人进行了表彰。据了解，双柏县近年来始终坚持“三农”工作重点，以高质量发展为主线，以增加农民收入为核心，大力发展乡村旅游、蚕桑、烤烟、林业、畜牧等富民产业，扎实推动农业全面升级、农村全面进步、农民全面发展。统计显示，2018 年 1 月至 9 月，双柏县实现农业总产值 64 741 万元、增长 5.6%，实现农林牧渔业增加值 31 929 万元、增长 5.7%，呈现出小春生产持续丰收、大春生产丰产在望、晚秋生产起步良好、特色种植养殖业加快发展的良好势头②。

2018 年 9 月 27 日，云南省委副书记、省长阮成发在云南省打造世界一流“绿色食品牌”工作领导小组第 7 次会议上强调，要抓紧抓好绿色食品“十大名品”评选表彰和宣传推介工作，做强做优做大名优品牌，释放榜样力量，营造浓厚氛围，推动云南绿色食品产业快速健康发展。会议审议了2018年云南省名优农产品品牌评选结果，以及加快发展“一县一业”指导意见，听取了近期重点工作进展、“绿色食品牌”宣传、云南绿色食品国际合作研究中心筹建等工作情况汇报。阮成发指出，要抓实抓细评选工作，客观公正评选出具有代表性、影响力的云南绿色食品“十大名品”，树立榜样，表彰先进，形成正面激励的鲜明导向和推动产业发展的浓厚氛围；要加大宣传营销推介力度，不断扩大云南名优农产品品牌的知名度、影响力，让云南绿色食品深入人心；要进一步明确云南绿色食品国际合作研究中心定位，以服务绿色食品 8 个重点产业发展为目标，紧紧围绕当前瓶颈制约和未来发展方向，聚焦重点领域，汇集国内外一流专家，精选课题、深入研究，开展重大科研项目攻关，加快研究成果转化应用，推动云南绿色食品产业迅速占领行业制高点，为云南高原特色现代农业产业化发展提供有力支撑。阮成发强调，一要认真组织筹备好2018年绿色食品“十大名品”表彰会，站在新起点，对云南省上下进行总动员，推动云南绿色食品产业发展迈上新台阶；形成年度评选表彰机制，增强企业投身云南绿色食品产业发展的信心、决心。二要分门别类、逐一抓紧制定“十

① 李莎：《云南绿色食品亮相莫斯科国际食品展》，《云南日报》2018 年 9 月 21 日，第 3 版。

② 饶勇、苏晓燕、尹育才：《双柏生态农产品亮眼》，《云南日报》2018 年 9 月 25 日，第 3 版。

大名品”管理办法，建立完整的产品质量安全溯源体系，构建淘汰退出机制，以稳定的品质维护云南名品声誉。三要大力支持“十大名品”企业发展，充分听取企业的意见建议，全面掌握企业发展情况，进一步形成和落实务实管用的政策措施，切实帮助企业解决难题，促进企业加快做强做优做大，成为推动绿色食品8个重点产业发展的标杆。四要抓紧推进“一县一业”示范县建设，立足资源条件，加强论证、深度谋划，围绕全产业链找准主攻方向，优化产业布局，精心遴选示范县，强化支持指导，示范带动云南省“一县一业”加快发展[①]。

2018年10月11日，“绿色食品牌”强农惠农暨花卉产业论坛在昆明滇池国际会展中心举行。论坛旨在推进云南省打造世界一流“绿色食品牌”工作，促进昆明花卉产业健康发展，打造“世界春城花都”城市品牌。在论坛上，多名花卉行业专家及企业家围绕“云南鲜切花提质增效的思考和实践”“云南鲜切花市场发展趋势”“提高昆明花卉质量，改善花农生产和生活水平”“云南省花卉产业转型升级发展探讨”“花卉产业人才培养模式”五大专题进行分享，与现场嘉宾共同探讨如何做强做大昆明花卉产业[②]。

2018年10月11日，2018中国云南绿色发展高峰论坛举行。来自各级政府部门、社会组织、相关企业的代表及专家学者齐聚昆明，为云南争当全国生态文明建设排头兵、加快建设成为“中国最美丽省份”进行政策解读、积极建言献策。在论坛上，来自全国及云南省的政府部门、研究机构、行业协会、企业组织的代表，从绿色发展的综合阐释、理论探索、创新实践三大方面的30多个选题，分享精彩观点，进行互动交流。其中，政府部门负责人从不同领域、不同视角展示绿色发展的决策部署、政策措施、发展成效及下一步打算；研究机构的专家学者们发表了绿色发展相关领域的观点、见解和建议；行业协会和各企业展示了践行绿色发展的丰硕成果。论坛由第十四届中国昆明国际农业博览会组委会主办，云南大学和云南省特色产业促进会承办。论坛深入剖析云南走绿色发展之路的优势和短板、路径和建议，商讨云南绿色经济发展的未来方向[③]。

2018年10月20日，首届中国·昆明国际绿色食品投资博览会在昆明国际会展中心开幕。本届绿色食品投资博览会以“打造绿色品牌，共谋投资商机”为主题，旨在贯彻落实云南省委、云南省人民政府决策部署，发展八大重点产业及加快打造世界一流“绿色食品牌”，搭建绿色食品投资合作和交易市场平台，扩大云南省绿色食品市场影响力，提高云南省绿色食品市场的占有率，推进绿色食品有关大企业、大项目引进，推动云南省绿色食品产业转型升级。博览会展览面积2.5万平方米，吸引了境内外近400家

① 陈晓波、李绍明：《阮成发在省打造世界一流“绿色食品牌”工作领导小组第7次会议上强调抓好示范带动营造浓厚氛围　做强做优做大名优品牌　加快绿色食品产业发展》，《云南日报》2018年9月28日，第1版。

② 张雁群：《“绿色食品牌”强农惠农论坛举行》，《云南日报》2018年10月12日，第2版。

③ 浦美玲：《2018中国云南绿色发展高峰论坛举行》，《云南日报》2018年10月12日，第2版。

绿色食品知名企业参展，集中展示茶叶、花卉、蔬菜、坚果、咖啡等重点产业的优质农产品，以及绿色食品技术、设备、生鲜配送及冷链仓储等。此外，还专门设立了 16 个州市“绿色食品投资合作会客厅”，展示、推介云南省各地绿色食品优势资源和招商项目，为交流洽谈、投资合作搭建面对面的平台。全国人民代表大会常务委员会农业与农村委员会副主任委员李春生、副省长陈舜出席开幕式。同期还举行了由全国工商联农业产业商会主办的绿色农业高峰论坛，李春生等与会嘉宾作主旨演讲，共同探讨绿色食品发展路径。会议期间，石林彝族自治县、弥勒市分别与北京新合作商业发展有限公司签署战略合作框架协议。会后，部分参会企业还将赴曲靖市、文山壮族苗族自治州开展投资考察。本次会议由省投资促进局和省城市建设投资集团有限公司主办①。

2018 年 10 月下旬，在以“绿色发展·幸福生活”为主题的第十四届中国昆明国际农业博览会上，来自玉溪市的 30 家龙头企业以及 600 多种农业特色产品亮相，全方位推介玉溪优质生态农产品和高原特色农业发展成果。其间，举行了高原特色现代农业合作项目签约仪式，玉溪市农业局招商引进生物资源无害化处理项目 1 个，现场签约资金 8000 万元。在本届昆明国际农业博览会上，玉溪突出了高效农业、开放农业、精细农业、外向型农业的特点，充分展示了该市农产品品牌的形象，滇雪菜籽油、睿树弥猴桃、澄江藕粉、蓝莓饮料及玉溪市酱丰圆食品有限公司生产的农业特色产品一经推出便深受喜爱，现场实现销售额 73.47 万元；签约 7 家，签约金额 379 万元；16 家企业获得 88 个意向性订单②。

2018 年 10 月 30 日，云南省委副书记、省长阮成发主持召开云南省打造世界一流“绿色食品牌”工作领导小组第 8 次会议，与绿色食品生产企业家代表座谈交流。他强调，要紧紧围绕打造世界一流“绿色食品牌”目标，迅速构建政策扶持体系，加快培育新型农业经营主体，全方位推动绿色食品产业加快发展。阮成发开门见山、直奔主题，介绍了云南省打造世界一流“三张牌”推进情况，特别是“绿色食品牌”的“大产业+新主体+新平台”发展思路和“创名牌、育龙头、抓有机、建平台、占市场、解难题”等系列政策措施，希望企业家代表敞开心扉，说出心里话，畅谈各自的想法、困难和建议，积极为打造世界一流“绿色食品牌”出谋划策。云南农垦集团、普洱祖祥高山茶园、云海肴餐饮、云澳达坚果、锦苑花卉、嘉华食品、昆明虹之华园艺、顺宁坚果、良道农业、陕西海升果业等企业负责人，结合企业实际，对打造农业领军企业、加快国际化步伐、推进有机化发展、做强做优做大品牌、创新产业模式、加大政策扶持、有效破解融资难等方面，提出了有针对性的建议。阮成发一边听一边与企业家代表互动交流。他表示，大家的建议充分体现了抢抓机遇、投身云南绿色食品产业发展的信心和决心，

---

① 段晓瑞、李秋明：《首届中国·昆明国际绿色食品投资博览会启幕》，《云南日报》2018 年 10 月 21 日，第 2 版。
② 余红：《玉溪生态农产品农博会上受欢迎》，《云南日报》2018 年 10 月 25 日，第 11 版。

在大家的共同努力下，云南绿色食品产业一定会实现快速健康发展。他强调，要迅速制定出台加快构建政策扶持体系、培育新型农业经营主体的政策，大力实施新型农业经营主体培育工程，培育一批示范龙头企业、示范家庭农场、农民合作社示范社和农业产业化示范基地；支持新型农业经营主体充分发挥优势，参与现代化园区和特色小镇建设；发展农产品深加工和农业生产性服务业，支持新型农业经营主体以数字化推动一二三产业融合发展；开展信贷支农行动，深入实施农业保险，防范化解农业生产风险。要迅速制定出台支持有机食品产业发展的政策，抓住有机认证关键环节，突破瓶颈制约，发挥有机协会、有机联盟作用，加大对有机认证、土壤改良的支持力度，建立全链条追溯体系，全方位扶持有机食品产业发展，迅速占领行业制高点。要迅速制定出台加快农产品行业协会发展的政策，充分发挥市场作用，加强政府引导，规范市场行为，营造良好发展环境。要抓紧研究制定绿色食品“十大名品”管理办法，保障云南绿色食品品质声誉，推动绿色食品产业高质量跨越式发展①。

2018 年 11 月中旬，工业和信息化部发布第三批绿色制造名单，云南省共有 12 家单位入选。其中，工业和信息化部第三批绿色工厂名单中，云南省有 10 家单位入选绿色工厂，分别为耿马南华勐永糖业有限公司、沧源南华勐省糖业有限公司、云南岭东印刷包装有限公司、云南玉溪水松纸厂、楚雄市华丽包装实业有限责任公司、云南九九彩印有限公司、云南创新新材料有限公司、贵研资源（易门）有限公司、云南钛业股份有限公司、文山海螺水泥有限责任公司。此外，玉溪高新技术产业开发区入选第三批绿色园区，保山海螺水泥有限责任公司入选第三批绿色供应链管理示范企业。云南省工业和信息化厅相关负责人介绍，根据工业和信息化部要求，云南省将加强指导监督和检查管理，持续推动示范单位提升绿色制造水平。加强与相关产业政策的衔接，积极扶持先进绿色典型。充分发挥以点带面的示范作用，深入推进绿色制造体系建设各项工作，不断提升全省工业绿色发展水平。绿色制造工程是“中国制造 2025”五大工程之一。2016 年，工业和信息化部启动绿色制造体系建设示范单位、产品的创建工作。为加强对示范名单的监督管理，工业和信息化部将不定期开展抽查，对抽查不符合绿色制造示范要求的，特别是发生重大安全事故、环境污染问题的，将从示范名单中除名，并对示范单位及其第三方评价机构进行通报②。

2018 年 11 月中旬，为认真贯彻云南省委、云南省人民政府关于打造“三张牌”的总体部署，进一步加强绿色产业招商，云南省投资促进局相关负责人率省直机关及曲靖、红河、文山等州市招商部门人员，赴深圳开展了“绿色产业”精准招商活动。招商

---

① 李绍明、陈晓波：《阮成发主持召开省打造世界一流“绿色食品牌”工作领导小组第八次会议强调　迅速构建政策扶持体系　全方位推动绿色食品产业加快发展》，《云南日报》2018 年 10 月 31 日，第 1 版。

② 胡晓蓉：《云南 12 家单位上榜工信部 第 3 批绿色制造名单》，《云南日报》2018 年 11 月 11 日，第 1 版。

组分别拜访了深圳市农产品股份有限公司、中国检验认证集团深圳有限公司、望家欢农产品集团有限公司，召开了“云南省绿色产业项目对接洽谈会”。宣传推介了云南省打造“绿色食品牌”的区位环境、基础条件、发展思路和投资奖补政策措施等情况，重点介绍了云南省农副产品资源丰富、品类众多、品质优良及“云菜”“云果”的优势，激发了企业关注云南、投资云南的兴趣。此次精准招商活动，通过深圳中介机构充分了解投资商意愿，突出了精准性；针对目标企业量身定制了招商专案，体现了专业性；和目标企业高层务实对接，增强了有效性，成效明显。此外，招商组还召开了小型的“云南省绿色产业项目（深圳）对接洽谈会”，吸引了深圳智能高车、卓能新能源、新凌能源材料等 20 家企业参加，重点推介了曲靖液态金属及新能源、文山三七产业、红河高原特色农业及保税区建设等，并围绕云南省打造“三张牌”相关项目进行对接，获得了一批投资信息。下一步，针对相关企业的合作意向，云南省投资促进局将进一步调整完善招商专案，邀请企业高层赴滇考察，安排专人重点跟踪服务，组织相关部门参与推进，力争合作项目早日落地①。

2018 年 11 月 17 日，云南省首届绿色食品品牌论坛暨云投庄园绿色品牌发布会在昆明举行。论坛由云南投资集团、西南林业大学主办，以推进绿色发展为主题，邀请中国工程院院士朱有勇、康绍忠等10多位国内相关领域专家、学者，围绕云南打造“绿色食品牌”的决策部署，以科技引领、绿色健康、模式创新、市场体系、开放合作五大体系建设为主线进行演讲和探讨。论坛吸引了全国各地多家企业、专业机构参与，与云南投资集团等签署了多项合作协议，共同合作投资促进绿色食品产业发展。论坛期间，“云投庄园”绿色品牌公开发布。该品牌摒弃企业自己去投入种植—销售的传统“管道模式”，充分发挥云南投资集团投资运营的功能和专长，围绕“绿色质量认证体系+市场体系+金融体系”，以现代农业科技、现代农业金融和现代信息技术为支撑，打造农业现代化的扶贫产业平台+供应链平台+市场平台+金融服务平台联合体，搭建产销合一的“众创型”云端平台②。

2018 年 11 月 22 日，云南省人民政府办公厅发布《关于推动云茶产业绿色发展的意见》，提出到2022年，实现全省茶园全部绿色化，有机茶园面积全国第一，茶叶绿色加工达到一流水平，茶产业综合产值达1200亿元以上。茶产业是云南省的优势产业、特色产业、重点产业。为加快云茶产业提质增效、转型升级，从古茶树保护、茶园改造、严格品控、产业融合等方面提出 10 条意见。《关于推动云茶产业绿色发展的意见》明确表示，划定古茶园（山）保护区域进行针对性保护，严禁对古茶树进行移植、过度采摘，研究制定《云南省古茶树保护及开发利用条例》，规范古茶树资源科学保护

① 张子卓：《我省赴深圳开展“绿色产业”精准招商》，《云南日报》2018 年 11 月 12 日，第 8 版。

② 朱丹：《云南省首届绿色食品品牌论坛举行》，《云南日报》2018 年 11 月 19 日，第 3 版。

及开发利用，建立古茶树资源档案库；改良低效茶园，淘汰不合格茶园，合理确定有机茶园建设区域，持续扩大有机茶园规模，到 2022 年，全省有机茶园基地面积达到 150 万亩以上，其中，现代茶园 120 万亩、古茶园（山）30 万亩。围绕产品质量与品牌打造，《关于推动云茶产业绿色发展的意见》提出，制定《云南省茶叶初制所建设规范》，确保初制产品质量，到2019年底，全省茶叶初制所达到规范标准；支持企业新建、扩建标准化精深加工生产线，到2022 年，全省规模以上茶叶加工企业精深加工产品比重达到 80%以上；引导支持各地积极申报、创建地理标志产品，打造绿色云茶品牌，到2022年，全省创建茶叶地理标志、地理标志保护产品 30 个以上，重点打造区域品牌 20 个、企业品牌 10 个，做大做强普洱茶、滇红茶、滇绿茶 3 个公用品牌；鼓励支持各地、科研院校及企业制定修订云茶标准体系；加大普洱茶新品种选育，健全完善良种繁育体系，加大普洱茶重大科技攻关和技术应用；加大云茶产地、加工、流通、销售全过程产品质量安全可追溯体系建设。产业融合将是云茶产业发展的重要方向。

《关于推动云茶产业绿色发展的意见》明确要求：促进茶产业与文化、旅游、医药、物流、大健康等产业融合发展，加快中国普洱茶中心建设，充分体现“展示、交易、仓储、体验、科研、旅游”6 大功能；加大招商引资力度，打造一批茶叶龙头企业；鼓励支持各地各行业及茶企打造一批茶特色小镇、美丽茶乡村、家庭农场、秀美茶园、茶休闲观光主题公园，形成各具特色的茶文化旅游精品线路；加快创建国家农村产业（茶产业）融合发展示范园，扎实推进国家现代农业（茶叶）产业园及一批省级现代农业（茶叶）产业园建设，着力打造3个茶产业第三产业融合示范区。到2022年，全省评选认定100个美丽茶乡村、秀美茶园，4条茶文化旅游精品线路，打造30个茶产业综合产值 10 亿元以上重点县。云南省将加大对茶产业的政策支持力度，对面积 500 亩以上、获得国内外具有认证资质的机构绿色认证、有机认证的茶园，达到建设规范标准且验收合格的茶叶初制所，获得云南省“十大名茶”称号的，按照有关规定给予奖励①。

2018 年 11 月底，2018 年全国农产品产销对接行（云南）暨云南省绿色食品推介会在保山市举行。本次活动由商务部市场体系建设司、云南省商务厅、上海市商务委员会共同主办，中国蔬菜流通协会、保山市政府、怒江傈僳族自治州政府承办，旨在加强农产品产销对接、助力脱贫攻坚，为云南企业与全国优质农产品经销商、采购商搭建沟通桥梁。活动期间，举办了产销对接签约仪式，共签约合同金额 11.73 亿元。在推介会上，举办了保山市和怒江傈僳族自治州优质农产品专题推介、绿色食品招商项目推介等活动，腾冲市艾爱摩拉牛乳业有限公司、怒江老窝火腿产业开发有限公司等企业作了主题推介②。

① 段晓瑞：《我省出台意见 推动茶产业绿色发展》，《云南日报》2018 年 11 月 23 日，第 1 版。

② 贾云巍、李继洪：《全国农产品产销对接行暨云南省绿色食品推介会在保山举行》，《云南日报》2018 年 11 月 28 日，第 2 版。

2018年11月28日，云南省在昆明举行云南省2018年“10大名品”和绿色食品“10强企业”“20 佳创新企业”表彰大会。云南省委副书记、省长阮成发出席大会并为获奖企业颁奖，省委副书记李秀领主持大会。为深入贯彻习近平新时代中国特色社会主义思想和习近平总书记关于“三农”工作的重要论述精神，根据云南省委、云南省人民政府打造世界一流“绿色食品牌”安排部署，树立典型、扩大影响，加强品牌培育工作，进一步促进高原特色现代农业转型升级、提质增效、做大做强，全力打造世界一流“绿色食品牌”，云南省组织开展了2018年“10大名品”和绿色食品“10强企业”“20佳创新企业”评选活动。按照公开、公平、公正的原则，由企业自愿申报，经过州（市）、县（市、区）逐级审查、专家评审、省级审核、征求意见、社会公示等程序，经云南省委、云南省人民政府批准，评选表彰勐海茶业有限责任公司“大益”牌经典7542普洱茶（生茶）等“10大名茶”、云南锦苑花卉产业股份有限公司“锦苑”牌玫瑰鲜切花等“10大名花”、云南宏斌绿色食品集团有限责任公司“宏斌”牌小米辣等“10大名菜”、昭通绿健果蔬商贸有限责任公司“满园鲜”牌苹果等“10大名果”、云南三七科技有限责任公司“云三七”牌三七等“10大名药材”，以及云南达利食品有限责任公司等“10强企业”、香格里拉酒业股份有限公司等“20佳创新企业”。获奖企业代表勐海茶业有限责任公司、云南嘉华食品有限责任公司、曲靖佳沃现代农业有限责任公司负责人在会上发言。会议号召受表彰企业要珍惜荣誉，再接再厉，继续做大做强企业品牌和产品品牌；全省广大企业要以受表彰企业、产品为榜样，坚定投身打造世界一流“绿色食品牌”的信心和决心，加快发展步伐，为推动全省高质量跨越式发展做出贡献。纳杰、董华、陈舜、张国华、喻顶成、徐彬、杨杰出席并为获奖企业颁奖①。

2018 年 12 月 15 日，第 27 届中国食品博览会暨中国（武汉）国际食品交易会在湖北武汉开幕，云南共有18家企业参展，其中包括云南省2018年绿色食品“10强企业”2 家、“20 佳创新企业”8 家。丽江永胜边屯食尚养生园有限公司的展位成为“人气王”，该公司负责人周映梅介绍，本次参展的核桃生长于永胜高寒山区，带动当地种植户增收，是当地的“脱贫果”。作为云南绿色食品“20 佳创新企业”，丽江永胜边屯食尚养生园有限公司这次还展出了青刺果油、核桃油和红花籽油等高端产品。云南欧亚乳业有限公司湖北省经理熊军介绍，云南“好山好水好食品”的概念深入人心，很多客户从云南旅游回来后都要买云南的牛奶。品尝过西双版纳傣农农业科技有限公司带来的西双版纳小玉米的武汉市民表示，这种玉米让他们尝到了“云南味道”，希望在武汉市场能买得到。该公司销售总监马燕婕介绍，为了保持原汁原味的自然清甜，西双版纳小

① 李绍明、杨猛、陈晓波等：《我省表彰 2018 年“10 大名品”和绿色食品“10 强企业”“20 佳创新企业”》，《云南日报》2018 年 11 月 29 日，第 1 版。

玉米从采摘到生产保证在5个小时之内完成，没有任何添加剂和防腐剂，是真正的绿色食品。在云南展区，另一个“人气王”是获评云南省“10大名茶”的勐海茶业有限责任公司“大益”普洱茶展位①。

2018年12月中旬，云南东方皓月现代循环农业发展有限公司将22头基础繁育母牛分发给龙陵县22户建档立卡贫困户饲养，这是龙陵打造的现代生态循环农业稳定脱贫项目的一部分。龙陵县相关负责人介绍说：“项目将孵化带动68个肉牛养殖示范村集体经济年增收5万元以上，推动全县15 740户建档立卡贫困户63 918人实现稳定脱贫的目标。”据悉，龙陵县现代生态循环农业稳定脱贫项目，将在龙陵县建设1条年屠宰能力30万头肉牛的屠宰生产线、1座5万吨熟食加工厂、1座1000吨生物制品厂、1座年加工30万张牛皮的皮革制品厂、1座年加工20万吨反刍饲料的加工厂，以及现代化农产品冷链物流中心等项目。项目建成后，将直接安排就业4000人，间接带动就业3万人以上；实现总产值115亿元，实现利税7.81亿元，实现税收2.77亿元②。

2018年12月18日，总投资36.96亿元，涉及产业基础设施、工业项目、生态治理等多个领域的怒江绿色香料产业园在怒江新城破土动工。怒江绿色香料产业园规划用地5161亩，起步区用地840亩，一期投资7.5亿元。重点规划建设香料博览园区、香料种植示范区、香料深加工区、香料仓储及粗加工区、大宗香料交易区、附属产业园区、国家级香料育种区、特色香料种植区和特色村落组团等。依托丰富的香料资源，打造绿色香料产业园，对延伸香料种植业产业链、提高附加值，发展绿色生态支柱产业，拓宽新城区易地搬迁群众就业渠道，助力全州脱贫攻坚战，具有重要的推动作用③。

① 杨抒燕：《云南绿色食品走俏武汉食博会》，《云南日报》2018年12月16日，第2版。
② 李继洪：《龙陵推进现代生态循环农业项目》，《云南日报》2018年12月20日，第10版。
③ 李寿华：《怒江州兴建绿色香料产业园》，《云南日报》2018年12月21日，第1版。

第十一章　云南省生态法治建设事件编年

生态法治是持续推进强化生态文明建设的重要保障。截至 2018 年，云南在争当生态文明建设排头兵过程中，为保障九大高原湖泊及流域水环境综合治理、湿地保护、水土保持、森林保护、生物多样性保护、水资源保护等，通过制定和修订一系列条例，进行生态环境监督监管，推进生态立省、环境优先。从立法、组织保障、责任强化、严格执法等方面全力贯彻落实习近平总书记对云南要成为“生态文明建设排头兵”的定位要求，如批准制定和修订《大理白族自治州洱海保护管理条例》《迪庆藏族自治州草原管理条例》《西双版纳傣族自治州澜沧江流域保护条例》等一批单行条例，推进生态立省、环境优先；通过办案共挽回被损毁国有林地2316.48亩，保护被污染土壤217.5亩，督促治理恢复被污染水源地面积47 258.45亩，有关行政机关关停、整治217家造成环境污染的企业。云南通过科学立法、严正执法、公正司法和严格守法，进一步弥补了以往生态法治建设的缺位，保障生态文明建设持续推动。

第一节　云南省生态法治建设事件编年（1—6月）

2018年2月12日，“云南省生物多样性保护地方立法研究”课题成果专家咨询会召开，经过深入调研论证、多方推进制定的《云南省生物多样性保护条例（草案）》有望成为我国生物多样性保护的第一个地方性法规。“云南省生物多样性保护地方立法研究”是云南省人大常委会2017年重点研究课题之一，由云南省人大常委会环境与

资源保护工作委员会和西南林业大学共同承担研究任务。课题组组织云南省长期从事和研究生物多样性保护的知名专家和研究人员，经过半年的深入调查研究，在广泛征求相关主管部门和社会各界意见的基础上，形成长达6万余字的研究报告。

研究报告分析了我国及云南省生物多样性现状，生物多样性保护立法的现状和存在的问题，提出云南省加快生物多样性保护地方立法的重要性和紧迫性。在分析云南省生物多样性保护地方立法空缺的基础上，提出了云南省地方立法的基本思路，确立了地方立法应建立的主要法律制度。在咨询会上，由中国科学院院士孙汉董担任组长、来自14家单位的17名专家组成的专家组，认真听取课题汇报并进行交流和讨论，形成了咨询意见。

云南是中国的生物多样性宝库、全球重要的生物物种基因库。专家组认为，云南生物多样性十分丰富，生态环境非常脆弱，在全国率先探索生物多样性保护地方立法，既是云南省生物多样性保护和资源利用的客观需要，也体现了云南省深入学习贯彻党的十九大精神和生态文明建设新思想、新理念，主动融入国家发展战略，守护国家战略核心资源的重大责任和履行《生物多样性公约》国际责任的担当。从理论和实践的角度来看，生物多样性保护地方立法研究课题具有重大意义。课题研究报告立意清楚、目标明确、内容全面，提供的资料翔实、数据可信，与实际结合紧密，是云南省生物多样性保护与法制建设中的一项重要成果，将为云南省人大常委会审议《云南省生物多样性保护条例（草案）》提供重要的科学支撑。

专家组指出，生物多样性保护地方立法研究在国内尚属首次，在我国生物多样性保护法制建设研究中具有明显的创新性和示范性，不仅为云南省生物多样性的保护与利用提供了法律依据，同时为我国生物多样性保护立法奠定了重要基础。专家组建议课题组充分吸收与会专家的意见和建议，对研究报告进行认真修改、补充和完善后上报云南省人大常委会，并希望尽快制定颁布《云南省生物多样性保护条例》①。

2018年3月28日，建水县人民法院在第二法庭开庭审理了一起涉嫌污染环境案件，该案是云南省省级环境保护部门查办的首例涉嫌污染环境犯罪案。2017年5月下旬，云南省环境保护厅环境监察总队执法人员根据群众来信投诉，对建水县建新化工冶炼有限公司进行了现场检查。该公司是一家生产含砷产品的化工冶炼企业，犯罪嫌疑人利用渗坑排放有毒有害的含砷废水，涉嫌污染环境犯罪。2018年3月28日，建水县人民法院开庭审理此案，犯罪嫌疑人对公诉机关指控的事实供认不讳。法庭将择期宣判②。

① 蒋朝晖：《云南依托课题研究推进地方立法　专家提出建议，为省人大常委会审议〈云南省生物多样性保护条例（草案）〉提供科学支撑》，《中国环境报》2018年2月13日，第8版。

② 云南省环境监察总队：《云南省级查办的首例涉嫌污染环境案在建水县人民法院开庭审理》，http:// www.ynepb.gov.cn/zwxx/xxyw/xxywrdjj/201805/t20180503_179445.html（2018-04-09）。

2018 年 3 月 29 日，2018 年云南省环境监察工作会议提出，针对当前环境违法问题仍然突出、各地环境执法工作不平衡、环境监管能力不适应强化执法需要等环境监察执法工作面临的问题和困难，云南省环境监察执法工作将突出做好中央环境保护督察整改“回头看”准备、持续开展环境执法专项行动、深入推进实施工业污染源全面达标排放计划、持续开展环境保护法实施年活动、持续加强环境监察执法能力、妥善应对突发环境事件、落实全面从严治党主体责任 7 项重点工作。在做好中央环境保护督察整改“回头看”准备工作方面，云南省各级环境监察执法部门要加强监督检查。在4月30日前开展云南省突出环境问题排查整治，力争在中央环境保护督察整改“回头看”之前使突出环境问题较大幅度下降，环境质量有较明显提升。2018 年，云南省将持续开展集中式饮用水水源地环境保护、垃圾焚烧发电行业专项整治、打击固体废物及危险废物非法转移和倾倒行为、城市黑臭水体整治、长江经济带化工污染专项整治、自然保护区的排查和整治工作 6 个环境执法专项行动。在全面落实环境执法“双随机”制度的同时，继续强化按日连续处罚、查封扣押、限产停产、移送行政拘留等手段的综合运用。实施“三年持续行动计划”，即所有州市级、县级环境保护部门在三年之内，年年均有适用配套办法的案件。对环境质量差、执法力度小的地区采取通报批评、约谈等措施，推动其加大处罚力度。深入开展环境执法大练兵活动，重点针对立案、调查取证、案件审理、告知和听证、处罚决定书制作和下达、信息公开和报送等全过程的合法性和合规性进行专项练兵①。

2018 年 4 月是我国环境保护税法正式施行以来的首个征期，昆明市地税系统各基层征收单位都分别开出了首张环境保护税税票，标志着昆明市环境保护税在首个征期顺利开征。据介绍，进入首个征期的第一个工作日，昆明市共征收入库环境保护税 29 户，241 101.55 元。截至 4 月 9 日，昆明市已有 198 户纳税人通过办税大厅或网报系统申报缴纳环境保护税 1 094 714.24 元②。

2018 年 4 月 11 日，昆明市对 2018 年第一季度 50 余家企业的环境违法行为进行处罚，共处罚款9553.7万元；运用《中华人民共和国环境保护法》及四个配套办法办理四类案件 7 件，其中查封扣押 3 件，行政拘留 3 件，限产停产 1 件。2018 年以来，昆明市以水环境质量改善为核心，扎实抓好滇池流域专项治理、集中式饮用水源地专项行动、环境安全隐患排查、大气污染专项治理等环境监察执法重点工作。在系统推进水污染防治工作中，全面落实“水十条”重点任务，继续强化对金沙江流域、珠江流域以及滇池、阳宗海、牛栏江、螳螂川—普渡河、南盘江等重点流域企业的监管力度。如在滇池

---

① 蒋朝晖：《云南部署今年环境监察执法重点工作　抓实专项行动　严惩违法行为》，《中国环境报》2018 年 3 月 30 日，第 2 版。

② 和光亚、张月：《昆明市申报缴纳环境保护税突破百万元》，《云南日报》2018 年 4 月 20 日，第 4 版。

流域，市环境监察支队会同县（区）环境监察大队每周对36条滇池主要出、入湖河道周边企业进行监督检查，对企业违法向河道排放污水等行为严惩不贷[①]。

2018年4月11—14日，云南省和广西壮族自治区的省（区）、州（市）、县（区）三级执法人员齐聚云南省文山壮族苗族自治州，开展 2018 年滇桂跨界水污染环境联合执法活动。在活动期间，执法人员兵分两路，重点对滇桂跨界河流沿线开展生态环境、废水排放企业现场监察执法。在环境执法工作交流会议上，滇桂双方执法人员就进一步推进跨界河流水污染联防联控的思路和方法进行了面对面探讨。此次联合执法共查出两家企业涉及的10个问题，已分别移交云南省文山壮族苗族自治州广南县、富宁县环境保护部门立案查处[②]。

2018年4月底，生态环境部对河北省、云南省环境执法工作予以通报表扬。通报指出，2017 年以来，河北省、云南省紧紧围绕国家大气、水、土壤污染防治行动计划等重大部署，以改善环境质量为核心，以解决群众关心的突出环境问题为重点，全面推进环境执法工作，精准施策，查企督政双轨并行，持续加大执法力度，严厉打击环境违法行为，环境执法成效显著。其中，云南省在环境执法工作中的典型做法主要体现在以下方面：严惩重罚，持续打击环境违法行为；突出重点，持续开展环境保护专项行动；强化风险管控，依法维护群众权益；强化实战练兵，提升环境执法能力。通报提出，希望河北省、云南省各级环境保护部门再接再厉，始终保持从严打击环境违法行为高压态势，以严格执法促进产业转型升级和环境质量持续改善。各地环境保护部门要充分学习借鉴两省先进经验，根据本地实际情况，不断完善环境执法机制和能力建设，加大对环境违法行为惩处力度，为生态文明建设和环境质量持续提升做出积极贡献[③]。

2018 年 5 月，昆明已进入雨季，为避免汛期洪水把垃圾冲入河道和滇池，影响景观、污染河道，昆明市滇池管理综合行政执法局组织各相关县区滇池管理部门组成5个检查组，对五华、盘龙、西山、官渡、呈贡及晋宁的滇池湖滨带、入湖河道进行全面细致检查。检查分为两个阶段：第一阶段从5月9日至5月11日，主要对滇池湖滨带进行检查；第二阶段从5月14日至5月17日，主要对入湖河道进行检查。昆明市滇池管理综合行政执法局相关负责人表示，入滇河道水生生态环境得到了极大的改善和提升，生态功能得到了很大恢复。滇管部门将持续开展河道环境检查和综合执法专项整治行动，严厉打击捕捞水生动植物的行为，同时对各条河道及支次沟渠全线是否存在隐蔽排污口

---

① 徐飞、蒋朝晖：《昆明严惩重罚环境违法行为　一季度共对 50 余家企业罚款 9553 万元》，《中国环境报》2018 年 4 月 12 日，第 8 版，。

② 蒋朝晖：《滇桂两省区开展跨界联合执法　共查出两家企业涉及的 10 个问题，已分别移交文山州广南县、富宁县环境保护部门立案查处》，《中国环境报》2018 年 4 月 23 日，第 8 版。

③ 史小静：《生态环境部通报表扬河北云南环境执法工作　希望各地充分借鉴两省先进经验》，《中国环境报》2018 年 5 月 1 日，第 1 版。

以及河床淤积垃圾等情况进行细致检查。并加强沿江各区联动执法，齐抓共管形成合力，共同打击各类危害河道水生生态环境的违法行为，进一步提高市民的环境保护意识，保护来之不易的生态环境和景观①。

2018年5月底，罗平县启动万峰湖罗平辖区水域环境综合整治行动。罗平县环境保护、渔业、海事、公安、水务、综合执法等部门共50余人分乘4艘执法船，从乃格码头集中出发，顺流而行，开展联合执法行动。万峰湖是云贵高原上的一颗明珠，享有“万峰之湖，西南之最，南国风光，山水画卷”之美誉。湖深面广，美景天成。但随着万峰湖流域内城镇化、工业化水平的快速提高，城镇人口规模的不断扩大以及农村生活方式的改变，流域内生活污水及工业废水排放量日益增高，特别是无序化的网箱养殖、不规范的浮动设施致使水质变得越来越差，严重破坏了万峰湖生态环境。为此，滇黔桂三省区多次召开万峰湖环境综合整治专题会议，并先后启动了万峰湖环境整治行动。在综合整治行动中，执法人员利用广播宣传清理整治工作的重要性、必要性，让更多的群众知晓万峰湖环境综合整治工作。执法人员将罗平县政府整治通告送达到网箱养殖户和水上浮动设施经营户手中，并宣讲相关政策，对非罗平籍的贵、广两地养殖户，则积极开展宣传劝导撤离，并对部分网箱进行依法拆除。云南新海丰公司负责此次拆除工作的杨于中说：“我们公司的发展得益于政府的支持和帮助，现在我们有义务有责任配合政府开展好此次整治行动，同时我们公司也在升级转型中，目前已探索出一种环境保护绿色的养殖模式。”②

2018年6月5日，云南省纪委通报曝光了5起生态环境损害责任追究典型问题。它们分别是：丽江市永胜县人民政府和有关部门对程海镇辖区内企业违法排污问题监管不到位、查处不力，永胜县人民政府党组成员、副县长兼程海保护管理局局长关永明受到党内严重警告处分，永胜县政协副主席、程海保护管理局原局长李华受到行政记大过处分；永胜县环境保护局党组书记、局长李红刚受到党内警告处分，党组成员、副局长李德刚受到党内严重警告处分，执法监察原大队长张国受到党内严重警告处分并被免职；永胜县工业园区管委会副主任、永胜县程海保护管理局原党组书记李永文受到党内警告处分；永胜县程海保护管理局执法原大队长皮之强受到党内严重警告处分并被免职；永胜县程海镇党委委员、分管环境保护工作副镇长胡惠菊受到书面诫勉问责；永胜县程海镇党委书记汪文良、程海镇镇长罗树荣等2人受到提醒谈话处理。红河哈尼族彝族自治州蒙自市住房和城乡建设局弄虚作假，人为干扰环境空气质量检测活动正常进行，蒙自市住房和城乡建设局党委书记米贵良受到党内警告处分，局长张像瑞受到政务警告处分。大理白族自治州大理市环境保护局副局长杨少川对大

① 浦美玲：《滇管执法部门开展滇池湖滨带河道检查》，《云南日报》2018年5月17日，第7版。

② 刘景威、李鑁：《罗平重拳治理万峰湖水域环境》，《云南日报》2018年5月30日，第12版。

理市双廊镇北入口污水处理设施出现污水排入湿地流入洱海现象，双廊镇污水排入洱海的问题监督检查不到位，受到党内警告处分。楚雄彝族自治州禄丰县第一人民医院副院长胡宗瑜对该院在未取得排污许可证的前提下，擅自将医疗废物收集后，安排专人于夜间进行焚烧，焚烧炉未配备有效烟气处理装置，造成环境污染的问题监管不力，受到行政记过处分。迪庆藏族自治州维西县巴迪乡林业工作站站长曹国新对维西县康普乡某一单位超过采伐许可数量采伐林木，造成国家财产损失的问题监管不力，受到开除党籍和降低岗位等级处分。

2018年6月6日，为严厉打击建设项目环境违法问题，云南省环境保护厅召开新闻发布会，对云南省发现的涉及房地产、工业企业、旅游开发、畜牧养殖等方面的79个建设项目环境影响评价“未批先建”环境问题进行公开曝光，接受社会监督。主要违法项目问题表现在房地产项目“未批先建”环境违法问题突出方面。上述“未批先建”违法建设项目，违反了《中华人民共和国环境保护法》第十九条、《中华人民共和国环境影响评价法》第二十五条的规定，依据《中华人民共和国环境保护法》第六十一条、《中华人民共和国环境影响评价法》第三十一条的规定，各级环境保护部门已对79个建设项目中的57个环境违法行为予以行政处罚，共处罚金940.939万元，其余环境违法项目已立案。云南省环境保护厅已要求项目涉及的州（市）环境保护部门严格按照国家法律法规落实处理处罚等措施，并督促各相关州（市）切实加大整改力度。云南省环境保护厅相关负责人表示：今后，云南省将更加严厉打击建设项目环境违法问题，对发现“未批先建”的环境违法问题实行“零容忍”，坚决予以查处，对负有监管责任、存在失职的相关部门和人员按照相关规定严格执纪问责[①]。

2018年6月6日，由最高人民法院主办、云南省高级人民法院协办的“中芬环境司法研讨会”在昆明召开。在会上，最高人民法院、云南省高级人民法院和昆明市中级人民法院环境资源审判庭负责人分别介绍了中国和云南省环境资源审判工作情况，芬兰大法官代表团成员详细介绍了芬兰环境刑事制度及环境损害赔偿制度。双方围绕中芬环境资源保护制度、中芬水资源司法保护的理论与实践、探索多元共治纠纷解决机制、环境案件信息公开等内容进行了深入交流。双方表示，将彼此借鉴有益经验，充分发挥环境司法功能，更好地保护全球生态环境，保护人类共同家园。云南省高级人民法院院长侯建军出席会议并致辞，芬兰最高行政法院副院长、大法官卡瑞·库斯涅米致辞。在会上，我国最高人民法院环境资源审判庭与会法官分别介绍了中国水资源司法保护工作以及水污染防治工作的新进展，云南省高级人民法院及昆明市中级人民法院的与会法官介绍了云南省水污染司法保护工作和水污染案件的审理情况。中芬双方表示，将

① 胡晓蓉：《我省公开曝光79个环境违法建设项目问题　对建设项目环境影响评价“未批先建”环境问题“零容忍”》，《云南日报》2018年6月7日，第1版。

彼此借鉴有益经验，充分发挥环境司法功能，更好地保护全球生态环境，保护人类共同家园。会后，中芬双方与会法官将对云南滇池、抚仙湖等水资源和水环境的保护和治理工作开展实地考察①。

2018年6月6日，中央第四、五、六环境保护督察组进驻次日，就分别向江苏、广东、云南转办了首批环境信访举报案件。综合来看，江苏、广东首批转办案件大气污染问题占比最大，而云南首批转办案件则是水污染问题最多。6月6日下午，中央第六环境保护督察组向云南省转办首批环境信访案件，标志着此次“回头看”信访举报转办工作正式开始。据悉，从6月5日下午举报电话正式开通起，截至6月6日14时，督察组共接到有效举报电话31个，其中两个属于非环境保护问题，其余29个按规定向云南省转办。此次转办的29件群众举报中，15件被列为重点关注；从区域分布来看，涉及云南省16个州市中的12个，其中昆明市13件，占总数的45%；从问题类型来看，涉及水污染、大气污染等多个方面，其中反映水污染的最多，共12件，占总数的41%。第一个举报电话打进时间为6月5日17时40分，也就是中央第六环境保护督察组进驻云南动员会结束后1个小时，反映的是位于西双版纳傣族自治州的回龙山水电站阻断鱼类洄游通道、破坏当地生态环境的问题。在第一批交办信访件中，有两件是反映回龙山水电站的问题。同时，在第一批转办的信访件中，有2016年第一轮中央环境保护督察进驻期间群众反映过的问题，此次又接到群众的举报。进驻期间，中央第六环境保护督察组将分批向地方转办群众来信来电举报的生态环境问题。根据要求，云南省对于中央第六环境保护督察组转办的群众举报问题要件件有着落、事事有回音，切实做到问题查不清不放过、整改不到位不放过、责任追究不到位不放过、群众不满意不放过。云南省方面明确表示，将立即分解任务，制定整改计划和措施②。

2018年6月22日，为守护好石屏县旖旎的自然风光、优良的生态环境，石屏县人民法院充分发挥打击、预防、保护、联动等职能，采取“生态+司法”模式，积极为绿色石屏、秀美石屏建设提供坚强的司法保障和优质的法律服务。为了建立长效机制，创新完善生态司法保护体系，扎实开展生态保护工作，依法保障提升城乡人居环境工作有序推进，石屏县法院立足本职，制定印发《关于在提升城乡人居环境建设中做好司法服务和保障的意见》，就如何提升人居环境列出22项职责，引导全院干警积极投身到提升城乡人居环境行动中来。该院坚持用可持续发展的司法理念引领审判工作，严厉打击破坏生态文明的各类违法犯罪行为。近3年来，共审结涉环境资源类刑事案件37件，共计47人受到刑事责任追究。加大巡回审判，将生态保护意识宣传到百姓中间。鉴于生

---

① 尹瑞峰：《中芬环境司法研讨会在昆召开》，《云南日报》2018年6月7日，第2版。

② 步雪琳、刘晶、刘秀凤：《中央环境保护督察组向江苏广东云南转办首批举报件　要求解决人民群众身边的突出环境问题》，《中国环境报》2018年6月7日，第2版。

态环境被破坏后存在重构不可逆的特殊性，该院审判过程中秉承预防为先理念，努力营造群众关心支持和参与环境保护的良好氛围。倡导低碳减排，言传身教传播“绿色发展”理念。该院主动融入全县中心工作，关心环境保护、支持环境保护、参与环境保护，全力参与创建国家卫生县城、整治沿湖沿河村庄环境、提升城乡人居环境行动、移风易俗专项整治行动及异龙湖国家湿地公园管理管护巡护工作，影响和带动全社会参与生态文明建设①。

2018 年 6 月 25 日，云南省十三届人大常委会第三次会议通过了《关于修改〈云南省昭通大山包黑颈鹤国家级自然保护区条例〉的决定（草案）》。2009 年 1 月 1 日起施行的《云南省昭通大山包黑颈鹤国家级自然保护区条例》，是云南省按照全国人大常委会统一要求部署，及时修改的地方性法规之一。此次修改并已公布施行的新《云南省昭通大山包黑颈鹤国家级自然保护区条例》，进一步明确了大山包黑颈鹤国家级自然保护区核心区、缓冲区、实验区不同分区禁止行为的规定，并从严规定了相应处罚②。

2018 年 6 月底，云南省纪委通报曝光了 12 起生态环境损害责任追究典型问题。通报指出，一些地方、部门和领导干部对生态文明建设重视不够，政治站位不高，作风不严不实，监督管理不力，履职不到位，导致群众反映强烈的环境污染问题长期得不到有效解决，必须严肃追究责任。通报强调，建立并实施中央环境保护督察制度，是推进生态文明建设的重要制度创新。认真配合中央环境保护督察“回头看”工作，是云南省各级纪检监察机关当前的一项重大政治任务。云南省各级纪检监察机关作为政治机关，要牢固树立“四个意识”，深刻学习领会习近平生态文明思想，深入贯彻落实党中央和云南省委关于生态文明建设的决策部署，认真履行纪委、监委职能职责，科学、精准、有效开展生态环境保护领域监督执纪问责和调查处置，为云南省坚决打赢污染防治攻坚战、推动生态文明排头兵建设提供坚强的纪律作风保障③。

第二节　云南省生态法治建设事件编年（7—12 月）

2018年7月初，《云南生物多样性保护条例（草案）》提交云南省十三届人大常委

① 李树芬、罗茂娇、许玉坤：《石屏县法院为绿色石屏建设提供司法保障》，《云南日报》2018 年 6 月 22 日，第 9 版。

② 蒋朝晖：《云南修法加强大山包黑颈鹤保护　规定试验区内严禁建设与自然保护区保护方向不一致的参观、旅游项目》，《中国环境报》2018 年 6 月 26 日，第 8 版。

③ 杨富东、云季轩：《省纪委通报 12 起生态环境损害责任追究典型问题》，《云南日报》2018 年 6 月 30 日，第 1 版。

会第三次会议审议，引起各方关注。云南省率先开展生物多样性保护地方立法工作，云南生态立法再次走在全国前列。

2018年7月初，按照云南省委的安排部署，云南省纪检监察机关进一步加大对生态环境损害责任追究力度，协调督促有关部门对云南省发现的79个“未批先建”违法违规建设项目进行核查，对环境违法问题严肃问责追责。截至目前，共问责环境违法事件56起，问责人员63人，以其他方式处理49人，其中，县处级16人、乡科级79人、其他级别人员17人。7月2日，云南省纪委对11起典型事件进行了通报。通报指出，通报的典型问题反映出一些地方和单位有关负责同志抓生态环境保护的意识不强，作风不严不实，没有切实履行生态文明建设主体责任，监管不严格不具体，对违反生态环境保护政策法规的行为查处不力，导致“未批先建”等违法违规问题未得到及时有效解决，必然受到严肃处理。通报强调，习近平总书记在全国生态环境保护大会上强调，打好污染防治攻坚战时间紧、任务重、难度大，是一场大仗、硬仗、苦仗。各级纪检监察机关要认真学习领会和贯彻落实习近平生态文明思想和党的十九大关于生态文明建设的精神，牢固树立“四个意识”，以高度的政治责任感和历史使命感扎实开展生态环境保护领域监督执纪问责，加强监督检查，推动地方各级党委、政府及相关部门认真贯彻落实党中央和云南省委的决策部署，切实履行生态环境保护职责。要持续深化转职能、转方式、转作风，更加科学、精准、有效开展生态环境保护领域监督执纪问责和调查处置，对损害生态环境的问题，要真追责、敢追责、严追责，做到终身追责；对该问责而不问责的，也要切实追究责任①。

2018年7月3日，生态环境部“清废行动2018”核查“回头看”工作组在昆明组织召开座谈会，传达相关工作要求，听取云南省打击固体废物专项行动工作情况汇报。本次“清废行动2018”核查“回头看”工作旨在通过对前期发现的问题整改落实情况进行现场核查，了解各地工作部署和整改推进情况，督促各地按照督办要求，限期完成“清理、溯源、处罚、问责”整改工作。在会上，生态环境部相关领导听取了云南省组织开展打击固体废物环境违法行为专项行动情况汇报及下一步工作打算，包括云南省省级环境保护部门挂牌督办情况、问题整改进展情况和“举一反三”全面排查情况的汇报，查阅省级环境保护部门专项行动台账资料，确定核查工作的重点难点。会议指出，本次核查时间为7月1日至9日，在本次座谈会听取汇报后，有关单位需准备好相关资料，核查组将对照问题清单、督办要求和相关材料，对全部问题逐一现场核实、反馈情况。会议还对接下来的现场核查工作做了相关安排部署②。

---

① 杨富东、云季轩：《省纪委通报11起生态环境损害责任追究典型问题》，《云南日报》2018年7月3日，第1版。

② 云南省环境保护宣传教育中心：《生态环境部“清废行动2018”核查“回头看”工作组在昆明组织召开座谈会》，http://www.ynepbxj.com/hbxw/xjdt/201807/t20180704_182043.html（2018-07-04）。

2018年7月上旬，云南省纪委、监委通报曝光了8起中央环境保护督察“回头看”边督边改生态环境损害责任追究典型问题。通报指出，一些地方和单位的负责同志政治站位不高，作风不严不实，履行生态环境保护“党政同责”“一岗双责”不到位；一些负有生态环境和资源保护监管职责的工作部门的领导干部履职不力、失职失责；有的“敷衍整改”“表面整改”“应付整改”生态环境保护问题；有的表态多、行动少、落实差，对党中央和云南省委生态文明建设决策部署贯彻落实不力，对违反生态环境保护政策法规的行为查处不力，导致群众反映强烈的环境污染问题长期得不到有效解决，侵害群众切身利益，制约经济社会可持续发展，必须受到严肃问责。通报强调，党的十八大以来，习近平总书记围绕生态环境保护和生态文明建设提出了一系列新理念、新思想、新战略，形成了习近平生态文明思想。党的十九大紧扣我国社会主要矛盾变化，对决胜全面建成小康社会、打好污染防治攻坚战做出重大决策部署。云南省各级纪检监察机关要牢固树立“四个意识”，主动提高政治站位，认真履行职能职责，对生态环境保护不担当、不负责、不作为、慢作为、乱作为的严肃问责，督促云南省各级党委、政府切实担负起生态环境保护的政治责任，督促负有生态环境和资源保护监管职责的职能部门切实担负起监管责任，唤醒责任意识，确保责任落实，推动工作开展，为云南省打赢污染防治攻坚战、推动生态文明排头兵建设提供坚强的纪律和作风保障①。

2018年7月上旬，陆良县森林公安局接到群众举报，发现召夸镇支锅山村民小组有人在集体林地偷砍树木。接警后，该局4名民警火速奔赴现场。经查证，发现村民阮某某为了搭建种植三七的遮阴棚子，擅自到村集体林地砍伐林木。鉴于其认罪、悔罪态度较好，陆良县森林公安局除了对其进行严厉的批评教育外，还惩罚其到集体林地内补植补造了相当于被其砍伐树木数量10倍的幼树苗。陆良县现有森林资源148.9万亩，森林覆盖率仅为全县面积的35.9%②。

2018年7月底，昆明市检察院召开新闻发布会，在云南省检察机关率先出台了《昆明市检察院关于进一步加强生态检察工作的实施意见》，以办案的实际成效服务生态环境司法保护工作深入发展。昆明市检察院副检察长张黎介绍，2016年以来，全市检察机关按照昆明市委促进生态环境持续改善的决策部署，认真履行审查批捕、审查起诉职能，坚决依法打击盗伐滥伐林木、非法采矿、非法采砂、非法占用农用地等破坏环境、危害生态环境的刑事犯罪350件、497人；查处生态环境保护领域收受贿赂、失职渎职的国家工作人员19人。针对生态环境保护、国有土地使用权出让、国有资产保护等领域暴露出的问题，发出诉前检察建议130件，督促行政机关依法履职，努力纠正不作

① 杨富东、云季轩：《省纪委监委通报8起中央环境保护督察“回头看”边督边改生态环境损害责任追究典型问题》，《云南日报》2018年7月5日，第1版。

② 顾贵明、王虹、朱正洪：《陆良县　森林公安专项行动守护青山》，《云南日报》2018年7月13日，第8版。

为、乱作为问题。对提出建议后仍未正确履职的，提起行政公益诉讼 14 件，已判决 14 件，检察机关全部胜诉。通过司法手段切实维护国家和社会公共利益，其中办理的 3 个案件被最高人民检察院作为公益诉讼典型案例在全国发布推广。据介绍，《昆明市检察院关于进一步加强生态检察工作的实施意见》的出台可不断提升昆明生态检察工作规范化和生态环境治理法治化水平。其中重点突出三个特点：一是注重加强专业化建设，在检察机关内部探索设立生态检察机构或者专门办案组，着力构建“捕、诉、监、防”一体化工作机制，提高检察办案整体效能；对外加强与公安、法院和生态环境保护行政执法等部门的沟通联系，落实行政执法与刑事司法衔接、联席会议、文件会签、信息共享交流、案件会商通报等制度，形成环境保护领域司法执法的工作合力。二是注重拓展工作新领域，进一步将生态检察与公益诉讼相结合，持续加大生态环境保护类公益诉讼支持起诉工作力度，同时积极探索公益诉讼诉前工作，督促行政机关依法履行职责或者纠正违法行为，推动治理生态环境保护领域突出问题，最大限度保护受损公益，不断延伸生态检察监督的广度和深度。三是注重把“恢复性”司法理念引入生态环境司法案件办理全过程，坚持打击与修复并重，积极探索推行森林、水、大气、土地、矿产等资源领域的生态司法保护和修复模式，将资源破坏和环境污染的损失降至最低程度。据统计，相关案件审理过程中，有关部门按照要求已恢复、收回被违法占用的林地、耕地 1316 亩，整治复绿被污染、毁损的土地 550 亩，追回国有土地出让金、财政补贴资金 4098 万元①。

2018 年 8 月 7 日，云南省环境保护厅对饮用水水源地环境问题整改工作滞后的曲靖市、玉溪市、保山市、楚雄彝族自治州、文山壮族苗族自治州、丽江市、临沧市及其有关县（市、区）进行集中约谈。要求 2018 年底前，务必完成地级城市饮用水水源地环境问题整治。会议通报了 7 个州市在推进集中式饮用水水源地环境问题整改过程中不同程度存在的排查工作不彻底、整治工作不扎实、整治工作相对迟缓、水源保护基础工作相对薄弱等问题。云南省环境保护厅要求，各地要对标对表，从严从准从实，加快推进饮用水水源地环境问题整治工作，确保按照国家要求年内完成整治。要认真组织开展问题排查，做到举一反三，以专项行动为契机，把这些水源地历史遗留问题解决掉、解决好。科学合理制订整治方案，依据法律法规，结合实际情况和水源地环境保护的需要，自检自查，进一步明确整治措施和整治标准，确定责任单位、责任人、整治时限。加快推进问题整治，按照问题部署到位、整治到位、查处到位、追究到位、公开到位的要求抓好落实，按时按质整治到位。在会上，7个州（市）政府分管领导分别做了表态发言，表示对通报的问题照单全收，将深刻分析存在问题的原因，压实责任，改进方法，

① 熊明：《市检察院主动服务生态环境司法保护　两年来 497 人因破坏生态环境被追刑责》，《云南日报》2018 年 7 月 26 日，第 6 版。

强化督查，按期完成饮用水水源地环境问题整治任务[①]。

2018年8月上旬，云南省昆明市人民检察院召开新闻发布会，向社会发布《昆明市人民检察院关于进一步加强生态检察工作的实施意见》，公开一批公益诉讼典型案例。同时承诺，进一步强化工作举措，加大办案力度，提高司法水平，当好生态环境公益的守护者[②]。

2018年8月21—23日，为进一步提高云南省环境行政执法人员的业务水平和工作能力，适应生态文明建设新形势和环境保护工作新任务的要求，云南省环境保护厅在昆明举办2018年度环境行政执法培训班，来自云南省环境保护系统的50余名环境保护执法人员参加了此次培训，云南省环境保护厅法规处陈丽处长做了开班动员讲话。陈丽处长在讲话中强调了举办此次培训的目的和重要性，并从切实提高环境行政执法人员的基本素质，重视司法监督、提高行政执法水平，努力推动环境保护法律法规有效实施等方面提出了明确要求。此次培训除了邀请云南省法制办公室专家就重大行政决策合法性审查、法律顾问制度、行政处罚、行政复议和行政许可实务等方面进行授课外，还针对十九大以后我国法律法规出现的新形势和新变化，对新修订的宪法进行解读。另外，针对多年来环境刑事案件、环境公益诉讼案件逐年增加的状况，为加强行政执法和刑事司法的衔接，也特别邀请到了云南省高级人民法院环境资源法庭、云南省检察院环境资源检察处和云南省公安厅治安总队的领导授课，让大家从不同的角度来思考和认识对环境行政执法工作的要求，从司法的角度来反观日常环境行政执法。通过这次行政执法培训，环境保护系统行政执法人员进一步深刻领会了国务院和云南省人民政府关于法治政府建设的有关要求，熟悉和掌握了依法行政基本要义，对规范依法行政程序、方法和行为，提高法律素质和行政执法的能力和水平，在新形势、新常态下推动云南省环境行政执法工作起到了积极作用[③]。

2018年9月2日，楚雄彝族自治州人民政府在州政务中心召开全州集中式饮用水水源地环境问题整治暨黄标车治理淘汰工作推进会议。州委副书记、州长迟中华出席会议并作重要讲话，副州长邓斯云参加会议，会议由徐东副州长主持。会议全面通报了全州集中式饮用水水源地环境问题整治工作进展情况、存在问题和原因分析，提出了下一步工作要求。迟中华州长指出，全州各级各部门要充分认识开展集中式饮用水水源地环境问题整治工作的重要性，正视当前楚雄彝族自治州饮用水水源地环境保护问题，从严从

---

① 胡晓蓉：《省环境保护厅集中约谈问题整改滞后 7 州市　要求年底前完成地级城市饮用水水源地环境问题整治》，《云南日报》2018年8月8日，第2版。

② 蒋朝晖：《昆明市人民检察院加强生态检察工作　探索构建“捕、诉、监、防”一体化机制》，《中国环境报》2018年8月10日，第8版。

③ 云南省环境保护厅法规处：《云南省环境保护厅举办2018年环境行政执法培训班》，http://www.ynepb.gov.cn/zwxx/xxyw/xxywrdjj/201808/t20180827_184190.html（2018-08-27）。

实抓好问题整改，以强有力的举措全面完成饮用水水源地环境问题整治工作。迟中华州长强调，各县市人民政府和州级各部门要进一步强化属地责任，切实做到守土有责、守土负责、守土尽责；要强化工作标准，确保整改目标从严、整改措施从严、责任传导从严、整改销号从严、督办问责从严；要强化整改实效，各县市要按照“一个水源地、一套方案、一抓到底”的原则，建立问题清单整改销号制度，高标准、高质量完成各项整改任务；要强化督查问责，深入开展重点区域、流域、领域专项督查检查，对损害饮用水水源地生态环境的违法行为和履行饮用水水源地生态环境保护职责不到位、不作为、乱作为的行为，严肃追责、终身追责，对问题整改落实中存在的“表面整改”“假装整改”“敷衍整改”等形式主义、官僚主义问题，要实施最严厉的追责问责，绝不姑息迁就；要强化长效治理，进一步提升生态文明建设的能力和水平，以优异的成绩迎接国家即将开展的第二轮饮用水水源地环境保护专项行动督查，为推动全州高质量跨越式发展做出新的更大贡献。迟中华州长又指出，治理淘汰黄标车是一项政治任务、硬要求，全州各级各部门要进一步统一思想，提高政治站位，加快推进；要加大宣传力度，营造良好氛围；要压实责任，明确工作任务，倒逼进度，逐项列出清单，把任务落实到位；要密切关注社情民意，注重工作方式方法，制订应急预案，确保社会稳定；要加强督导检查，确保工作取得实效。邓斯云副州长对全州畜禽养殖污染防治和禁养区划定工作提出具体要求。在会上，楚雄彝族自治州人民政府与各县（市）人民政府签订了《楚雄彝族自治州集中式饮水用水水源地环境问题整治工作责任书》。州级国家机关有关部门主要负责人参加会议①。

2018 年 10 月 16 日，《云南省生物多样性保护条例》新闻发布会在昆明举行，云南省人大常委会办公厅、环境与资源保护工作委员会、法制工作委员会及云南省环境保护厅等有关部门负责人对《云南生物多样性保护条例》主要内容和特点进行权威解读。据介绍，《云南生物多样性保护条例》共 7 章 40 条，内容包括总则、监督管理、物种和基因多样性保护、生态系统多样性保护、公众参与和惠益分享、法律责任等。《云南生物多样性保护条例》将生物多样性的生态系统、物种和基因三个层次都明确为保护对象，规定采取就地保护、迁地保护、离地保存相结合的方式，建立生物多样性保护体系和网络。从保护措施上看，《云南生物多样性保护条例》从生物多样性的规划编制、调查与监测、行政执法、区域协作、公众参与、惠益分享、宣传教育等方面分别做出了具体规定。云南省人大常委会环境与资源保护工作委员会副主任董英说：“《云南生物多样性保护条例》突出了‘保护优先’的原则，为依法加强生物多样性保护奠定了坚实法制基础。”突出云南地方特色是《云南生物多样性保护条例》的重要特点。董英介绍，近年来，云南省在全国范围率先

① 楚雄州环境保护局：《楚雄州召开集中式饮用水水源地环境问题整治暨黄标车治理淘汰工作推进会议》，http://www.ynepb.gov.cn/zwxx/xxyw/xxywrdjj/201809/t20180907_184523.html（2018-09-07）。

发布了生物物种名录、物种红色名录和生态系统名录，引起很大反响。此次《云南生物多样性保护条例》将这一做法以地方法规形式予以明确，规定云南省人民政府环境保护主管部门应当组织编制本行政区域生物物种名录、生物物种红色名录和生态系统名录，并向社会公布。针对云南区位特点，《云南生物多样性保护条例》还明确规定，各级政府应支持在生物多样性保护领域开展国际合作，建立跨境保护合作机制，鼓励开展有利于生物多样性保护的项目合作和人才培养。省人大常委会法制工作委员会副主任谭丛说："目前国家层面还未出台关于生物多样性保护的上位法，云南省率先出台生物多样性保护地方性法规，将对健全我国生物多样性保护法规体系、推动国家开展相关立法起到积极促进作用。"此次出台《云南生物多样性保护条例》，是云南争当全国生态文明建设排头兵，把云南建设成为中国最美丽省份的重要举措，对保护国家生物多样性战略资源具有重要意义。云南省环境保护厅副厅长高正文表示，云南省各级环境保护部门将带头学习宣传《云南生物多样性保护条例》内容，认真执行相关规定要求，抓紧做好配套政策的制定和衔接，推动云南省生物多样性保护工作取得更大实效[①]。

2018 年 10 月 17—22 日，为贯彻落实党中央、国务院提出的长江经济带"共抓大保护、不搞大开发"的战略部署，全面提升跨界区域联合执法、环境应急工作水平，积极防范和化解环境风险，维护跨界区域环境安全，按照《滇藏两省区跨界河流水污染环境联合执法协议》工作要求，滇藏两省区开展了跨界河流环境保护联合执法工作，并召开执法工作交流会。此次联合执法由西藏自治区环境监察总队总队长张博、云南省环境监察总队副总队长陈玉松带队，云南省环境监察总队、西藏自治区环境监察总队、西藏自治区环境监测中心站、昌都市环境保护局、迪庆藏族自治州环境保护局、芒康县人民政府、芒康县环境保护局和德钦县环境保护局 8 个单位的负责人和相关工作人员参加，共出动人员 120 人（次）、车辆 8 台，重点检查两地交界区域的金沙江水质情况，现场检查了芒康县、德钦县、香格里拉市境内的西藏苏哇龙水电站（新建项目）、德钦县污水处理厂、昆钢鸿达水泥有限公司等 8 家工业企业环境保护设施运行、污染物排放情况。通过现场检查，发现 4 家企业不同程度地存在环境问题，昌都市、迪庆藏族自治州环境保护局分别下达了《限期整改通知》，要求芒康县、香格里拉市环境保护部门负责督促企业整改环境问题，确保整改到位。22 日上午召开的交流会上，昌都市和迪庆藏族自治州环境保护局相互通报了自 2016 年首次开展跨界河流环境保护联合执法工作以来的执法监管、环境监测、环境应急工作及其进展情况，讨论了当前工作中存在的亮点和一些问题，张博总队长、陈玉松副总队长分别交流了各地环境执法工作情况，就此次堰塞湖事件两省区完善跨区域应急联动工作机制、加强信息共享，共同推进应急能力建设，

① 瞿姝宁：《权威解读〈云南省生物多样性保护条例〉　立法保护生物多样性　建设中国最美丽省份》，《云南日报》2018 年 10 月 17 日，第 3 版。

夯实环境监管基础等工作提出了工作思路、工作方法[①]。

2018年10月20日，云南省纪委、监委对丽江拉市海省级自然保护区被长期违规侵占破坏以及整治不到位等问题进行了调查核实，对有关责任人做出严肃处理，云南省纪委、监委将有关情况进行了通报。通报强调，云南省各级纪检监察机关要深入学习贯彻习近平生态文明思想和党的十九大关于生态文明建设的精神，树牢“四个意识”，坚定“四个自信”，践行“两个维护”，形成政治自觉，以高度的政治责任感和历史使命感为生态环境保护领域的纪律保障工作履职尽责，加强监督检查，推动云南省各级党委、政府及其职能部门认真贯彻落实党中央和云南省委决策部署。要持续深化转职能、转方式、转作风，聚焦主责主业，更加科学、精准和有效地开展生态环境保护领域监督执纪问责和调查处置，对损害生态环境的地方和单位的领导干部真追责、敢追责、严追责，终身追责。要严肃查处在云南省污染防治攻坚战中表态多、行动少、落实差，尤其是阳奉阴违、弄虚作假等形式主义、官僚主义和突出问题，通过严肃问责促进责任担当、工作落实和整改到位，为云南省坚决打赢污染防治攻坚战、推动生态文明排头兵建设提供坚强的政治和纪律保障[②]。

2018年10月24日，丽江市纪委、监委对因丽江拉市海省级自然保护区被长期违规侵占破坏以及整治不到位等问题受到追责的 24 名责任人进行提醒谈话。丽江市纪委、监委相关负责人在谈话中指出，良好的自然生态环境对丽江经济社会发展至关重要，被追责者要牢固树立并切实贯彻创新、协调、绿色、开放、共享的发展理念，正确处理发展与保护的关系，坚决杜绝“杀鸡取卵、竭泽而渔”的短视行为，切实担负起生态环境保护的政治责任。丽江市纪委、监委要求，被追责者要加强学习，认真学习有关环境保护的法律法规；要进一步增强纪律意识，在执行上级要求中绝不能搞变通；要进一步端正工作作风，切实履行岗位职责；要树立大局观念，站在丽江可持续发展的角度，正确看待此次处分，举一反三，深刻吸取教训，不抱怨、不懈怠、不松劲，以更实的工作作风、更好的工作业绩回应问责。被谈话人说：“这次处分犹如一记警钟，警示我们环境保护红线绝不能触碰，对存在的问题，更不能以敷衍整改、表面整改、假装整改蒙混过关。”被谈话人表示，坚决服从组织的处理决定，在接下来的工作中，将深挖不作为、慢作为、推诿扯皮的思想根源，以更高的标准、更严的要求、更实的作风做好整改工作。据悉，云南省纪委、监委通报丽江拉市海省级自然保护区被长期违规侵占破坏以及整治不到位等问题问责情况后，丽江市纪委、监委已组成督查组督促有关部门对存在问

---

① 云南省环境监察总队：《滇藏两省区跨界环境保护联合执法活动圆满结束》，http://www.ynepb.gov.cn/hjjc/hjjcgzdt/201810/t20181026_185583.html（2018-10-26）。

② 杨富东、云季轩：《省纪委省监委通报丽江拉市海省级自然保护区被长期违规侵占破坏以及整治不到位等问题问责情况》，《云南日报》2018年10月21日，第3版。

题进行拉网式整改落实。下一步，市纪委、监委将进一步加强监督检查，督促有关单位和部门以最大的决心、最快的速度、最严的措施，强力高效完成整改工作任务①。

2018 年 11 月 15 日，云南省和西藏自治区联合开展了为期 8 天的跨界河流环境保护联合执法，并召开跨界流域执法工作交流会。按照《滇藏两省区跨界河流水污染环境联合执法协议》，滇藏两省区环境监察总队等 8 个单位共出动 120 人次，重点检查了两省区交界区域的金沙江水质情况，现场检查了芒康县、德钦县、香格里拉市境内的水电站、污水处理厂、水泥公司等 8 家工业企业的环境保护设施运行、污染物排放、应急管理等情况。现场检查发现，有 4 家企业不同程度存在环境问题。针对发现的问题，执法人员要求 4 家企业立即进行整改。在跨界流域执法工作交流会上，滇藏双方交流了环境执法工作情况。针对西藏山体滑坡导致金沙江主河道形成堰塞湖事件，滇藏双方就完善跨区域应急联动工作机制、加强信息共享、共同推进应急能力建设、夯实环境监管基础等提出工作思路和方法，研究了对策和措施。下一步，滇藏两省区将由相邻州市或县牵头，定期或不定期开展现场联合执法和环境应急联动工作，统一执法标准，完善风险防控管理，建立季度工作会商机制，加强信息共享，形成“共保、共防、共治、共建”的跨区域环境保护工作长效机制②。

2018 年 12 月 10 日、11 日，为加快推进《云南省环境保护条例》修订工作，增强条例的针对性和可操作性，云南省生态环境厅法规处陈丽处长、云南省环境科学研究院副院长钱文敏一行 5 人赴玉溪市、曲靖市开展立法调研。调研组分别在两地召开了调研座谈会，邀请了玉溪和曲靖两地的环境保护、司法、财政、农业、国土、水利、旅游、交通、规划、卫生、司法、公安等相关部门和当地主要企业参加。在会上，调研组认真听取了相关部门和企业在贯彻执行《中华人民共和国环境保护法》和现行《云南省环境保护条例》过程中遇到的主要问题和建议，重点讨论并听取相关部门及企业对《云南省环境保护条例（修订草案征求意见稿）》的具体意见。此外，还对云南省生态环境损害赔偿制度改革工作在两地的推进情况进行了调研。调研期间，调研组还对玉溪市饮用水源地保护、农业畜禽养殖清理、农村污染处理设施建设，曲靖市驰宏资源利用项目开展情况、城市污水处理设施向公众开放情况进行了现场调研。下一步，调研组将汇总调研中所提意见，尽快修改完善《云南省环境保护条例》③。

2018 年 12 月 12 日，云南省人大常委会环境与资源保护工作委员会、云南省生态环境厅在云南生态环境厅联合召开云南省贯彻实施《中华人民共和国土壤污染防治法》视

---

① 杨富东、杨丽丘：《丽江市纪委监委对因环境保护问题被追责的 24 名责任人进行提醒谈话》，《云南日报》2018 年 10 月 26 日，第 4 版。

② 胡晓蓉、蒋朝晖：《滇藏开展跨界河流环境保护联合执法》，《云南日报》2018 年 11 月 16 日，第 2 版。

③ 云南省环境保护厅法规处：《省生态环境厅开展〈云南省环境保护条例〉立法调研》，http://www.7c.gov.cn/zwxx/xxyw/xxywrdjj/201812/t20181212_186717.html（2018-12-12）。

频会议。云南省人大常委会副主任杨福生出席会议并讲话，云南省生态环境厅党组成员、副厅长杨春明主持会议。杨福生副主任强调：要充分认识《中华人民共和国土壤污染防治法》实施的重要意义，新颁布的《中华人民共和国土壤污染防治法》立法宗旨明确、制度主线清晰、监管措施严密、处罚违法有力，是继《中华人民共和国环境保护法》《中华人民共和国大气污染防治法》《中华人民共和国水污染防治法》修订后，全国人大常委会制定的又一部符合当前环境保护实际需要的专项法律。全省各级各部门一定要高度重视，从事关全省发展战略和定位，事关人民群众的根本利益，事关成为全国生态文明建设排头兵，事关成为全国最美丽省份的高度，充分认识新颁布的《中华人民共和国土壤污染防治法》实施的重要意义，切实增强责任感和使命感，把思想和行动统一到中央的精神上来，以贯彻施行《中华人民共和国土壤污染防治法》为契机，扎实推动解决云南省土壤环境保护存在的问题。杨福生副主任指出：要深刻把握《中华人民共和国土壤污染防治法》的重要内涵①。

① 云南省环境保护厅法规处：《要抓好土壤污染防治法贯彻落实 对污染土壤违法行为严惩重罚》，http://www.7c.gov.cn/zwxx/xxyw/xxywrdjj/201812/t20181214_186755.html（2018-12-04）。

参考文献

一、著作

周琼、杜香玉：《云南省生态文明排头兵建设事件编年》第一辑，北京：科学出版社，2017年。

周琼、杜香玉：《云南省生态文明排头兵建设事件编年》第二辑，北京：科学出版社，2017年。

二、期刊

何璇、毛惠萍、牛东杰等：《生态规划及其相关概念演变和关系辨析》，《应用生态学报》2013年第8期。

李志青：《“绿色化”：算好生态文明建设“政治账”》，《决策探索》2015年第4期。

刘慧娴：《争当生态文明建设排头兵——访云南省财政厅厅长陈秋生》，《中国财政》2013年第16期。

沈涛、朱勇生、吴建国：《基于包容性绿色发展视域的云南边疆民族地区旅游扶贫转向研究》，《云南民族大学学报》（哲学社会科学版）2016年第5期。

王学花、杨红艳：《云南省林下经济现状分析及发展对策》，《林业调查规划》2012年第6期。

张玉胜：《污染治理需作“长远计”》，《西部大开发》2015年第6期。

赵林、任秀芹：《开辟生态文明体制机制建设新路径》，《社会主义论坛》2018年第

3 期。
周琼：《探索中国最美丽省份建设的路径》，《社会主义论坛》2018 年第 9 期。
周琼：《云南省绿色发展新理念确立初探》，《昆明学院学报》2018 年第 2 期。

三、报纸

步雪琳、刘晶、刘秀凤：《中央环境保护督察组向江苏广东云南转办首批举报件 要求解决人民群众身边的突出环境问题》，《中国环境报》2018 年 6 月 7 日，第 2 版。
曹云波、韩成圆：《添美山水林田 做好绿色食品》，《云南日报》2018 年 8 月 8 日，第 3 版。
茶志福：《昆明出台条例规定编制城乡规划需进行环境影响评价》，《云南日报》2018 年 2 月 1 日，第 9 版。
茶志福：《昆明市委常委会提出 不折不扣抓好中央和省委环境保护督察整改》，《云南日报》2018 年 6 月 12 日，第 3 版。
茶志福：《李小三赴阳宗海考察时强调 高标准严要求推动阳宗海保护治理》，《云南日报》2018 年 4 月 20 日，第 3 版。
茶志福：《官渡区 10 年建成 4750 亩湿地》，《云南日报》2018 年 8 月 30 日，第 7 版。
茶志福：《官渡区全面开展河长制培训》，《云南日报》2018 年 10 月 11 日，第 6 版。
茶志福：《合力建设滇中绿色家园》，《云南日报》2018 年 8 月 3 日，第 5 版。
茶志福：《昆明市打造绿色“昆菜”品牌 全市今年蔬菜播种面积 150 万亩，产量达 300 万吨》，《云南日报》2018 年 5 月 17 日，第 7 版。
茶志福：《云南大学生态文明研究生 暑期论坛在昆举行》，《云南日报》2018 年 7 月 23 日，第 3 版。
茶志福：《持续 3 年开展市容环境整治提升》，《云南日报》2018 年 4 月 26 日，第 6 版。
陈飞：《环境保护画展吸引游客》，《云南日报》2018 年 7 月 17 日，第 1 版。
陈晓波、李绍明：《阮成发在省打造世界一流“绿色食品牌”工作领导小组第 7 次会议上强调抓好示范带动营造浓厚氛围 做强做优做大名优品牌加快绿色食品产业发展》，《云南日报》2018 年 9 月 28 日，第 1 版。
陈晓波、刘晓颖：《阮成发分别参加昭通市红河州普洱市代表团审议时强调 坚持绿色发展 决战脱贫攻坚》，《云南日报》2018 年 1 月 29 日，第 1 版。
陈晓波、张兵、马格淇：《交通运输部与滇粤桂黔 4 省区联合发布行动方案 合力推进珠江水运绿色发展》，《云南日报》2018 年 5 月 22 日，第 1 版。
陈晓波、朱东然、李文君：《我国国家公园建设试点——普达措国家公园 走出一条保护利用与民生发展双赢之路》，《云南日报》2018 年 10 月 17 日，第 3 版。
陈晓波、朱海：《阮成发在全省特色小镇创建工作现场推进会上强调 发挥特色小镇建设在助推实施乡村振兴战略、打赢脱贫攻坚战、打造健康生活目的地中的重要作用》，《云南日报》2018 年 8 月 20 日，第 1 版。
陈晓波：《阮成发在西双版纳州调研时强调 坚持生态优先绿色发展 全力打造世界旅游名城》，《云南日报》2018 年 5 月 13 日，第 1 版。
陈晓波：《进一步提高政治站位坚决抓好中央环境保护督察“回头看”问题整改》，《云南日报》2018 年 7 月 3 日，第 1 版。
陈晓波：《阮成发率队在昆明市检查督办中央环保督察“回头看”反馈问题整改落实情况时强调进一步提高政治站位 坚决抓好中央环境保护督察“回头看”问题整改》，《云南日报》2018 年 7 月 3 日，第 1 版。
陈晓波：《阮成发约谈有关州市政府和省直部门主要领导 要求坚决抓好中央环境保护督察“回头看”反馈问题整改落实》，《云南日报》2018 年 6 月 30 日，第 1 版。
陈晓波：《阮成发在省打造世界一流“绿色食品牌”工作领导小组会议上强调 以招大商推动“绿色食品牌”取得突破》，《云南日报》2018 年 6 月 8 日，第 1 版。
陈鑫龙：《以中药助推大健康产业发展》，《云南日报》2018 年 1 月 18 日，第 2 版。
陈鑫龙：《饮用水水质在线监测及预警系统项目启动》，《云南日报》2018 年 7 月 10 日，第 11 版。
陈鑫龙：《云南省全国低碳日宣传活动在昆举行》，《云南日报》2018 年 6 月 14 日，第 5 版。
陈鑫龙：《资源环境与生命科技创新发展高层论坛在昆举行》，《云南日报》2018 年 1 月 20 日，第 2 版。
陈怡希：《“作物多样性控制病虫害技术”推广应用 3 亿余亩 减少农药用量 53.9%以上》，《云南日报》2018 年 1 月 21 日，第 2 版。
陈怡希：《国家项目三七生态种植技术研发启动》，《云南日报》2018 年 7 月 24 日，第 11 版。
陈怡希：《云南大学云南生态文明建设智库入选中国核心智库》，《云南日报》2018 年 2 月 1 日，第 11 版。
陈怡希：《云南民族大学生态主题摄影展开展》，《云南日报》2018 年 6 月 7 日，第 12 版。
陈云芬：《应用红外相机“监测”哀牢山生物多样性》，《云南日报》2018 年 9 月 12 日，第 7 版。
程三娟、陈飞：《建言勐远仙境保护提升》，《云南日报》2018年10月18日，第4版。

储东华：《华侨城3企业合力打造特色小镇》，《云南日报》2018年8月25日，第1版。

戴振华：《“云大启迪杯”热带雨林挑战赛落幕》，《云南日报》2018年1月18日，第4版。

戴振华：《西双版纳开展澜沧江河道整治活动》，《云南日报》2018年2月7日，第4版。

戴振华：《中老开展跨境生物多样性联合保护交流》，《云南日报》2018年5月24日，第2版。

邓清文：《芒市：生态田园之美初现》，《云南日报》2018年1月22日，第11版。

邓清文：《芒市大河水质连续6月达标》，《云南日报》2018年1月22日，第9版。

杜京：《首届普洱（国际）生态文明暨第四届普洱绿色发展论坛在京举行》，《云南日报》2018年10月20日，第2版。

段晓瑞、李灵倩：《多排多征 少排少征 不排不征 环境保护税助力节能减排》，《云南日报》2018年8月18日，第1版。

段晓瑞、李秋明：《首届中国·昆明国际绿色食品投资博览会启幕》，《云南日报》2018年10月21日，第2版。

段晓瑞、张寅：《省委办公厅省政府办公厅通知要求认真落实生态环境部部署 禁止环境保护“一刀切”》，《云南日报》2018年6月6日，第1版。

段晓瑞：《首届“一带一路”生态文明 科技创新论坛在昆明举办》，《云南日报》2018年9月9日，第2版。

段晓瑞：《省政府公布第三批省级重要湿地名录 云南省省级重要湿地达31家》，《云南日报》2018年6月12日，第3版。

福映秋：《要看见河长看到实效》，《云南日报》2018年8月16日，第6版。

付田跃：《红河州政协 现场督察河长制推行情况》，《云南日报》2018年4月9日，第7版。

顾贵明、王虹、朱正洪：《陆良县 森林公安专项行动守护青山》，《云南日报》2018年7月13日，第8版。

管毓树：《洱海环湖截污工程将于6月底前投入运行》，《云南日报》2018年3月4日，第5版。

管毓树：《洱海生态环境保护划定蓝线绿线红线》，《云南日报》2018年6月11日，第6版。

管毓树：《芒市新农特生态食品体验馆开业》，《云南日报》2018年8月29日，第7版。

管毓树：《全州森林资源实现年度出数》，《云南日报》2018年8月29日，第7版。
管毓树：《特大型生物天然气工程在大理试运行》，《云南日报》2018年1月20日，第2版。
和光亚、张月：《昆明市申报缴纳环境保护税突破百万元》，《云南日报》2018年4月20日，第4版。
和茜、何俊祥：《丽江基本形成生物多样性保护网络体系》，《云南日报》2018年1月12日，第12版。
和茜、李露云、彭丽娟：《拉市海湿地监测到3个新物种 分别是彩鹮、钳嘴鹳、灰椋鸟》，《云南日报》2018年4月24日，第3版。
和茜：《张太原在宁蒗调研时强调压实责任精准发力 确保如期实现脱贫摘帽全面落实河（湖）长制要求》，《云南日报》2018年5月18日，第2版。
侯婷婷、王宁：《文艺界热议“把云南建设成为中国最美丽省份”》，《云南日报》2018年8月16日，第5版。
胡晓蓉、蒋朝晖：《滇桂两省区开展跨界联合执法 推进跨界河流水污染联防联控》，《云南日报》2018年4月25日，第1版。
胡晓蓉、蒋朝晖：《云南采取有效措施 严格实施排污管理》，《云南日报》2018年7月18日，第1版。
胡晓蓉、蒋朝晖：《我省全面排查自然保护区突出环境问题》，《云南日报》2018年6月4日，第2版。
胡晓蓉、蒋朝晖：《我省抓实饮用水水源地专项执法 18个环境问题完成整改并销号》，《云南日报》2018年1月29日，第2版。
胡晓蓉、李雯、姜昱岑：《中外专家聚昆共话国家公园保护与发展》，《云南日报》2018年8月16日，第2版。
胡晓蓉、王纬：《云南省去年免征民生建设项目森林植被恢复费逾1.5亿元》，《云南日报》2018年1月24日，第3版。
胡晓蓉、王云瑞：《云南省举行六五环境日宣传活动》，《云南日报》2018年6月6日，第1版。
胡晓蓉、杨晓莹：《国家下达云南省新一轮退耕还林还草任务330万亩 其中还林300万亩、还草30万亩，任务量居全国首位》，《云南日报》2018年1月29日，第2版。
胡晓蓉：《“绿色社区联盟”在昆成立》，《云南日报》2018年2月11日，第2版。
胡晓蓉：《“绿水青山中国森林摄影作品巡展”云南展开幕》，《云南日报》2018年8月21日，第4版。
胡晓蓉：《昆明机场开展节水周环境保护宣传》，《云南日报》2018年5月15日，第

3 版。
胡晓蓉：《澜湄水环境治理圆桌对话举行》，《云南日报》2018 年 3 月 23 日，第 7 版。
胡晓蓉：《普者黑和普洱五湖入选国家湿地公园 至此我省国家湿地公园升至 18 个》，《云南日报》2018 年 1 月 14 日，第 1 版。
胡晓蓉：《省环保宣教中心与省绿色环境发展基金会携手 启动爱心“绿色书屋”捐助计划》，《云南日报》2018 年 7 月 17 日，第 2 版。
胡晓蓉：《中央环境保护督察“回头看”我省边督边改工作推进会要求 强化责任担当全力配合督察“回头看”》，《云南日报》2018 年 6 月 23 日，第 1 版。
胡晓蓉：《我省已对 15 个行业 430 家企业发证，执行报告提交率达 97.2% 全面实施控制污染物排放许可制》，《云南日报》2018 年 8 月 24 日，第 1 版。
胡晓蓉：《生态环境部督查调研组到陆良县检查水污染防治工作》，《云南日报》2018 年 9 月 22 日，第 1 版。
胡晓蓉：《“七彩云南 美丽校园” 生态文明教育校园行启动》，《云南日报》2018 年 3 月 27 日，第 3 版。
胡晓蓉：《省第二环境保护督察组 向曲靖市反馈督察情况》，《云南日报》2018 年 6 月 3 日，第 3 版。
胡晓蓉：《省第三环境保护督察组向红河哈尼族彝族自治州反馈督察情况》，《云南日报》2018 年 5 月 19 日，第 3 版。
胡晓蓉：《省第一环境保护督察组向文山州反馈督察情况》，《云南日报》2018 年 2 月 6 日，第 3 版。
胡晓蓉：《省工信委加大力度狠抓中央环境保护督察反馈问题整改》，《云南日报》2018 年 7 月 23 日，第 1 版。
胡晓蓉：《省环境保护厅集中约谈问题整改滞后 7 州市》，《云南日报》2018 年 8 月 8 日，第 2 版。
胡晓蓉：《水环境质量保持稳定》，《云南日报》2018 年 5 月 6 日，第 1 版。
胡晓蓉：《推动森林云南建设 今年将完成林业投资 85 亿元以上》，《云南日报》2018 年 3 月 7 日，第 1 版。
胡晓蓉：《我省以中央环境保护督察“回头看”为契机扎实推进饮用水源地环境问题整治工作》，《云南日报》2018 年 7 月 7 日，第 3 版。
胡晓蓉：《漾濞入选全国林产业特色品牌建设试点》，《云南日报》2018 年 5 月 13 日，第 3 版。
胡晓蓉：《云南第二次全国污染源普查工作稳步推进 确定全面入户调查对象的数量为 50928 家》，《云南日报》2018 年 10 月 20 日，第 1 版。

胡晓蓉：《我省各地各部门加大环境保护督察“回头看”边督边改工作力度》，《云南日报》2018年6月27日，第1版。

胡晓蓉：《云南省公开曝光79个环境违法建设项目问题 对建设项目环境影响评价“未批先建”环境问题实行“零容忍”》，《云南日报》2018年6月7日，第1版。

胡晓蓉：《〈2017年云南省环境状况公报〉发布 云南省环境质量总体保持优良 生态保护指数居全国第二，空气质量优良天数比例居全国第一》，《云南日报》2018年6月14日，第1版。

胡晓蓉：《云南省开展“世界森林日”活动》，《云南日报》2018年4月3日，第3版。

胡晓蓉：《我省推进第二次全国污染源普查工作》，《云南日报》2018年2月6日，第3版。

胡晓蓉：《我省严格执行“回头看”边督边改责任追究工作》，《云南日报》2018年6月14日，第1版。

胡晓蓉：《云南省优秀绿色食品加工业企业初评启动》，《云南日报》2018年9月18日，第2版。

胡晓蓉：《央视〈新闻联播〉报道我省守护长江上游所取得的积极成效 云南守住生态屏障建设美丽家园》，《云南日报》2018年7月22日，第1版。

胡晓蓉：《全国各省（区、市）博览局共同签署〈昆明四月倡议〉 着力打造美丽中国建设的绿色会展样本》，《云南日报》2018年4月17日，第2版。

胡晓蓉：《中央第六环境保护督察组督察滇池治理》，《云南日报》2018年6月8日，第1版。

胡晓蓉：《中央第六环境保护督察组督察昆明市》，《云南日报》2018年6月10日，第1版。

胡晓蓉：《中央第六环境保护督察组将分组对云南省部分州市开展下沉督察》，《云南日报》2018年6月11日，第1版。

胡晓蓉：《中央环境保护督察“回头看”转办案件已办结227件》，《云南日报》2018年6月18日，第1版。

胡晓蓉：《中央环境保护督察“回头看”转办案件已办结346件》，《云南日报》2018年6月20日，第1版。

胡晓蓉：《中央环境保护督察“回头看”转办案件已办结415件》，《云南日报》2018年6月21日，第1版。

胡晓蓉：《中央环境保护督察“回头看”转办案件已办结484件》，《云南日报》2018年6月22日，第1版。

胡晓蓉：《中央环境保护督察“回头看”转办案件已办结534件》，《云南日报》2018

年 6 月 23 日，第 1 版。

胡晓蓉：《中央环境保护督察“回头看”转办案件已办结 589 件》，《云南日报》2018 年 6 月 24 日，第 1 版。

胡晓蓉：《中央环境保护督察“回头看”转办案件已办结 856 件》，《云南日报》2018 年 6 月 29 日，第 2 版。

胡晓蓉：《中央环境保护督察组向云南省移交受理举报问题材料》，《云南日报》2018 年 6 月 7 日，第 1 版。

胡晓蓉：《中央环境保护督察“回头看”转办案件已办结 161 件》，《云南日报》2018 年 6 月 17 日，第 1 版。

黄鹏、陆宏章：《生态环境部科考队赴麻栗坡开展野外科考》，《云南日报》2018 年 5 月 18 日，第 4 版。

黄鹏、王俊：《马关县：“改”出农村人居好环境》，《云南日报》2018 年 6 月 16 日，第 8 版。

黄鹏、张登海：《文山：清淤治污拯救母亲河》，《云南日报》2018 年 5 月 1 日，第 1 版。

贾云巍、郁云江：《龙陵小黑山保护区管护局揭牌成立》《云南日报》2018 年 1 月 11 日，第 11 版。

蒋朝晖、陈克瑶、郝雪静：《坚持绿色发展提升环境质量 云南两会代表委员为建设美丽云南建言献策》，《中国环境报》2018 年 3 月 6 日，第 6 版。

蒋朝晖、陈克瑶、郝雪静：《以点带面联合联动 整体推进环境宣教 云南首个绿色社区联盟成立》，《中国环境报》2018 年 2 月 13 日，第 5 版。

蒋朝晖、陈克瑶：《昆明强化工地扬尘污染防治 676 个工地纳入网格化监管》，《中国环境报》2018 年 4 月 2 日，第 6 版。

蒋朝晖、陈克瑶：《玉溪休耕轮作 5 万亩耕地 可有效削减抚仙湖径流区农业面源污染》，《中国环境报》2018 年 4 月 9 日，第 6 版。

蒋朝晖、陈克瑶：《云南加快监测网络建设 初步实现生态环境监测全覆盖》，《中国环境报》2018 年 11 月 5 日，第 2 版。

蒋朝晖、陈克瑶：《云南加强遗产地生态环境保护 禁止开山采石、挖砂取土等破坏资源环境活动》，《中国环境报》2018 年 8 月 7 日，第 2 版。

蒋朝晖、陈克瑶：《云南推进生态环境损害赔偿制度改革 探索在省、州（市）级律师协会设立生态环境损害赔偿纠纷调解机构》，《中国环境报》2018 年 9 月 26 日，第 8 版。

蒋朝晖、何正文：《楚雄州推进水源地整治 整改不落实将被严厉追责问责》，《中国环境报》2018 年 9 月 28 日，第 5 版。

蒋朝晖、李成忠：《保山市召开生态环境保护大会 全力抓好八大标志性攻坚战》，《中国环境报》2018 年 10 月 23 日，第 4 版。

蒋朝晖、石显尧：《迪庆创建全国最美藏区 争当藏区生态文明建设排头兵》，《中国环境报》2018 年 9 月 14 日，第 5 版。

蒋朝晖、吴殿峰：《云南黑龙江两省生态环境厅挂牌 实现生态保护统一监管》，《中国环境报》2018 年 10 月 26 日，第 2 版。

蒋朝晖、杨琳娟：《建立健全片长制 强化“三江”沿岸修复 怒江坚持问题导向促整改》，《中国环境报》2018 年 9 月 26 日，第 5 版。

蒋朝晖、张瑞芳：《云南省人大常委会视察环境资源犯罪立案监督工作 仍有五大难题待解》，《中国环境报》2018 年 10 月 11 日，第 8 版。

蒋朝晖、张月生：《大理白族自治州书记州长共抓洱海保护 采取强力措施，推动治理工作落地见效》，《中国环境报》2018 年 3 月 28 日，第 5 版。

蒋朝晖：《云南持续深化生态文明体制改革 2018 年重点推进 17 项改革》，《中国环境报》2018 年 8 月 13 日，第 2 版。

蒋朝晖：《昆明明确滇池保护治理目标 35 条入湖河道 2018 年要达标》，《中国环境报》2018 年 2 月 9 日，第 2 版。

蒋朝晖：《补短板提高排污许可证核发质量 开展评估自查，建立联合审查机制》，《中国环境报》2018 年 5 月 31 日，第 6 版。

蒋朝晖：《大理白族自治州督察整改责任具体到人 实行清单制限时整改 55 个问题》，《中国环境报》2018 年 3 月 15 日，第 5 版。

蒋朝晖：《滇桂两省区开展跨界联合执法共查出两家企业涉及的 10 个问题，已分别移交文山壮族苗族自治州广南县、富宁县环境保护部门立案查处》，《中国环境报》2018 年 4 月 23 日，第 8 版。

蒋朝晖：《东盟中心推动环境保护产业技术合作 宜兴—西双版纳专场举办，开展“一带一路”环保产业合作平台项目示范》，《中国环境报》2018 年 5 月 18 日，第 4 版。

蒋朝晖：《抚仙湖治理行动持续推进 玉溪实施八大行动，确保水质保持 I 类》，《中国环境报》2018 年 4 月 16 日，第 6 版。

蒋朝晖：《昆明召开生态环境保护大会 加快打造生态文明建设示范城市》，《中国环境报》2018 年 8 月 8 日，第 2 版。

蒋朝晖：《丽江建设金沙江绿色经济走廊 到 2050 年建成长江中上游绿色发展典范》，《中国环境报》2018 年 8 月 30 日，第 5 版。

蒋朝晖：《红河州委书记要求筑牢滇南绿色屏障 留住绿水青山 厚积发展优势》，《中国环境报》2018 年 8 月 9 日，第 5 版。

蒋朝晖：《加强监测网络建设 搭建监测数据平台 曲靖多方发力夯实环境监测基础》，《中国环境报》2018 年 3 月 23 日，第 5 版。

蒋朝晖：《九部门联合开展“绿盾 2018”专项行动 全面排查自然保护区突出问题》，《中国环境报》2018 年 5 月 31 日，第 6 版。

蒋朝晖：《大理州委书记要求全力抓好洱海保护治理 确保洱海水质稳定保持Ⅲ类》，《中国环境报》2018 年 2 月 12 日，第 6 版。

蒋朝晖：《昆明市委书记要求加大河道综合整治力度 确保进入滇池水质明显提升》，《中国环境报》2018 年 3 月 29 日，第 2 版。

蒋朝晖：《昆明市人民检察院加强生态检察工作 探索构建“捕、诉、监、防”一体化机制》，《中国环境报》2018 年 8 月 10 日，第 8 版。

蒋朝晖：《西双版纳加强生态环境保护 2020 年优良天数要达到 98%以上》，《中国环境报》2018 年 9 月 13 日，第 5 版。

蒋朝晖：《云南抓实农用地土壤污染状况详查 严格质量管理与监督检查》，《中国环境报》2018 年 5 月 31 日，第 6 版。

蒋朝晖：《云南副省长督导洱海保护治理工作时强调 有效削减洱海源头污染负荷》，《中国环境报》2018 年 3 月 27 日，第 2 版。

蒋朝晖：《玉溪着力保护抚仙湖星云湖 将完成两湖一级保护区 3.3 万人生态移民搬迁》，《中国环境报》2018 年 5 月 2 日，第 5 版。

蒋朝晖：《云南 2018 年要抓十个方面大事 确保生态环境质量位居全国前列》，《中国环境报》2018 年 2 月 14 日，第 2 版。

蒋朝晖：《河湖库渠全部实现了有人管、有制度管 云南 6 万多名河长盯牢水质》，《中国环境报》2018 年 1 月 4 日，第 2 版。

蒋朝晖：《云南发布生态系统名录 结构和质量总体稳定，面临生物多样性和天然林面积减少》，《中国环境报》2018 年 6 月 12 日，第 4 版。

蒋朝晖：《云南放管结合提升环评效能》，《中国环境报》2018 年 11 月 6 日，第 6 版。

蒋朝晖：《云南副省长巡查湖泊保护治理工作时强调 把空间管控作为保护第一措施》，《中国环境报》2018 年 3 月 22 日，第 2 版。

蒋朝晖：《云南攻坚克难推进生态创建 2020 年省级生态文明县要达五成》，《中国环境报》2018 年 11 月 6 日，第 6 版。

蒋朝晖：《云南建长效机制治理地沟油 抓好源头治理 加强各环节管控》，《中国环境报》2018 年 1 月 5 日，第 2 版。

蒋朝晖：《云南强化生态文明建设法治保障 全省 16 个州市可开展生态环保地方立法》，《中国环境报》2018 年 2 月 8 日，第 8 版。

蒋朝晖：《云南确保湿地面积不减少 2020 年湿地保护率不低于 52%》，《中国环境报》2018 年 2 月 6 日，第 4 版。

蒋朝晖：《云南深化环境监测改革 力争建立数据弄虚作假防范和惩治机制》，《中国环境报》2018 年 10 月 25 日，第 2 版。

蒋朝晖：《云南省生态文明体制改革工作会议提出 紧盯问题重点抓好 32 项改革任务》，《中国环境报》2018 年 1 月 2 日，第 2 版。

蒋朝晖：《云南省政协建言农村“两污”治理 推动解决农村生活垃圾和污水处理问题》，《中国环境报》2018 年 9 月 26 日，第 2 版。

蒋朝晖：《云南修法加强大山包黑颈鹤保护 规定实验区内严禁建设与自然保护区保护方向不一致的参观、旅游项目》，《中国环境报》2018 年 6 月 26 日，第 8 版。

蒋朝晖：《云南依托课题研究推进地方立法 专家提出建议，为省人大常委会审议〈云南省生物多样性保护条例（草案）〉提供科学支撑 》，《中国环境报》2018 年 2 月 13 日，第 8 版。

蒋朝晖：《云南抓实饮用水水源地专项执法 存在的 18 个环境问题已完成整改并销号》，《中国环境报》2018 年 1 月 19 日，第 8 版。

蒋朝晖：《云南省委书记陈豪检查抚仙湖保护治理等工作 抓好保护治理让好水世代留存》，《中国环境报》2018 年 8 月 6 日，第 1 版。

蒋朝晖：《云南部署今年环境监察执法重点工作 抓实专项行动 严惩违法行为》，《中国环境报》2018 年 3 月 30 日，第 2 版。

康平：《赵金在程海省级湖长会议上提出 从严从实落实责任有力推进程海保护治理》，《云南日报》2018 年 5 月 28 日，第 2 版，。

李承韩、王兴刚、欧阳婷婷：《云南电网 17 条措施促清洁能源消纳》，《云南日报》2018 年 8 月 29 日，第 2 版。

李继洪：《“必胜客扶业计划”促进我省松露产业化发展 绿色产业助力云南脱贫攻坚》，《云南日报》2018 年 5 月 16 日，第 3 版。

李竞立：《昆明市7个工业园区 按时完成污水处理设施整改》，《云南日报》2018年1月 28 日，第 2 版。

李茂颖：《云南 湿地资源实行面积总量管控》，《人民日报》2018 年 1 月 10 日，第 14 版。

李秋明：《摩尔农庄深耕高原特色农业资源》，《云南日报》2018 年 5 月 10 日，第 1 版。

李莎：《云南绿色食品亮相莫斯科国际食品展》，《云南日报》2018年9月21日，第3版。
李莎：《云南省发行35亿元绿色金融债券》，《云南日报》2018年8月29日，第1版。
李绍明、陈晓波：《阮成发主持召开省打造世界一流“绿色食品牌”工作领导小组第八次会议强调 迅速构建政策扶持体系 全方位推动绿色食品产业加快发展》，《云南日报》2018年10月31日，第1版。
李寿华、施劲强：《贡山调整种植结构保护生态》，《云南日报》2018年5月27日，第3版。
李树芬、何永明：《稀有印度宽距兰“现身”大围山自然保护区》，《云南日报》2018年2月2日，第5版。
李树芬、罗茂娇、许玉坤：《石屏县法院为绿色石屏建设提供司法保障》，《云南日报》2018年6月22日，第9版。
李树芬、王娇：《红河谷现代生态蔬菜产业园举行招商引资推介会》，《云南日报》2018年2月8日，第10版。
李树芬：《绿色生态扮靓红河大地》，《云南日报》2018年5月17日，第1版。
李翕坚：《省文明委发出〈通知〉 开展“我为美丽添光彩”志愿服务》，《云南日报》2018年8月13日，第3版。
李秀春、和茜、康平：《程海：保护优先绿色发展》，《云南日报》2018年4月30日，第1版。
李奕澄：《普洱打造“立体生态茶园”示范区》，《云南日报》2018年9月2日，第3版。
李玉洁、沈浩：《嘉禾乡开展“河长清河行动”》，《云南日报》2018年3月21日，第10版。
廖兴阳：《昆明出台2018年“菜篮子”工程蔬菜生产指导意见 蔬菜产地产品农残速测合格率不低于96%》，《昆明日报》2018年5月8日，第4版。
刘景威、李勰：《罗平重拳治理万峰湖水域环境》，《云南日报》2018年5月30日，第12版。
刘祥元、郑彬、朱边勇：《德宏发现菲氏叶猴全国最大种群》，《云南日报》2018年1月15日，第1版。
刘祥元：《保护生态环境下苦功求实效》，《云南日报》2018年2月28日，第10版。
龙舟：《云南绿色食品走向澳门市场》，《云南日报》2018年8月25日，第3版。
马玉龙等：《我省各地干部群众热议建设中国最美丽省份 在生态文明建设和环境保护中 体现新担当展现新作为》，《云南日报》2018年7月22日，第1版。

穆王成：《草莓成为致富果》，《云南日报》2018 年 1 月 19 日，第 3 版。
浦美玲：《1 至 7 月昆明空气质量优良率 98.58%》，《云南日报》2018 年 8 月 21 日，第 6 版。
浦美玲：《2018 中国云南绿色发展高峰论坛举行》，《云南日报》2018 年 10 月 12 日，第 2 版。
浦美玲：《30 万尾土著鱼放流滇池》，《云南日报》2018 年 1 月 4 日，第 3 版。
浦美玲：《400 名师生参与滇池志愿保护行动》，《云南日报》2018 年 5 月 31 日，第 7 版。
浦美玲：《滇池草海水质力争年内达Ⅳ类》，《云南日报》2018 年 2 月 13 日，第 7 版。
浦美玲：《滇池将设保育区供鱼鸟栖息繁殖》，《云南日报》2018 年 8 月 16 日，第 5 版。
浦美玲：《滇池流域河长公示屏亮相》，《云南日报》2018 年 5 月 17 日，第 10 版。
浦美玲：《滇池水生态管理中心成立》，《云南日报》2018 年 7 月 22 日，第 3 版。
浦美玲：《滇池水务污水处理技术行业领先》，《云南日报》2018 年 4 月 26 日，第 1 版。
浦美玲：《滇管执法部门开展滇池湖滨带河道检查》，《云南日报》2018 年 5 月 17 日，第 7 版。
浦美玲：《昆明年内实施 160 余个滇池保护治理项目》，《云南日报》2018 年 2 月 28 日，第 1 版。
浦美玲：《昆明全力防控滇池蓝藻水华》，《云南日报》2018 年 5 月 15 日，第 7 版。
浦美玲：《去年 20 座污水处理厂净化污水 52000 余万立方米》，《云南日报》2018 年 2 月 6 日，第 7 版。
浦美玲：《新能源助力绿色物流发展》，《云南日报》2018 年 8 月 10 日，第 7 版。
瞿姝宁、黄喆春：《部分在滇全国人大代表专题视察滇池保护治理工作并建议——建立科学长效的保护治理机制》，《云南日报》2018 年 10 月 22 日，第 8 版。
瞿姝宁、杨猛：《省委常委会召开扩大会议强调 坚决贯彻落实习近平生态文明思想 切实担负起生态环境保护政治责任 陈豪主持》，《云南日报》2018 年 9 月 9 日，第 1 版。
瞿姝宁：《地方立法先行 撑起生态保护伞》，《云南日报》2018 年 7 月 2 日，第 7 版。
瞿姝宁：《权威解读〈云南省生物多样性保护条例〉 立法保护生物多样性 建设中国最美丽省份》，《云南日报》2018 年 10 月 17 日，第 3 版。
瞿姝宁：《省人大常委会评议我省 2017 年度环保工作 努力把云南建设成为中国最美丽省份》，《云南日报》2018 年 9 月 21 日，第 1 版。

瞿姝宁：《省人大常委会党组理论学习中心组举行集中学习强调 推动云南省生态文明建设取得新进展》，《云南日报》2018 年 9 月 22 日，第 2 版。
瞿姝宁：《我省大气污染防治条例立法推进会在昆举行 云南大气污染防治地方性法规年内出台》，《云南日报》2018 年 8 月 18 日，第 2 版。
瞿姝宁：《我省在全国率先出台生物多样性保护地方性法规 〈云南省生物多样性保护条例〉明年起施行》，《云南日报》2018 年 9 月 22 日，第 1 版。
饶勇、李绍辉、杨德祥：《楚雄市获评“国家森林城市”》，《云南日报》2018 年 3 月 31 日，第 3 版。
饶勇、苏晓燕、尹育才：《双柏生态农产品亮眼》，《云南日报》2018 年 9 月 25 日，第 3 版。
沈浩、李汉勇、王福蓉：《西南四省（区、市）自然资源督察联席会议在普洱召开》，《云南日报》2018 年 11 月 1 日，第 2 版。
盛廷：《陈豪在昆明市参加义务植树活动时强调 构筑绿色生态屏障 建设七彩美丽家园》，《云南日报》2018 年 6 月 30 日，第 1 版。
盛廷：《陈豪在玉溪市检查抚仙湖保护治理工作时强调坚决贯彻共抓大保护不搞大开发战略导向 扛起政治责任 强化使命担当 让抚仙湖 I 类水质世代留存下去》，《云南日报》2018 年 8 月 4 日，第 1 版。
盛廷：《陈豪要求落实责任边督边改 全力支持配合中央环境保护督察“回头看”工作》，《云南日报》2018 年 6 月 8 日，第 1 版。
史小静：《生态环境部通报表扬河北云南环境执法工作 希望各地充分学习借鉴两省先进经验》，《中国环境报》2018 年 5 月 1 日，第 1 版。
锁华媛、杜香玉：《国内专家的殷殷寄语》，《云南日报》2018 年 7 月 27 日，第 4 版。
谭雅竹：《省委常委、曲靖市委书记李文荣——打响“大珠江源”绿色品牌》，《云南日报》2018 年 8 月 3 日，第 3 版。
谭雅竹：《昆明曲靖携手巡查牛栏江》，《云南日报》2018 年 8 月 7 日，第 2 版。
谭雅竹：《曲靖市加快环境问题整改工作》，《云南日报》2018 年 8 月 22 日，第 2 版。
田静、陈晓波、张寅：《全省生态环境保护大会强调切实增强生态文明建设和环境保护紧迫感责任感 牢记习近平总书记嘱托 扛起时代使命担当 为把云南建设成为中国最美丽省份而努力奋斗 陈豪阮成发讲话 李秀领主持 李江出席》，《云南日报》2018 年 7 月 24 日，第 1 版。
田静、张寅、段晓瑞：《中央第六环境保护督察组对云南省开展“回头看”工作动员会在昆明召开》，《云南日报》2018 年 6 月 6 日，第 1 版。
田静、张寅：《全面提升云南生态文明水平努力建设成为中国最美丽省份》，《云南日报》2018 年 7 月 18 日，第 1 版。
田静、张寅：《省委常委会召开扩大会议强调 深入学习贯彻习近平生态文明思想坚决打好打胜云南污染防治攻坚战 陈豪主持》，《云南日报》2018 年 5 月 22 日，第 1 版。
王淑娟、刘子语：《“百城万店”共推云南绿色食品》，《云南日报》2018 年 6 月 22 日，第 3 版。
王淑娟：《“绿色食品宣传月”活动启动》，《云南日报》2018 年 4 月 3 日，第 3 版。
王淑娟：《长江水利委督导检查工作组来滇 督查长江入河排污口整改提升工作》，《云南日报》2018 年 2 月 3 日，第 2 版。
王淑娟：《牛栏江—滇池补水工程高分通过档案专项验收》，《云南日报》2018 年 8 月 17 日，第 3 版。
王淑娟：《省政府在昆举行新闻发布会 云南省河（湖）长制工作实现良好开局有力推动生态文明排头兵建设》，《云南日报》2018 年 6 月 28 日，第 4 版。
王淑娟：《云南省积极推进 五级河（湖）长制》，《云南日报》2018 年 3 月 28 日，第 1 版。
王淑娟：《云南橡胶产业发展论坛在昆举行》，《云南日报》2018 年 5 月 19 日，第 3 版。
王淑娟：《专家聚昆为云南乡村振兴建言献策》，《云南日报》2018 年 1 月 18 日，第 2 版。
王淑娟、胡晓蓉、李承韩等：《从我做起让美丽云岭大放异彩——我省各地干部群众热议把云南建设成为中国最美丽省份》，《云南日报》2018 年 7 月 27 日，第 4 版。
王烨、李林：《红河州首个自然能新型提水项目试通水》，《云南日报》2018 年 1 月 19 日，第 10 版。
王永刚：《思茅区——绿色 GDP 占比达九成》，《云南日报》2018 年 2 月 27 日，第 4 版。
王云瑞：《抚仙湖径流区耕地休耕轮作有序推进 目前已完成土地流转 1.7 万亩》，《云南日报》2018 年 4 月 2 日，第 1 版。
伍平：《60 台智能环境保护渣土车在昆交付使用》，《云南日报》2018 年 6 月 4 日，第 5 版。
熊明：《市检察院主动服务生态环境司法保护 两年来 497 人因破坏生态环境被追刑责》，《云南日报》2018 年 7 月 26 日，第 6 版。
徐飞、蒋朝晖：《昆明严惩重罚环境违法行为 一季度共对 50 余家企业罚款 9553 万元》，《中国环境报》2018 年 4 月 12 日，第 8 版。
薛永璧、张雯：《“一吞一吐”污水变清泉》，《云南日报》2018 年 7 月 25 日，第 12 版。

杨富东、杨丽丘：《丽江市纪委监委对因环境保护问题被追责的 24 名责任人进行提醒谈话》，《云南日报》2018 年 10 月 26 日，第 4 版。

杨富东、云季轩：《省纪委监委通报 8 起中央环境保护督察“回头看”边督边改生态环境损害责任追究典型问题》，《云南日报》2018 年 7 月 5 日，第 1 版。

杨富东、云季轩：《省纪委省监委通报 9 起生态环境损害责任追究典型问题》，《云南日报》2018 年 6 月 23 日，第 1 版。

杨富东、云季轩：《省纪委省监委通报丽江拉市海省级自然保护区被长期违规侵占破坏以及整治不到位等问题问责情况》，《云南日报》2018 年 10 月 21 日，第 3 版。

杨富东、云季轩：《省纪委通报 11 起生态环境损害责任追究典型问题》，《云南日报》2018 年 7 月 3 日，第 1 版。

杨富东、云季轩：《省纪委通报 12 起生态环境损害责任追究典型问题》，《云南日报》2018 年 6 月 30 日，第 1 版。

杨官荣：《昆明已启动 7.28 平方公里海绵城市建设》，《昆明日报》2018 年 6 月 19 日，第 1 版。

杨峥、雷桐苏：《“洗菜池工程”不让污水流入洱海》，《云南日报》2018 年 6 月 5 日，第 11 版。

杨峥、雷桐苏：《大理洱海环湖截污工程 首座下沉式再生水厂试运行》，《云南日报》2018 年 1 月 7 日，第 1 版。

尹朝平：《熊慧代表：让环境保护与脱贫“比翼双飞”》，《云南日报》2018年1月28日，第 5 版。

尹瑞峰：《李秀领在全省农村人居环境工作会议上强调 改善农村人居环境 建设美丽宜居乡村》，《云南日报》2018 年 5 月 31 日，第 2 版。

尹瑞峰：《省检察院省水利厅省河长办召开协调推进会 形成依法治水管水兴水合力筑牢长江上游生态安全屏障》，《云南日报》2018 年 8 月 16 日，第 2 版。

尹瑞峰：《中芬环境司法研讨会在昆召开》，《云南日报》2018 年 6 月 7 日，第 2 版。

尤祥能：《维西永春河：综合整治 河畅水清》，《云南日报》2018 年 5 月 15 日，第 1 版。

余红：《保卫抚仙湖雷霆行动实现时间过半任务过半》，《云南日报》2018 年 1 月 24 日，第 3 版。

余红：《保卫抚仙湖“雷霆行动”受到媒体持续关注 变“靠水吃水”为“养水吃水”》，《云南日报》2018 年 1 月 3 日，第 1 版。

余红：《“雷霆行动”责任清单完成整改验收 抚仙湖保护治理三年计划启动》，《云南日报》2018 年 3 月 30 日，第 1 版。

余红：《玉溪市出台《关于全面加强生态环境保护坚决打好污染防治攻坚战的实施意见》要求——突出重点 全面推进 着力加强生态环境保护》，《云南日报》2018年10月25日，第10版。

余红：《星云湖加快污染底泥疏挖 年底消除星云湖劣Ⅴ类水质》，《云南日报》2018年1月13日，第3版。

余红：《玉溪生态农产品农博会上受欢迎》，《云南日报》2018年10月25日，第11版。

岳晓琼：《护好绿水青山 收获生态红利》，《云南日报》2018年6月22日，第9版。

云季轩：《省纪委通报曝光5起生态环境损害责任追究典型问题》，《云南日报》2018年6月6日，第2版。

张登海、胡俊：《广南县：以“河长制”促河长治》，《云南日报》2018年6月16日，第8版。

张雯：《德泽水库放流8万尾 牛栏江珍稀特有鱼类》，《云南日报》2018年9月30日，第1版。

张潇予：《加强金沙江流域生态环境保护与绿色发展》，《云南日报》2018年8月10日，第2版。

张潇予：《加强农村“两污”治理改善农村人居环境 改善农村人居环境 省政协召开民主监督协商会 李江出席》，《云南日报》2018年8月29日，第2版。

张雁群、陆晓旭、瞿杨富：《晋宁区新增绿化造林29万亩》，《云南日报》2018年2月1日，第9版。

张雁群、周灿：《保护母亲湖环境保护普法活动举行》，《云南日报》2018年6月5日，第1版。

张雁群：《“绿色食品牌”强农惠农论坛举行》，《云南日报》2018年10月12日，第2版。

张雁群：《宝象河流域排水收集系统年内改造》，《云南日报》2018年1月23日，第12版。

张雁群：《昆明生活垃圾分类管理办法听证》，《云南日报》2018年5月3日，第6版。

张雁群：《程连元参加所在党支部主题党日活动时强调深入学习贯彻习近平生态文明思想为昆明争当生态文明建设 排头兵示范城市做出积极贡献》，《云南日报》2018年7月2日，第4版。

张寅：《陈豪在红河州调研时强调 高标准高水平推进特色小镇规划建设 为激发区域经济活力注入新动能》，《云南日报》2018年8月30日，第1版。

张寅：《我省强化监督执纪问责 为配合环境保护督察“回头看”工作“立规矩” 七种

情形将实行问责追责》，《云南日报》2018 年 6 月 8 日，第 1 版。

张寅：《省委办公厅理论学习中心组集中学习提出 为争当全国生态文明建设排头兵做出应有贡献》，《云南日报》2018 年 6 月 9 日，第 2 版。

张子卓：《我省出台培育绿色食品产业龙头企业奖补办法 打造世界一流“绿色食品牌”》，《云南日报》2018 年 8 月 29 日，第 6 版。

张子卓：《省招商合作局成立“绿色食品牌”招商领导小组 全力推进绿色食品招商》，《云南日报》2018 年 6 月 19 日，第 2 版。

张子卓：《云南省赴河南举办“绿色食品牌”精准招商活动》，《云南日报》2018 年 6 月 4 日，第 8 版。

张子卓：《云南省绿色能源产业推介洽谈会在上海举行》，《云南日报》2018年6月23 日，第 3 版。

赵元刚、田秀：《官渡区将 30 家单位纳入执纪问责部门 推动滇池治理与保护》，《云南日报》2018 年 10 月 22 日，第 4 版。

朱丹：《大力提升农村人居环境——〈云南省农村人居环境整治三年行动实施方案（2018—2020 年）〉解读》，《云南日报》2018 年 7 月 5 日，第 5 版。

尤祥能：《普达措：小开发带来大保护》，《云南日报》2018 年 1 月 17 日，第 4 版。

朱丹：《我省污染源普查取得阶段性成效》，《云南日报》2018 年 5 月 15 日，第 2 版。

朱海、陈晓波：《全省特色小镇创建工作有序推进》，《云南日报》2018 年 8 月 21 日，第 1 版。

朱绍云：《加快“绿色经济试验示范区”建设》，《云南日报》2018 年 5 月 11 日，第 1 版。

庄俊华：《洱海水质 1 至 5 月达Ⅱ类》，《云南日报》2018 年 6 月 20 日，第 9 版。

庄俊华：《洱海生态环境保护“三线”〈管理规定（试行）〉出台改善洱海生态环境》，《云南日报》2018 年 6 月 20 日，第 9 版。

左超、李秋明：《云南省举行节地生态安葬活动》，《云南日报》2018 年 4 月 3 日，第 3 版。

四、网络资源

陈典：《全自动水资源监测设备安装完成》，http://nbhbhq.xsbn.gov.cn/81.news.detail.dhtml?news_id=924（2018-02-08）。

廖兴阳：《〈云南省人民政府关于绿色食品开拓国内市场的指导意见（征求意见稿）〉发布拟在全国设绿色食品四大分拨仓》，http://www.yndpc.yn.gov.cn/content.aspx?

id=875965131792（2018-11-06）。
刘峰：《〈纳板河流域国家级自然保护区总体规划（2018—2028 年）〉（初稿）征求意见及专家咨询会圆满举行》，http://nbhbhq.xsbn.gov.cn/81.news.detail.dhtml?news_id=971（2018-06-01）。
马霖馨：《2018 年云南省环境保护公益书画巡展在大理举行》，http://www.ynepbxj.com/hbxw/xjdt/201803/t20180313_177358.html（2018-03-13）。
马霖馨：《云南省环境保护宣教中心与丽江市环境保护局座谈交流研讨环境保护宣教工作携手推进环境保护宣教事业发展》，http://www.ynepbxj.com/hbxw/xjdt/201803/t20180309_177272.html（2018-03-09）。
马霖馨：《云南省环境保护宣教中心与云南省绿色环境发展基金会开展合作并启动爱心"绿色书屋"捐助计划》，http://www.ynepbxj.com/hbxw/xjdt/201807/t20180706_182191.html（2018-07-06）。
马霖馨：《中国生态文明研究与促进会调研组和云南省环境保护宣传教育中心举行座谈》，http://www.ynepbxj.com/hbxw/xjdt/201803/t20180330_177878.html（2018-03-30）。
马霖馨：《中国生态文明研究与促进会调研组和云南省环境保护宣传教育中心举行座谈》，http://www.ynepbxj.com/hbxw/xjdt/201803/t20180330_177878.html，2018 年 3 月 30 日。
木陈会：《纳板河保护区参加中华人民共和国加入联合国科教文组织"人与生物圈计划"45 周年暨中华人民共和国人与生物圈国家委员会成立 40 周年大会》，http://nbhbhq.xsbn.gov.cn/81.news.detail.dhtml?news_id=998（2018-08-08）。
纳板河流域国家级自然保护区管理局：《加强农村环境整治助力脱贫攻坚行动》，http://nbhbhq.xsbn.gov.cn/81.news.detail.dhtml?news_id=969（2018-05-28）。
彭锡：《云南乡村如何振兴？国内专家在昆建言献策》，http://yn.yunnan.cn/html/2018-01/16/content_5046094.htm（2018-01-16）。
玉香章：《美化家园环境我们在行动》，http://nbhbhq.xsbn.gov.cn/81.news.detail.dhtml?news_id=968（2018-05-24）。
岳艳娇：《云南省环境保护宣教中心与保山市、迪庆藏族自治州环境保护局座谈共商环境保护宣教推动公众参与》，http://www.ynepbxj.com/hbxw/xjdt/201802/t20180201_176416.html（2018-02-01）。
岳艳娇：《云南省环境保护宣传教育中心在安宁开展"环境保护宣教进乡村"活动》，http://www.ynepbxj.com/hbxw/xjdt/201803/t20180313_177348.html（2018-03-13）。
岳艳娇：《云南省政协第 482 号重点提案面商会在省环境保护厅召开》，http://www.ynepbxj.com/hbxw/sndt/201808/t20180810_183858.html（2018-08-10）。

云南省第二次全国污染源普查领导小组办公室：《国家普查办第 29 检查组莅临云南省检查污染源普查清查工作》，http://www.ynepb.gov.cn/zwxx/xxyw/xxywrdjj/201807/t20180718_183148.html（2018-07-18）。

云南省第二次全国污染源普查工作办公室宣传组：《全面推行第二次全国污染源普查新闻发布会》，http://www.ynepb.gov.cn/zwxx/xxyw/xxywrdjj/201802/t20180205_176477.html（2018-02-05）。

云南省环境保护厅办公室、云南省环境保护厅湖泊保护与治理处：《云南省环境保护厅厅长张纪华调研洱海保护治理工作》，http://www.ynepb.gov.cn/zwxx/xxyw/xxywrdjj/201804/t20180402_177959.html（2018-04-02）。

云南省环境保护厅办公室：《云南省环境保护厅党组书记、厅长张纪华赴普洱市、临沧市调研环境保护工作》，http://www.ynepb.gov.cn/zwxx/xxyw/xxywrdjj/201803/t20180312_177322.html（2018-03-12）。

云南省环境保护厅办公室：《云南省环境保护厅党组书记、厅长张纪华赴文山壮族苗族自治州调研环境保护工作》，http://www.ynepb.gov.cn/zwxx/xxyw/xxywrdjj/201803/t20180322_177653.html（2018-03-22）。

云南省环境保护厅督察办：《云南省第四环境保护督察组向昆明市反馈督察意见》，http://www.ynepb.gov.cn/zwxx/xxyw/xxywrdjj/201806/t20180601_180391.html（2018-05-31）。

云南省环境保护厅督察办：《云南省第一环境保护督察组向玉溪市反馈督察情况》，http://www.ynepb.gov.cn/zwxx/xxyw/xxywrdjj/201806/t20180601_180414.html（2018-06-01）。

云南省环境保护厅对外交流合作处：《滇台 2018 年土壤污染防治与技术合作交流顺利开展》，http://www.ynepb.gov.cn/zwxx/xxyw/xxywrdjj/201809/t20180930_185072.html（2018-09-30）。

云南省环境保护厅对外交流合作处：《环境保护部对外合作中心到云南省环境保护厅调研座谈》，http://www.ynepb.gov.cn/zwxx/xxyw/xxywrdjj/201801/t20180119_176121.html（2018-01-19）。

云南省环境保护厅固体废物管理中心：《生态环境部固管中心与云南省固管中心赴澄江县开展土壤污染防治先行区建设调研活动》，http://www.ynepb.gov.cn/zwxx/xxyw/xxywrdjj/201805/t20180514_179775.html（2018-05-14）。

云南省环境保护厅行政审批处：《云南省召开 2018 年云南省环境影响评价工作会议》，http://www.ynepb.gov.cn/zwxx/xxyw/xxywrdjj/201809/t20180930_185100.html（2018-09-30）。

云南省环境保护厅环境监测处：《强化监管，不断提升环境监测数据质量－云南省社会环境监测机构监测质量管理培训班在昆举办》，http://www.ynepb.gov.cn/zwxx/

xxyw/xxywrdjj/201807/t20180702_181893.html（2018-07-02）。
云南省环境保护厅环境监测处：《云南省环境保护厅举办 2018 年云南省国家重点生态功能区县域生态环境质量监测评价与考核工作培训班》，http://www.ynepb.gov.cn/zwxx/xxyw/xxywrdjj/201809/t20180929_185038.html（2018-09-29）。
云南省环境保护厅环境监测处：《云南省生态环境厅召开生态环境监测网络建设情况新闻发布会》，http://www.ynepb.gov.cn/zwxx/xxyw/xxywrdjj/201810/t20181030_185627.html（2018-10-30）。
云南省环境保护厅生态文明建设处：《云南省环境保护厅关于拟报请省人民政府命名的第三批生态文明县（市、区）第十一批生态文明乡镇（街道）的公示》，http://www.ynepb.gov.cn/zwxx/xxyw/xxywrdjj/201807/t20180719_183164.html（2018-07-19）。
云南省环境保护厅生态文明建设处：《云南省环境保护厅组织召开第二批国家生态文明建设示范市县评选工作部署会》，http://www.ynepb.gov.cn/zwxx/xxyw/xxywrdjj/201806/t20180607_180628.html（2018-06-07）。
云南省环境保护厅水环境管理处：《国家启动对昆明昭通玉溪 3 城市黑臭水体整治环境保护专项行动督查》，http://www.ynepb.gov.cn/shjgl/zhgl/201805/t20180529_180269.html（2018-05-29）。
云南省环境保护厅水环境管理处：《省环境保护厅省农业厅联合督导普洱市、西双版纳傣族自治州畜禽养殖污染防治工作》，http://www.ynepb.gov.cn/zwxx/xxyw/xxywrdjj/201804/t20180417_178531.html（2018-04-17）。
云南省环境保护厅水环境管理处：《云南省环境保护厅云南省住房和城乡建设厅联合召开 2018 年云南省黑臭水体整治工作推进会暨专项行动部署会》，http://www.ynepb.gov.cn/zwxx/xxyw/xxywrdjj/201805/t20180523_180097.html（2018-05-23）。
云南省环境保护厅水环境管理处：《云南省环境保护厅云南省住房和城乡建设厅约谈黑臭水体整治工作滞后城市》，http://www.ynepb.gov.cn/zwxx/xxyw/xxywrdjj/201805/t20180523_180096.html（2018-05-03）。
云南省环境保护厅土壤环境管理处：《云南省举办 2018 年云南省土壤污染防治工作会议暨危险废物环境管理培训班》，http://www.ynepb.gov.cn/zwxx/xxyw/xxywrdjj/201809/t20180930_185087.html（2018-09-30）。
云南省环境保护厅政策法规处：《生态环境部宣传教育司到云南督导检查第一批环境保护设施和城市污水垃圾处理设施向公众开放工作》，http://www.ynepb.gov.cn/zwxx/xxyw/xxywrdjj/201804/t20180402_177922.html（2018-04-02）。
云南省环境保护厅政策法规处：《云南省环境保护厅举办 2018 年环境行政执法培训

班》，http://www.ynepb.gov.cn/zwxx/xxyw/xxywrdjj/201808/t20180827_184190.html（2018-08-27）。

云南省环境保护厅政策法规处：《云南省环境保护厅举办环境保护设施和城市污水垃圾处理设施向公众开放活动——邀请媒体记者参观昆明空港垃圾焚烧发电厂》，http://www.ynepb.gov.cn/zwxx/xxyw/xxywrdjj/201808/t20180831_184333.html（2018-08-31）。

云南省环境保护厅政策法规处：《云南省环境保护厅召开新闻发布会通报〈大气污染防治行动计划实施情况〉》，http://www.ynepb.gov.cn/zwxx/xxyw/xxywrdjj/201807/t20180726_183412.html（2018-07-26）。

云南省环境保护厅政策法规处：《云南省环境保护厅召开新闻发布会通报建设项目环境影响评价"未批先建"环境问题》，http://www.ynepb.gov.cn/zwxx/xxyw/xxywrdjj/201806/t20180606_180578.html（2018-06-06）。

云南省环境保护厅政策法规处：《云南省举办生态环境损害赔偿制度改革培训班》，http://www.ynepb.gov.cn/zwxx/xxyw/xxywrdjj/201811/t20181106_185806.html（2018-11-06）。

云南省环境保护厅政策法规处：《云南省生态环境厅召开云南省生态环境宣传工作会议》，http://www.ynepb.gov.cn/zwxx/xxyw/xxywrdjj/201811/t20181106_185828.html（2018-11-06）。

云南省环境保护厅政策法规处：《云南省召开贯彻落实〈生态环境损害赔偿制度改革方案〉视频会议》，http://www.ynepb.gov.cn/zwxx/xxyw/xxywrdjj/201801/t20180110_175858.html（2018-01-10）。

云南省环境保护厅政策法规处：《云南省召开生态环境损害赔偿制度改革工作调度会》，http://www.ynepb.gov.cn/zwxx/xxyw/xxywrdjj/201809/t20180927_184989.html（2018-09-27）。

云南省环境保护厅自然生态保护处：《云南省人民政府常务会议审议通过〈云南省地方级自然保护区调整管理规定〉》，http://www.ynepb.gov.cn/zwxx/xxyw/xxywrdjj/201805/t20180516_179829.html（2018-05-16）。

云南省环境保护厅自然生态保护处：《云南省积极配合完成 18 个国家级自然保护区现场管理评估工作》，http://www.ynepb.gov.cn/zwxx/xxyw/xxywrdjj/201804/t20180428_178968.html（2018-04-28）。

云南省环境保护宣传教育中心：《春城志愿行滇池明珠清 2018 年滇池保护治理宣传月活动启动》，http://www.ynepb.gov.cn/zwxx/xxyw/xxywrdjj/201811/t20181105_185768.html（2018-11-05）。

云南省环境保护宣传教育中心：《环境保护系统应对气候变化专题培训班在昆开班》，http://www.ynepbxj.com/hbxw/xjdt/201807/t20180731_183552.html（2018-07-31）。

云南省环境保护宣传教育中心：《清洁节水绿动青春 2018“清洁节水中国行一家一年一万升”活动闭幕》，http://www.ynepb.gov.cn/zwxx/xxyw/xxywtpxw/201806/t20180615_181054.html（2018-06-15）。

云南省环境保护宣传教育中心：《生态环境部“清废行动 2018”核查“回头看”工作组在昆明组织召开座谈会》，http://www.ynepbxj.com/hbxw/xjdt/201807/t20180704_182043.html（2018-07-04）。

云南省环境保护宣传教育中心：《首届“一带一路”生态文明科技创新论坛将在昆明海埂会堂举办》，http://www.ynepbxj.com/hbxw/xjdt/201807/t20180727_183429.html（2018-07-27）。

云南省环境保护宣传教育中心：《云南省辐射环境监督站深入一线开展伴生放射性矿普查初测试点质控工作》，http://www.ynepbxj.com/hbxw/sndt/201805/t20180515_179783.html（2018-05-15）。

云南省环境保护宣传教育中心：《云南省环境保护宣传教育中心认真传达学习全国生态环境宣传工作会议精神》，http://www.ynepbxj.com/hbxw/xjdt/201806/t20180601_180421.html（2018-06-01）。

云南省环境监测中心站：《2018 年云南省有毒有害气体泄漏环境应急暨大气 VOC 监测技术研修班在昆成功举办》，https://www.ynem.com.cn/news/a/2018/0704/1184.html（2018-07-04）。

云南省环境监测中心站：《云南省环境监测中心站 2018 年年内第二次开展抚仙湖水质状况专项监测》，https://www.ynem.com.cn/news/a/2018/0329/1139.html（2018-03-29）。

云南省环境监测中心站：《云南省环境监测中心站举办 2018 年国家重点生态功能区县域生态环境质量监测评价与考核技术交流会》，https://www.ynem.com.cn/news/a/2018/0831/1196.html（2018-08-31）。

云南省环境监测中心站：《云南省环境监测中心站迎来三月环境保护设施向公众开放日活动》，https://www.ynem.com.cn/news/a/2018/0329/1138.html（2018-03-29）。

云南省环境监测中心站：《云南省环境监测中心站在楚雄彝族自治州举办“2018 年云南省环境监测系统水质和土壤采样监测技术培训班”》，https://www.ynem.com.cn/news/a/2018/0509/1161.html（2018-05-09）。

云南省环境监测中心站：《云南省环境监测中心站组织技术骨干赴澄江县开展抚仙湖水质状况专项监测》，https://www.ynem.com.cn/news/a/2018/0105/1116.html（2018-

01-05）。
云南省环境监测中心站：《云南省顺利举办重点行业企业用地土壤污染状况调查启动会暨培训班》，https://www.ynem.com.cn/news/a/2018/0710/1185.html（2018-07-10）。
云南省环境监测中心站：《云南省顺利迎接环境保护部土壤污染状况详查调研督导》，https://www.ynem.com.cn/news/a/2018/0320/1125.html（2018-03-20）。
云南省环境监测中心站：《云南省顺利迎接生态环境部土壤污染状况详查工作督导暨质量监督检查》，https://www.ynem.com.cn/news/a/2018/0710/1186.html（2018-07-10）。
云南省环境监测中心站：《云南省顺利召开"云南省农用地土壤污染详查 2018 年第一次工作调度会"》，https://www.ynem.com.cn/news/a/2018/0131/1120.html（2018-01-31）。
云南省环境监测中心站：《云南省顺利召开"云南省农用地土壤污染状况详查 2018 年第三次工作调度会暨第一季度省级质量管理会商会"》，https://www.ynem.com.cn/news/a/2018/0320/1126.html（2018-03-20）。
云南省环境监测中心站：《云南省顺利召开 2018 年农用地土壤污染状况详查第六次工作调度会》，https://www.ynem.com.cn/news/a/2018/0611/1176.html（2018-06-08）。
云南省环境监测中心站：《云南省顺利召开 2018 年农用地土壤污染状况详查第七次工作调度会》，https://www.ynem.com.cn/news/a/2018/0724/1189.html（2018-07-24）。
云南省环境监测中心站：《云南省顺利召开 2018 年农用地土壤污染状况详查第五次工作调度会》，https://www.ynem.com.cn/news/a/2018/0517/1163.html（2018-05-07）。
云南省环境监测中心站：《云南省顺利召开 2018 年土壤污染状况详查第八次工作调度会》，https://www.ynem.com.cn/news/a/2018/0827/1195.html（2018-08-27）。
云南省环境监测中心站：《中国环境监测总站专题调研组赴云南省环境监测中心站开展生态环境损害赔偿制度改革课题座谈调研》，https://www.ynem.com.cn/news/a/2018/0424/1150.html（2018-04-24）。
云南省环境监察总队：《持续打响污染防治攻坚战——省环境监察总队组织召开滇中片区环境监察推进工作培训会》，http://www.ynepb.gov.cn/zwxx/xxyw/xxywrdjj/201804/t20180418_178555.html（2018-04-18）。
云南省环境监察总队：《滇藏两省区跨界环境保护联合执法活动圆满结束》，http://www.ynepb.gov.cn/hjjc/hjjcgzdt/201810/t20181026_185583.html（2018-10-26）。
云南省环境监察总队：《云南举办 2018 年云南省环境监察暨环境应急工作培训》，http://www.ynepb.gov.cn/zwxx/xxyw/xxywrdjj/201803/t20180326_177758.html（2018-03-26）。
云南省环境科学学会：《为"百姓富、乡村美"，环境保护志愿者在行动》，http://www.ynepb.gov.cn/zwxx/xxyw/xxywrdjj/201806/t20180606_180553.html（2018-06-06）。

云南省环境科学学会：《云南省环境保护厅杨永宏总工程师到云南省环境科学学会调研污染源普查宣传工作》，http://www.ynepb.gov.cn/zwxx/xxyw/xxywrdjj/201806/t20180608_180715.html（2018-06-08）。

云南省环境科学学会：《云南省环境科学学会纪念第47个世界环境日活动》，http://www.ynepb.gov.cn/zwxx/xxyw/xxywrdjj/201806/t20180607_180624.html（2018-06-07）。

云南省环境科学学会：《云南省环境科学学会开展生态文明进村入户宣传活动》，http://www.ynepb.gov.cn/zwxx/xxyw/xxywrdjj/201805/t20180529_180251.html（2018-05-29）。

云南省环境科学学会：《云南省环境科学学会李唯理事长为隆阳区区管干部作“生态文明建设与绿色发展”专题讲座》，http://www.ynepb.gov.cn/zwxx/xxyw/xxywrdjj/201806/t20180606_180558.html（2016-06-06）。

云南省环境科学学会：《云南省环境科学学会在会泽县作经济发展与生态环境保护讲座》，http://www.ynepb.gov.cn/zwxx/xxyw/xxywrdjj/201805/t20180529_180254.html（2018-05-29）。

云南省环境科学研究院：《第二届“珠江流域水环境保护高端论坛”在昆明召开》，http://www.ynepb.gov.cn/zwxx/xxyw/xxywrdjj/201809/t20180930_185102.html（2018-09-30）。

云南省环境科学研究院：《滇池学生河长到花红洞基地参观》，http://www.ynepb.gov.cn/zwxx/xxyw/xxywrdjj/201808/t20180802_183652.html（2018-08-02）。

云南省环境科学研究院：《省环科院党委理论中心组集中学习传达云南省生态环境保护大会精神》，http://www.ynepb.gov.cn/zwxx/xxyw/xxywrdjj/201808/t20180829_184262.html（2018-08-29）。

云南省环境科学研究院：《云南省环境科学研究院成功举办 2018 年生态环境公众开放活动》，http://www.ynepb.gov.cn/zwxx/xxyw/xxywrdjj/201806/t20180608_180712.html（2018-06-08）。

云南省环境信息中心：《〈云南省生态环境大数据建设项目可行性研究报告〉顺利通过验收》，http://www.ynepb.gov.cn/zwxx/xxyw/xxywrdjj/201807/t20180703_181967.html（2018-07-03）。

后　记

本书是云南大学服务云南行动计划项目“生态文明建设的云南模式研究”（KS161005）的中期成果之一。2018 年，在云南持续推进争当生态文明建设排头兵过程中，相较于 2018 年以前取得一定成绩，尤其是立足云南生态优势和地域特色，以“三张牌”和“五美”建设为谱写美丽中国云南篇章再添新活力。业师周琼教授认为云南争当生态文明建设排头兵事件应当以书本的形式更好地留存，对于今后云南生态文明建设的理论与实践研究具有重要借鉴价值。

从 2018 年 1 月份一直到 2019 年 3 月份，期间历时 1 年零 3 个月，项目组团队为本书的出版做了大量工作。其中，周琼主要负责生态文明相关理论的探讨，杜香玉主要负责资料的搜集、整理、分类、考证工作。在书稿的修改中，项目组团队对于书稿的格式、框架、内容撰写编排反复斟酌，从章节的构思到内容上的修正，以及一些细节上的考辨，都进行了细致、深入的指导。书稿经过多次修改，最终面世。

“博学之，审问之，慎思之，明辨之，笃行之”，书稿虽付梓出版，但仍有尚待补充之内容，亦有待考辨之处，敬请方家指正，在此拜谢！

周　琼　杜香玉

2019 年 3 月于云南大学西南环境史研究所